全国高等院校"十二五"规划实验教材

YOUJIHUAXUESHIYAN

有机化学实验

主　编　申东升

副主编　詹海莺

编　者　（以姓氏笔画为序）

申东升　刘文杰　许东颖

赵　红　曹　华　詹海莺

中国医药科技出版社

内 容 提 要

本书为全国高等院校"十二五"规划实验教材。全书包括有机化学实验基础知识、有机化学实验基本技术、基本有机合成实验、精细有机化学品合成实验、天然有机物提取实验、有机化合物性质实验和附录。在实验技术和实验内容上力求能够反映有机化学的最新研究成果和培养创新型人才的需要，更有利于培养学生综合应用有机化学知识和实验技能解决实际问题的能力。在内容选择方面，注重内容的新颖性、综合性和趣味性。在章节安排上，将精细有机化学品合成实验、天然有机物提取实验各自单独编排，便于相关专业开设精细有机化学品合成实验和天然有机物提取实验参考。

本书可作为高等院校化学、化工、材料、生物、药学、食品、环境和制药等相关专业的基础有机化学实验教材，也可作为精细有机化学品合成实验和天然有机物提取实验教材，对从事有机化学相关工作的科技人员也有一定参考价值。

图书在版编目（CIP）数据

有机化学实验/申东升主编. —北京：中国医药科技出版社，2014.1
全国高等院校"十二五"规划实验教材
ISBN 978 - 7 - 5067 - 6447 - 6

Ⅰ. ①有…　Ⅱ. ①申…　Ⅲ. ①有机化学 - 化学实验 - 高等学校 - 教材
Ⅳ. ①O62 - 33

中国版本图书馆 CIP 数据核字（2013）第 245777 号

美术编辑　陈君杞
版式设计　郭小平

出版　中国医药科技出版社
地址　北京市海淀区文慧园北路甲 22 号
邮编　100082
电话　发行：010 - 62227427　邮购：010 - 62236938
网址　www. cmstp. com
规格　787×1092mm $^1/_{16}$
印张　15¼
字数　280 千字
版次　2014 年 1 月第 1 版
印次　2017 年 7 月第 2 次印刷
印刷　三河市国英印务有限公司
经销　全国各地新华书店
书号　ISBN 978 - 7 - 5067 - 6447 - 6
定价　**32. 00 元**

Q 前言
QIANYAN

随着有机化学和有机化学实验技术的不断发展，有机化学实验的教学内容、实验方法和实验手段也要求不断更新。在长期钻研实验课程教学体系、改革实验教学内容的基础上，根据创新型人才培养的要求，我们编写了本教材。

全书分为 6 章，第一章为有机化学实验基础知识，包括有机化学实验与实验室、实验仪器与试剂、实验信息获取与报告。第二章为有机化学实验基本技术，包括玻璃管材加工、加热与冷却、萃取与干燥、液体有机物分离与提纯、固体有机物分离与提纯、色谱分离与分析、有机化合物物理常数测定以及分子模型搭建等内容。第三章为基本有机合成实验，包括各类有机化合物的合成实验。第四章为精细有机化学品合成实验，包括表面活性剂、杀菌剂、香精香料、防腐剂、水处理剂、塑料助剂等的合成实验。第五章为天然有机物提取实验，包括从植物中提取药物、香料、食用色素和食用乳化剂等实验。第六章为有机化合物官能团性质实验。书后还有附录，内容包括常用酸碱浓度、主要化合物的物理常数、试剂的规格和配制、常用有机化合物的纯化等。

全书共安排了 73 个实验。其中技术训练实验 17 个，基本有机合成实验 23 个，精细有机化学品实验 15 个，天然有机物提取实验 10 个，官能团性质实验 8 个。合成实验与提取实验列有实验目的、实验提要、反应式或提取原理、仪器与试剂、实验步骤、附注与注意事项、思考题七项内容。

本书在实验技术和实验内容上进行了更新，力求能够更好地反映有机化学的最新研究成果和培养创新型人才的需要，更有利于培养学生综合应用有机化学知识和实验技能解决实际问题的能力。在内容选择方面，注重内容的新颖性、综合性和趣味性。在章节安排上，将精细有机化学品合成实验、天然有机物提取实验各自单独编排，便于相关专业开设精细有机化学品合成实验和天然有机物提取实验参考。

本书可作为普通高等院校化学、化工、材料、生物、药学、食品、环境和制药等相关专业的基础有机化学实验教材，也可作为精细有机化学品合成实验和天然有机物提取实验教材，对从事有机化学相关工作的科技人员有一定参考价值。

本书由申东升担任主编，詹海莺担任副主编。第一章由曹华编写，第二章由申东升编写，第三章由詹海莺编写，第四章由许东颖编写，第五章由刘文杰编写，第六章及附录由赵红编写。编写过程中，参考了国内外相关文献资料，在此表示衷心的谢意。

限于编者水平，谬误之论及差错之处，恳请读者批评指正。

编者
2013 年 10 月

M目录
ULU

第一章　有机化学实验基本知识 ··· (1)

第一节　有机化学实验与实验室 ·· (1)

一、有机化学实验目的 ·· (1)

二、有机化学实验室规则 ·· (1)

三、有机化学实验室安全知识 ··· (2)

第二节　有机化学实验室仪器与试剂 ··· (7)

一、有机化学实验室常用玻璃仪器与装置 ··························· (7)

二、有机化学实验室常用仪器设备 ··································· (10)

三、有机化合物的分类、保存和使用 ································ (13)

第三节　有机化学实验信息获取、报告和测试 ··························· (16)

一、化学化工手册和文献查阅 ·· (16)

二、有机化学实验预习、实验记录和实验报告 ··················· (20)

三、有机化学实验技术测试 ·· (24)

第二章　有机化学实验基本技术 ··· (29)

第一节　玻璃管材加工 ·· (29)

实验一　简单玻璃工操作与塞子配备 ································· (29)

第二节　加热、冷却与搅拌 ·· (34)

实验二　回流、加热和冷却 ·· (34)

实验三　搅拌和混合 ··· (39)

第三节　萃取、洗涤与干燥 ·· (41)

实验四　萃取、乳化和盐析效应 ······································ (41)

实验五　干燥与干燥剂的选用 ··· (46)

实验六　溶剂脱水与无水乙醇制备 ··································· (51)

第四节　液体化合物的分离与提纯 ··· (53)

　　实验七　常压蒸馏和沸点测定 ·· (53)

　　实验八　分馏 ·· (56)

　　实验九　减压蒸馏 ··· (58)

　　实验十　水蒸气蒸馏 ··· (64)

第五节　固体化合物的分离与提纯 ·· (68)

　　实验十一　重结晶和抽气过滤 ·· (68)

　　实验十二　升华 ·· (74)

第六节　色谱分离与分析技术 ·· (76)

　　实验十三　色谱分离与分析 ·· (76)

第七节　有机化合物物理性质测定 ·· (82)

　　实验十四　熔点测定与温度计校正 ·· (83)

　　实验十五　折光率测定 ··· (86)

　　实验十六　旋光度测定 ··· (89)

第八节　有机化合物分子模型搭建 ·· (92)

　　实验十七　分子模型搭建 ·· (92)

第三章　基本有机合成实验 ·· (94)

第一节　烃 ·· (94)

　　实验十八　环己烯 ··· (94)

第二节　卤代烃 ·· (97)

　　实验十九　正溴丁烷 ··· (97)

　　实验二十　溴苯 ··· (100)

　　实验二十一　对氯甲苯 ·· (103)

第三节　醇和醚 ·· (106)

　　实验二十二　2－甲基－2－己醇 ··· (107)

　　实验二十三　三苯甲醇 ·· (111)

　　实验二十四　苯甲酸和苯甲醇 ·· (114)

　　实验二十五　正丁醚 ·· (116)

　　实验二十六　苯乙醚 ·· (118)

第四节　醛和酮 ·· (120)

　　实验二十七　环己酮 ·· (120)

　　实验二十八　苯乙酮 ·· (124)

第五节　羧酸 ··· (127)

　　实验二十九　己二酸 ·· (128)

　　实验三十　肉桂酸 ··· (130)

第六节　羧酸酯 ··· (132)

　　实验三十一　乙酸乙酯 ··· (134)

　　实验三十二　乙酸正丁酯 ··· (136)

　　实验三十三　乙酰水杨酸（阿司匹林）··· (138)

　　实验三十四　水杨酸甲酯 ··· (141)

第七节　含氮化合物 ·· (143)

　　实验三十五　硝基苯 ·· (143)

　　实验三十六　苯胺 ··· (145)

　　实验三十七　乙酰苯胺 ··· (148)

　　实验三十八　甲基橙 ·· (150)

第八节　杂环化合物 ·· (153)

　　实验三十九　呋喃甲醇和呋喃甲酸 ··· (153)

　　实验四十　8－羟基喹啉 ·· (155)

第四章　精细有机化学品合成实验 ······································· (159)

第一节　表面活性剂 ·· (159)

　　实验四十一　表面活性剂十二烷基硫酸钠的制备 ······························ (159)

　　实验四十二　表面活性剂十二烷基二甲基苄基氯化铵的制备 ················ (161)

第二节　杀菌剂 ··· (162)

　　实验四十三　杀菌剂三溴水杨酰苯胺的制备 ···································· (162)

　　实验四十四　杀菌剂二硫氰酸乙酯的制备 ·· (164)

第三节　香精香料 ··· (165)

　　实验四十五　香精成分乙酸异戊酯的制备 ·· (165)

　　实验四十六　香精成分香豆素的制备 ·· (166)

第四节　防腐剂 ··· (168)

　　实验四十七　防腐剂对羟基苯甲酸丁酯的制备 ·································· (168)

第五节　水处理剂 ··· (170)

　　实验四十八　金属缓蚀剂苯并三唑的制备 ·· (170)

　　实验四十九　缓蚀剂羟乙基二磷酸的制备 ·· (171)

第六节　橡胶助剂 ··· (172)

　　实验五十　硫化促进剂二异丙基二硫代磷酸锌的制备 ························· (173)

第七节　塑料助剂 ………………………………………………… (174)

实验五十一　增塑剂邻苯二甲酸二丁酯的制备 …………………… (174)

实验五十二　增塑剂磷酸三苯酯的制备 …………………………… (176)

第八节　医药中间体与原料药 …………………………………… (177)

实验五十三　医药原料药苯佐卡因的制备 ………………………… (177)

第九节　印染助剂 ………………………………………………… (179)

实验五十四　荧光增白剂 EBF 的制备 …………………………… (179)

第十节　油品添加剂 ……………………………………………… (181)

实验五十五　降凝剂聚甲基丙烯酸酯的制备 ……………………… (181)

第五章　天然有机物提取实验 ……………………………… (183)

第一节　从植物中提取药物 ……………………………………… (183)

实验五十六　从茶叶中提取咖啡因 ………………………………… (183)

实验五十七　从胡椒中提取胡椒碱 ………………………………… (186)

实验五十八　从黄芩中提取黄芩苷 ………………………………… (187)

实验五十九　从黄连中提取盐酸小檗碱 …………………………… (189)

第二节　从植物中提取香料 ……………………………………… (191)

实验六十　从肉桂中提取肉桂醛 …………………………………… (191)

实验六十一　从橙皮中提取柠檬烯 ………………………………… (193)

第三节　从植物中提取食用色素 ………………………………… (195)

实验六十二　从红辣椒中分离红色素 ……………………………… (195)

实验六十三　从菠菜中提取叶绿素 ………………………………… (197)

第四节　从天然物中提取食用乳化剂 …………………………… (199)

实验六十四　从牛奶中提取酪蛋白 ………………………………… (199)

实验六十五　从豆油中提取卵磷脂 ………………………………… (201)

第六章　有机化合物的性质实验 …………………………… (203)

实验六十六　烃的性质 ……………………………………………… (203)

实验六十七　卤代烃的性质 ………………………………………… (205)

实验六十八　醇、酚和醚的性质 …………………………………… (206)

实验六十九　醛和酮的性质 ………………………………………… (209)

实验七十　羧酸及其衍生物的性质 ………………………………… (211)

实验七十一　氨基酸和蛋白质的性质 ……………………………… (214)

实验七十二　糖的性质 ·· (216)

实验七十三　胺和尿素的性质 ·· (219)

附录 ··· (222)

附录一　常用化学元素的相对原子质量表 ····························· (222)

附录二　常用酸碱溶液的相对密度和浓度表 ························· (223)

附录三　常用有机溶剂的沸点和相对密度表 ························· (227)

附录四　不同温度下水的饱和蒸气压表 ································· (228)

附录五　常用有机溶剂的性质及纯化 ····································· (229)

第一章

有机化学实验基本知识

第一节　有机化学实验与实验室

一、有机化学实验目的

有机化学实验是有机化学课程教学中不可缺少的重要环节。它是一门独立、完整、系统的课程，以学生掌握有机化学实验基本操作技能为主，掌握重要有机化合物的制备方法，进一步加深对有机化合物化学性质的理解，并结合综合设计性实验内容，突出综合能力和综合素质的培养，旨在提高学生的动手能力，发现问题、分析问题和解决问题的能力；通过对实验现象的观察，加深对有机化学基本理论、基本知识和有机化学反应的理解，培养良好的实验素养和实验工作习惯，实事求是和严谨的科学态度，以及初步查阅文献和开展科学研究的能力，为在将来的学习和工作中进一步应用化学知识和技术解决生产实践和科学研究中所涉及的化学问题奠定良好的基础。

二、有机化学实验室规则

为了保证有机化学实验正常、有效、安全的进行，培养学生良好的实验习惯和严谨的科学态度，保证实验课程质量，进入实验室的学生必须严格遵守以下实验室的规则。

（1）进入实验室注意个人整洁，必须穿好实验服，不得穿拖鞋、背心等，尤其女同学不能穿高跟鞋、短裙等，且务必将长发扎好。绝对禁止在实验室内吸烟、饮食或把食品带入实验室。严禁追逐打闹。

（2）认真做好实验前的准备工作。包括预习相关实验内容，明确实验目的和要求，了解实验的基本原理、基本操作和基本仪器的使用方法，以及思考实验中可能出现的问题。查阅相关资料，认真写好预习报告。实验开始前检查清点实验装置、仪器，如发现损坏、缺少，请及时向指导老师申请补领。

（3）严格遵守实验室的纪律和规章制度，不迟到、不早退、不得无故缺席；遵从老师指导，严格按照操作要求进行实验。如若发生意外，要保持冷静，及时报告老师，采取相应措施。

（4）进入实验室后，首先确保实验通风效果良好，开启门窗及通风设备；并熟悉实验室、灭火器材、急救药箱的放置地点和使用方法，不得随意搬动安全工具。

（5）实验时应遵守纪律，保持安静。集中精神，细致观察，积极思考，真实、准确地记录实验现象和数据，不得擅自篡改实验数据。

（6）应经常保持实验室和实验桌面的整洁。实验仪器放置合理，暂时不使用的器材，不要放在桌面上；火柴梗、废纸、塞芯和玻璃碎片等应投入废物桶内，不得乱丢；废酸、废碱及其他溶剂应分别倒入指定的容器中统一处理，严禁倒入水槽中，以免腐蚀和堵塞水槽及下水道。

（7）爱护公共仪器和试剂，应在指定的地点使用或用完后放回原来的位置。要节约水、电和药品。严禁将药品任意混合，更不能品尝。

（8）实验完毕离开实验室时，应关闭水、电和门窗。值日生应打扫实验室，清理水槽，把废物容器倒净。

三、有机化学实验室安全知识

有机化学实验常使用一些易燃、易挥发的试剂，如乙醚、丙酮、乙醇、甲苯等；有毒药品，如甲醇、胺、硝基苯、氰化物等；有腐蚀性的药品，如液溴、浓硫酸、浓盐酸、浓硝酸等；此外，所用的仪器大部分为易损坏的玻璃制品。在实验过程中，如果药品、仪器使用不当，若粗心大意，就会造成不同程度的事故，如割伤、烧伤、火灾、中毒或爆炸等。因此，实验者必须意识到化学实验室是有潜在危险的场所，实验时严格遵守操作规程，加强安全措施，为防止事故的发生，实验者必须熟悉实验室的安全规则及掌握常见事故的处理方法。

（一）有机化学实验室安全守则

（1）实验室禁止吸烟、饮食、大声喧哗、追逐打闹。

（2）实验开始前应检查仪器是否完整无损，装置是否正确，在征得指导教师同意之后，方可进行实验。

（3）实验开始后，不得擅自离开岗位或玩弄与实验无关的电子产品如手机、游戏机等，应随时注意反应进行的情况，以免发生意外。

（4）使用易燃药品时应该远离火源；使用易挥发的药品时要在通风柜内量取；需要加热时应根据实验要求选用水浴、油浴或电热套等方式进行加热。

（5）灼热的器皿应放在石棉网上，不可以直接放在桌面，也不可以与低温物体接触以免破裂；更不要用手接触，以免烫伤；取用试剂时不能直接用手接触，有毒、有恶臭味的药品，应该在通风柜内进行操作。

（6）当进行有可能发生危险的实验时，要根据实验情况采取必要的安全措施，如戴防护眼镜、面罩或橡皮手套等，但不能戴隐形眼镜。

（7）加热试管时，不要将试管口指向自己或别人，不要俯视正在加热的液体，以免液体溅出时，引发事故。

（8）实验室内存放的仪器、药品不得私自触摸、玩弄，以免发生意外。

（9）浓酸、浓碱具有强腐蚀性的药品，切勿溅到皮肤上。

（10）实验中所产生的废液、废物要倒入指定位置，严禁倒入水槽中。

（11）确保实验通风效果良好，开启门窗及通风设备。

（12）熟悉安全用具如灭火器、砂箱以及急救药箱的放置地点和使用方法，并妥善爱护。安全用具和急救药品不准移作它用。

（二）有机化学实验室常见事故的预防、处理与急救

有机化学实验室所用的药品种类多，多数具有易燃、易爆、剧毒和腐蚀性强等特点，使用不当容易发生着火、中毒、烧伤、爆炸等事故。为了预防和减少事故的发生及提高正确应对事故处理的能力，尽可能地减轻事故带来的危害，实验者必须对常见事故的发生原因、预防办法及处理有所了解。

1. 火灾的预防与处理　实验室中使用的有机试剂大多数是易燃品，着火是有机实验室常见事故之一。

（1）火灾预防的基本原则。

① 有机实验室应尽可能避免使用明火。

② 易燃的药品必须远离火源。

③ 禁止将易燃液体放在烧杯或敞口仪器中直火加热。

④ 加热尽量在水浴中进行，严禁在密闭的容器中加热液体，否则，会造成爆炸引起火灾。

⑤ 实验室内不得存放大量易燃物品，且不要存放易漏气的仪器，以免气体挥发到空气中，当附近有露置的易燃溶剂时，切勿点火。

⑥ 严禁将易燃性液体倒入水槽。

⑦ 当处理大量的可燃性液体时，应在通风橱中或在指定地方进行，室内应无火源。

⑧ 需要使用明火时，要注意先将易燃的物质搬开，不得把燃着或者带有火星的火柴梗或纸条等乱抛、乱掷或丢入废物缸中。

⑨ 回流或蒸馏实验时，瓶内液量不能超过瓶容积的 2/3，且必须加入沸石，防止爆沸，以免溶剂溅出时着火。

⑩ 使用金属钠、钾等药品时，应注意避免与水接触。

（2）火灾的处理：一旦实验室发生了火灾，千万不可惊慌失措，应保持沉着冷静，并立即果断采取相应措施，以减少事故带来的损失。

① 首先要切断电源、关闭煤气，熄灭附近所有火源，移走火焰周围的可燃物质，防止火势蔓延。

② 灭火时要根据着火的特点和实际情况，选用不同的灭火方式。

实验者进入实验室时必须了解常用的灭火器及认真学习其使用方法。常用灭火器主要包括有二氧化碳灭火器、泡沫灭火器、干粉型灭火器、1211 型灭火器等。下面以二氧化碳灭火器、泡沫灭火器为例介绍其使用方法。

二氧化碳灭火器：灭火时只要将灭火器提到或扛到火场，在距燃烧物 5m 左右，放下灭火器拔出保险销，一手握住喇叭筒根部的手柄，另一只手紧握启闭阀的压把。对没有喷射软管的二氧化碳灭火器，应把喇叭筒往上扳 70°～90°。使用时，不能直接用手抓住喇叭筒外壁或金属连线管，防止手被冻伤。如果可燃液体在容器内燃烧时，使用者应将喇叭筒提起。从容器的一侧上部向燃烧的容器中喷射。但不能将二氧化碳射流直接冲击可燃液面，以防止将可燃液体冲出容器而扩大火势，造成灭火困难。

泡沫灭火器：适用于扑救一般 B 类火灾，如油制品、油脂等火灾，也可适用于 A 类火灾，但不能扑救 B 类火灾中的水溶性可燃、易燃液体的火灾，如醇、酯、醚、酮等物质火灾；也不能扑救带电设备及 C 类和 D 类火灾。使用方法：当距离着火点 10m 左右，即可将筒体颠倒过来，一只手紧握提环，另一只手扶住筒体的底圈，将射流对准燃烧物。

有机化学实验室灭火，常采用使燃烧着的物质隔绝空气的办法，通常不能用水。否则，反而会引起更大的火灾。具体情况如下。

① 油类着火：要用沙子或二氧化碳灭火器灭火，也可以撒固体碳酸氢钠粉末。

② 电器着火：用二氧化碳剂灭火，因为灭火剂不导电，不会使人触电。绝不能使用水或泡沫灭火器。

③ 衣物着火：切勿奔跑，就地躺倒，滚动将火压熄，邻近人员可用淋湿的毛毯或被褥覆盖其身上使之隔绝空气而灭火。

④ 地面或桌面着火：如火势不大可用淋湿的抹布灭火；反应瓶内着火，可用石棉布盖上瓶口，使瓶内缺氧灭火。

总之，当失火时，应根据起火的原因和火场周围的情况，果断采取不同的方法灭火。无论使用哪一种灭火器材，都应从火的四周开始向中心扑灭，必要时拨打 119 电话通报火警。

2. 爆炸的预防与处理 有机实验中常使用的乙醚、丙酮、一氧化碳、过氧化物、高氯酸盐、三硝基甲苯等都是易发生爆炸的药品。为了防止爆炸事故的发生，应注意以下几个方面。

（1）保持有机化学实验室良好的通风效果，防止可燃性气体或蒸气散失在室内空气中。

（2）易爆炸药品，使用时轻拿轻放，远离热源。

（3）减压蒸馏各部分仪器要具有一定的耐压能力，不能使用锥形瓶、平底烧瓶或薄壁试管等，只允许用圆底瓶或梨形瓶。

（4）醚类化合物如：乙醚、二氧六环、四氢呋喃等，久置后会产生一定量的过氧化物，在对这些物质进行蒸馏时，过氧化物被浓缩，达到一定浓度时就有可能会发生爆炸。

（5）多硝基化合物，叠氮化物在高温或受撞击时会自行爆炸，要小心取用。

（6）在进行高压反应时，一定要使用特制的高压反应釜，禁止用普通的玻璃仪器进行高压反应。

爆炸事故的发生率远低于着火事故，若一旦发生会造成非常严重的后果。因此，对于一些存在有潜在爆炸可能的实验室，应该安装专门的防爆设施，操作人员必须戴上防爆面罩。尽量避免一个人单独在实验室做实验，万一发生事故时无人救援。如果爆炸事故发生，受伤人员应立即撤离现场，并迅速采取相应措施清理现场，以免引起着火、中毒等其他事故。

3. 防毒与中毒处理 有机化学实验中所使用的化学药品，除葡萄糖、果糖等少数外，其他一般都有毒性。其毒性有大有小，对人体的危害程度也不一样。中毒事故主要是通过呼吸道、消化道和皮肤进入人体而引起。如 HF 进入人体后，将会损伤牙齿、骨骼、造血和神经系统；烃、醇、醚等有机物对人体有不同程度的麻醉作用；三氧化二砷、氰化物、氯化高汞等是剧毒品，摄入少量就会致死。所以，进入有机实验室的人员，应该清楚了解预防中毒的一些基本措施。

（1）取用药品时尽量戴上手套，防止药品沾到手上，尤其有毒的药品；称量任何药品都应该使用实验室专门的称量工具，不能用手直接取用；一旦皮肤直接接触了药品，通常立即用水清洗，切勿用有机溶剂清洗。

（2）做完实验后，应先洗手然后再吃东西。任何实验药品禁止品尝。

（3）试剂取用完后，应该立即盖上盖子，以防止其蒸气大量挥发，保持良好的通风，使空气中有毒气体的浓度降到最低。

（4）使用有毒物质时，应在通风橱中进行或加气体吸收装置，并戴好防护用具。尽可能避免蒸气外逸，以防造成污染。

（5）水银温度计损坏后，应及时报告老师，收集撒落的水银，并用硫黄或三氯化铁溶液清洗。

（6）若有毒物溅入口中，立即用手指伸入咽部，促使呕吐，然后立即就医。

（7）剧毒药品应妥善保管，不许乱放，实验中所用的剧毒物质应有专人负责收发，并向使用毒物者提出必须遵守的操作规程。实验后有毒残渣必须作妥善而有效的处理，不准乱丢。

如果一旦发生中毒事故，应根据实际情况分别处理。若实验人员觉得头昏、恶心等轻微中毒症状时，应该立即停止实验，到空气新鲜的地方做深呼吸，待正常后，再开始实验；若实验者中毒晕倒，应将其转移到空气新鲜处平卧休息，严重者应及时就医。

4. 防触电 进入实验室后，首先要了解实验室电源总闸的位置，并掌握其使用方法。使用电器时，应防止人体与电器导电部分直接接触，不能用湿手或用手握湿的物体接触电插头。为了防止触电，装置和设备的金属外壳等都应连接地线，实验后应切断电源，再将连接电源插头拔下。万一发生触电事故，千万不能用手直接与触电者直接接触，应立即切断电源或用非导电物使触电者脱离电源，然后对触电者实施人工呼吸并立即送往医院。

5. 防灼伤 皮肤接触高温、低温或腐蚀性物质如强酸、强碱、液氮、强氧化剂、溴、钠、钾、苯酚、醋酸等后都会灼伤。为避免灼伤，在接触使用这些物质时，最好戴上橡胶手套和防护眼镜；在倾倒、转移、称量药品时要小心，应注意不要让皮肤与之接触，尤其防止溅入眼中；开启易挥发性药品的瓶盖时，必须先充分冷却后再开启，瓶口应指向无人处，以免由于液体喷溅而造成伤害。一旦发生灼伤事故，应按下列要求处理。

（1）被酸灼伤时，立刻用大量水冲洗，然后用1%碳酸氢钠溶液进行冲洗，再用水进行冲洗，涂上软膏。

（2）被碱灼伤时，立刻用大量水冲洗，然后用1%硼酸溶液或1%稀醋酸溶液进行冲洗，再用水进行冲洗，涂上软膏。

（3）被溴灼伤时，应立刻用大量水冲洗，再用酒精擦洗或用硫代硫酸钠溶液洗至伤处呈白色，然后涂上甘油或鱼肝油软膏加以按摩。

（4）轻微烫伤可在患处涂以玉树油或鞣酸软膏。

（5）以上任一物质一旦溅入眼睛中，应立即用大量水冲洗。

上述方法仅为暂时减轻疼痛的措施。如伤势较重，应尽快就医。

6. 防割伤 有机实验中常使用玻璃仪器，割伤事故容易发生。事故发生一般有以下几种情况：装配仪器时用力过猛或装配不当；在向橡皮塞中插入玻璃管、温度计时，塞孔小，而着力点离塞子太远；仪器口径不合而勉强连接。防止割伤应注意以下几点：

（1）使用玻璃仪器时，不能对其过度施加压力。

（2）连接塞子与玻璃管或温度计时，着力点要离塞子近。

（3）新割断的玻璃管断口锋利，使用时要先将断口处用火烧到熔化，使其呈圆滑状。

若割伤事故不慎发生，受伤后要仔细检查伤口是否有玻璃碎片，如有，应先把伤口处的玻璃碎片取出，再用水冲洗伤口，涂上红药水并用纱布包扎。若伤势严重如割破静（动）脉血管，流血不止，应在伤口上部约10cm处用纱布扎紧并用手压住，减慢出血，并随即到医院就诊。

7. 防水 实验室溢水事故经常发生，为防止大量溢水，应在实验开始前，仔细检查实验中所用的通水设备是否漏水，连接处是否紧密；废纸、玻璃碎片、木屑、沸石等不能丢入水槽中，以免堵塞下水槽或下水道；有机溶剂废液切勿倒入水槽，以免腐蚀下水道造成漏水；实验完成后，必须关闭水源。如有溢水事故发生，应先停水，并报告老师，请专业人员进行维修后再进行实验。

第二节　有机化学实验室仪器与试剂

一、有机化学实验室常用玻璃仪器与装置

玻璃仪器分为普通玻璃仪器和标准磨口玻璃仪器两种。

1. 有机化学实验室常用普通玻璃仪器　有机化学实验室常用的普通玻璃仪器见图 1−1。

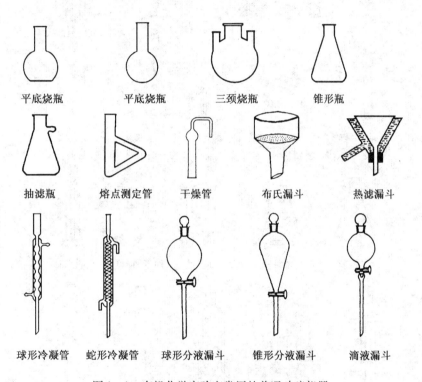

平底烧瓶	平底烧瓶	三颈烧瓶	锥形瓶
抽滤瓶	熔点测定管	干燥管	布氏漏斗
球形冷凝管	蛇形冷凝管	球形分液漏斗	锥形分液漏斗

热滤漏斗

滴液漏斗

图 1−1　有机化学实验室常用的普通玻璃仪器

2. 有机化学实验室常用标准磨口玻璃仪器　有机化学实验室常用标准磨口玻璃仪器，如图 1−2。

标准磨口玻璃仪器是指具有标准口的玻璃仪器。这些仪器的口塞尺寸标准化、系统化，内外磨口之间能相互紧密连接，同类规格的接口，均可任意互换，各部件能组装成各种配套仪器。使用标准接口玻璃仪器无需再用软木塞或橡胶塞，可节省大量钻孔和配塞的时间，又能避免反应或产物被塞子沾污；装配容易、分拆方便，磨口性能良好，可达较高真空度，对蒸馏尤其减压蒸馏有利，对于毒物或挥发性液体的实验较为安全。

标准磨口玻璃仪器，均按国际通用的技术标准制造的。标准磨口玻璃仪器口径的大小通常用数字编号来表示，该数字是指磨口最大端直径的毫米数。常用的规格有10，

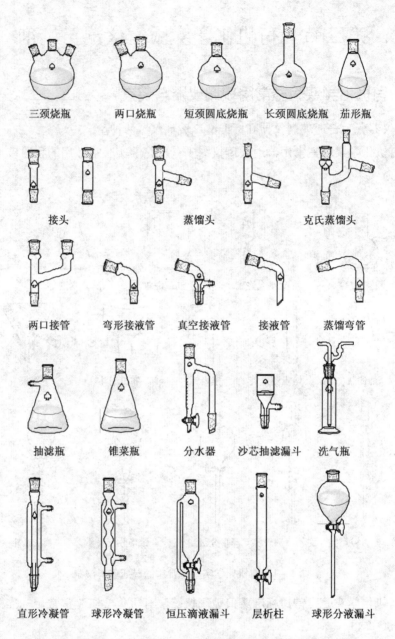

三颈烧瓶　　两口烧瓶　　短颈圆底烧瓶　　长颈圆底烧瓶　　茄形瓶

接头　　　　　　蒸馏头　　　　　　克氏蒸馏头

两口接管　　弯形接液管　　真空接液管　　接液管　　蒸馏弯管

抽滤瓶　　　锥菜瓶　　　分水器　　沙芯抽滤漏斗　　洗气瓶

直形冷凝管　　球形冷凝管　　恒压滴液漏斗　　层析柱　　球形分液漏斗

图 1-2　有机化学实验室常用的标准口玻璃仪器

12，14，16，19，24，29，34，40 等。有的标准磨口玻璃仪器有两个数字，如 19/30，19 表示磨口大端的直径为 19mm，30 表示磨口的长度为 30mm。

使用标准磨口玻璃仪器注意事项：

（1）标准磨口应保持清洁，若粘有固体杂物，使用前用软布或纸巾擦干净，否则会使磨口对接不紧，导致漏气。

（2）安装仪器要正确、整齐、稳妥，连接时要轻微地对旋，不要用力过猛，但不能装得太紧，只要达到润滑密闭要求即可。装置上下或左右看起来呈直线或在同一平面内，不能歪斜，以免损坏仪器。

（3）实验完毕后，所有磨口仪器必须拆卸洗净，否则长时间放置，磨口的连接处常会粘牢，难以拆分。

（4）一般用途的磨口无需在磨口塞表面涂凡士林，以免污染反应物或产物。若反应中有强碱，应涂润滑剂，以免碱腐蚀磨口而粘得太紧而无法拆开。

3. 玻璃仪器的清洗、干燥和保养

（1）洗涤　有机实验中常用到玻璃仪器，仪器干净与否，会直接影响实验结果的准确性。所以为了确保得到准确的实验数据，务必将所有仪器清洗干净。

一般的玻璃仪器，如烧杯、烧瓶、锥形瓶、试管和量筒等，可以用毛刷从外到里用水刷洗，这样可刷洗掉水可溶性的物质、部分不溶性物质和灰尘；若有油污等有机物，可用去污粉、肥皂粉或洗涤剂进行洗涤。用蘸有去污粉或洗涤剂的毛刷擦洗，然后用自来水冲洗干净，最后用蒸馏水或去离子水润洗内壁 $2 \sim 3$ 次。洗净的玻璃仪器其内壁应能被水均匀地润湿而无水的条纹，且不挂水珠。在有机实验中，常使用磨口的玻璃仪器，不宜用去污粉，而改用洗涤剂，洗刷时应注意保护磨口。

有些反应残余物用去污粉不易洗净，通常需要使用特制的洗涤液进行洗涤。有机化学实验室通常用到的洗涤液有铬酸洗涤液、碱性洗涤液、酸性草酸洗涤液。

铬酸洗涤液：将研细的重铬酸钾 20g 溶于 40ml 水中，慢慢加入 360ml 浓硫酸即得。这种酸液氧化性很强，对有机污垢破坏力很强。使用时先倾去器皿内的水，再慢慢倒入洗液，转动器皿，使洗液充分浸润不干净的器壁，数分钟后把洗液倒回洗液瓶中，用自来水冲洗。若壁上粘有少量炭化残渣，可加入少量洗液，浸泡一段时间后在小火上加热，直至冒出气泡，炭化残渣可被除去。但当洗液颜色变绿，表示失效，应该弃去，不能倒回洗液瓶中。

碱性洗涤液：10%氢氧化钠水溶液或乙醇溶液。水溶液加热（可煮沸）使用，其去油效果较好。碱 – 乙醇洗液不需要加热。

草酸洗涤液配制：$5 \sim 10$g 草酸溶于 100ml 水中，加入少量浓盐酸。

（2）干燥　在有机化学实验过程中，通常需要使用干燥的玻璃仪器，故要养成在每次实验后马上把玻璃仪器洗净和倒置使之干燥的习惯，以便下次实验时使用。干燥玻璃仪器的方法主要有以下几种。

① 晾干　晾干是指把已洗净的仪器在干燥架上自然干燥，这是最常用和简单的方法。但必须注意，若玻璃仪器洗得不够干净时，水珠便不易流下，干燥就会较为缓慢。

② 吹干　仪器洗涤后，将仪器内残留水珠甩尽，然后把仪器套到气流干燥器的多孔金属管上，注意调节热空气温度。使用气流干燥器进行干燥时间不宜过长，否则易损坏干燥器。

③ 烘干　通常用带有鼓风机的烘箱，其温度可保持在 $100 \sim 120$℃。把玻璃仪器顺

序放入烘箱内，放入烘箱中干燥的玻璃仪器，尽量不要带有水珠，且仪器口向上，然后设定好温度，恒温约30min，直到水气消失，待烘箱内的温度降至室温时才能取出。若带有磨砂口玻璃塞的仪器，必须取出活塞才能烘干。

④溶剂干燥 有时仪器洗涤后需立即使用，可使用溶剂干燥法。首先将水尽量沥干后，加入少量乙醇振摇洗涤一次，然后再用少量丙酮洗涤一次，最后用吹风机吹干。此法适用于体积比较小的仪器，否则会造成大量的溶剂浪费。

（3）保养 实验室的玻璃仪器容易损坏，实验者必须掌握玻璃仪器的常规保养方法。玻璃仪器容易碎，应该轻拿轻放，严格按仪器的要求使用；玻璃仪器中除烧杯、烧瓶和试管外，其他一般都不能直接用火加热；不耐压的锥形瓶、平底烧瓶，不能在减压蒸馏时作接受瓶；磨口仪器在烘干时一定要拆分开。以下具体介绍几种常用仪器保养方法。

① 温度计 温度计水银球部位的玻璃很薄容易破损，使用时要特别小心，特别注意：温度计不能当搅拌棒使用；测量温度也不能超过其最大量程；温度计不能长时间放在高温的溶剂中，否则，会使水银球变形，读数不准。温度计用后要让它慢慢冷却，切不可立即用水冲洗，否则会破裂或水银柱断裂。应悬挂在铁架上，待冷却后把它洗净抹干，放回温度计盒内，盒底要垫上一小块棉花。

② 蒸馏烧瓶 蒸馏烧瓶的支管容易折断，在使用或放置时都要特别注意保护蒸馏烧瓶的支管。

③ 冷凝管 冷凝管通水后变得很重，在安装冷凝管时应该用夹子固定，以免翻倒。洗刷冷凝管时要用特制的长毛刷，如用洗涤液或有机溶液洗涤时，则用软木塞塞住一端，不用时，应直立放置，使之易干。

④ 滴液漏斗和分液漏斗 使用滴液漏斗和分液漏斗前必须检查：玻璃塞和活塞是否有棉线绑住，且观察其是否漏水，若有漏水现象，脱下活塞，擦净活塞及活塞孔道的内壁，然后用玻璃棒取少量凡士林，在活塞两边抹上一圈凡士林，注意不要抹在活塞的孔中，插上活塞，逆时针旋转至透明。烘干滴液漏斗和分液漏斗时，必须将活塞取下；滴液漏斗和分液漏斗用过后应刷洗干净，玻璃塞和活塞上垫上纸片，避免粘住。

二、有机化学实验室常用仪器设备

1. 磁力搅拌器 磁力搅拌器的结构很简单，由一根以玻璃或塑料密封的软铁（叫磁棒）和一个可旋转的磁铁组成（图1-3）。在非磁性台板下垂直安装一根轴（垂直安装的马达），轴端有一个水平安装的永久磁铁，当马达旋转时两磁极绕平行于台板的平面旋转；当台板上放置一个非磁性物质制成的容器（如烧杯），容器内放入被塑料等材料密封的小条形磁铁（搅拌子）时，小磁铁就在台板下旋转的磁场作用下跟随旋转，并将容器内容物搅拌；实际使用的磁力搅拌器还附属有定时电路，可以设定搅拌时间，转速控制电路及显示电路。

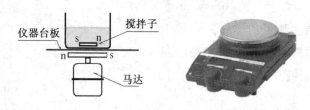

图 1 - 3　磁力搅拌器

2. 旋转蒸发仪　旋转蒸发仪由电机带动可旋转的蒸发器（圆底烧瓶）、冷凝器和接收器组成（图1-4）。其工作原理是通过电子控制，使烧瓶在最适合速度下，恒速旋转以增大蒸发面积；通过真空泵使蒸发烧瓶处于负压状态，蒸发烧瓶在旋转同时置于水浴锅中恒温加热，瓶内溶液在负压下在旋转烧瓶内进行加热扩散蒸发。旋转蒸发器系统可以密封减压至 400~600mmHg；用加热浴加热蒸馏瓶中的溶剂，加热温度可接近该溶剂的沸点；同时还可进行旋转，速度为 50~160 转/分，使溶剂形成薄膜，增大蒸发面积。此外，在高效冷却器作用下，可将热蒸气迅速液化，加快蒸发速率。

具体的操作过程：首先开启冷凝水，一般接自来水，冷凝水温度越低效果越好，上端口装抽真空接头，接真空泵皮管抽真空用的；然后手动控制升降机，调节适合的高度；开机前先将调速旋钮左旋到最小，按下电源开关指示灯亮，然后慢慢往右旋至所需要的转速，一般大蒸发瓶用中速，黏度大的溶液用较低转速，烧瓶溶液量一般不超过 50% 为适宜；在旋蒸接近结束时，应先关闭旋转开关，然后打开通气阀门，使旋转蒸发仪内外气压一致，取下蒸发器。

3. 电子天平　电子天平采用了现代电子控制技术，利用电磁力平衡原理实现称重，即测量物体时采用电磁力与被测物体重力相平衡的原理实现测量，当称盘上的加上或除去被称物时，天平则产生不平衡状态，此时可以通过位置检测器检测到线圈在磁钢中的瞬间位移，经过电磁力自动补偿电路使其电流变化以数字方式显示出被测物体重量。

使用方法如下：

（1）开机　按下启动按钮 Rezero on，瞬时显示所用的内容符号后依次出示软件版本号和 0.0000g，开始热机，时间通常为 5min。

（2）关机　按 Mode off 直到显示屏指示 off，然后松开此键实现关机。

（3）称量　复按 Mode off 选择所需要的单位，然后按 Rezero on，调至零点，然后在天平的称量盘上添加称量的样品，从显示屏上读数。

（4）去皮　在称量容器内的样品时，可通过去皮功能，将称量盘上的容器质量从总质量中除去，

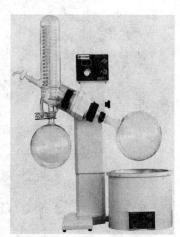

图 1 - 4　旋转蒸发仪

将空的容器放在称量盘上，按 Rezero on 置零，然后在容器中加入所要称量的样品，天平显示所称样品的净质量，质量保持到再次按下 Rezero on。

电子天平是一种比较精密的仪器（图 1-5），使用时要注意保养和维护：

（1）将天平置于稳定的工作台上，避免振动、气流及阳光照射，防止腐蚀性气体的侵蚀。

（2）称量易挥发和具有腐蚀性的物品时，要盛放在密闭的容器中，以免腐蚀和损坏电子天平。

（3）经常对电子天平进行自校或定期外校，保证其处于最佳状态。

（4）随时保持天平机壳和称量台的清洁，以保证测量的准确性。

（5）较长时间不使用的天平，应每隔一定时间通一次电，以保证电子元器件的干燥。

图 1-5　电子天平

（6）如果电子天平出现故障应及时检修，不可带"病"工作。

4. 循环水多用真空泵　循环水多用真空泵广泛应用于蒸发、蒸馏、结晶、过滤、减压及升华等操作中，其泵体中装有适量的水作为工作液。当叶轮按图 1-6 中顺时针方向旋转时，水被叶轮抛向四周，由于离心力的作用，水形成了一个决定于泵腔形状的近似于等厚度的封闭圆环。循环水多用真空泵水环的下部分内表面恰好与叶轮轮毂相切，水环的上部内表面刚好与叶片顶端相切。此时叶轮轮毂与水环之间形成一个月牙空间，而这一空间又被叶轮分成和叶片数目相等的若干个小腔。如果以叶轮的下部零为起点，那么叶轮在旋转前 180° 时，小腔面积由小变大，且与端面上的吸气口相通，此时气体被吸入，当吸气结束时小腔则与吸气口隔绝；当叶轮继续旋转时，小腔由大变小，使气体被压缩；当小腔与排气口相通时，气体便被排出泵外。

5. 油泵　油泵也是实验室常用的减压设备，常在对真空度要求高的环境下使用。其性能取决于泵的结构和油的好坏。常用的有机械泵、扩散泵和吸附泵等，有机实验室一般使用旋片式油泵。旋片泵主要由泵体、转子、旋片、端盖、弹簧等组成。在旋片泵的腔内偏心地安装一个转子，转

图 1-6　循环水多用真空泵

子外圆与泵腔内表面相切（二者有很小的间隙），转子槽内装有带弹簧的二个旋片。旋转时，靠离心力和弹簧的张力使旋片顶端与泵腔的内壁保持接触，转子旋转带动旋片沿泵腔内壁滑动。旋片在泵腔中连续运转，使泵腔被旋片分成的两个不同的容积呈周期性的扩大和缩小，气体从进气嘴进入，被压缩后经过排气阀排出泵体外，由泵的连续运转，将系统内的压力减小，达到连续抽气的目的。

使用时应该注意：

（1）定期检查、换油，经常加脂，电动油桶泵高速运转，润滑脂易于挥发，故必须使轴承处的润滑能保持清洁，并注意添换。

（2）注意电动抽油泵应放于干燥，清洁和没有腐蚀性气体的环境中保存。

（3）经常检查电源插座是否有接触不良，绝缘电阻是否正常，换向器与电刷接触是否良好，电枢绕级扩定子绕组是否是有适中断路现象，轴承及转动零件是否损坏等等。

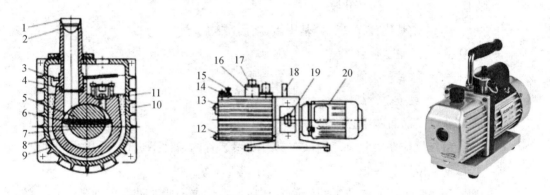

图 1-7　旋片式真空油泵及结构示意图

1-进气管；2-滤网；3-挡油板；4-进气管"O"形；5-旋片弹簧；6-旋片；7-转子；8-定子；

9-油箱；10-真空泵油；11-排气阀门；12-放泊螺塞 13-油标；14-加油螺塞；15-气镇阀；

16-减雾器；17-排气管；18-手柄；19-联轴器；20-电机

三、有机化合物的分类、保存和使用

危险化学品是指具有易燃、易爆、有毒、有腐蚀性等特性，会对人（包括生物）、设备、环境造成伤害和侵害的化学品。在有机化学实验室常常接触一些危险化学品，为了避免或减少危险药品对人体的伤害，培养学生的安全意识和规范操作。根据常用的一些化学药品的危险性，大体可分为易燃、易爆和有毒三类，现分述如下。

1. 易燃化学药品　可燃性气体：氢气、乙胺、氯乙烷、乙烯、煤气、氧气、硫化氢、甲烷、氯甲烷、二氧化硫等。

易燃性液体：乙醚、乙醛、二硫化碳、石油醚、苯、甲苯、二甲苯、丙酮、乙酸乙酯、甲醇、乙醇等。

易燃固体：红磷、三硫化二磷、萘、铝粉等。黄磷为能自燃固体。

使用易燃化学品应注意事项：

（1）使用时要移走火源，且所有操作要在通风柜内进行。

（2）准备好灭火器，以备不时之需。

（3）使用金属钠、钾时，要确保周围没有敞口的低级卤代烃和水，避免误投入其中而引发事故。

（4）取用试剂如叔丁基锂、三烷基硼等时，操作要快，有时使用注射器取用时针尖会着火。

2. 易爆化学药品　气体混合物的反应速率随成分而异，当反应速率达到一定限度时，即会引起爆炸。实验室常用的醚类化合物如乙醚、四氢呋喃等易产生过氧化物而发生爆炸；另外乙醚沸点很低极易挥发，其蒸气能与空气或氧混合，形成爆炸混合物。

一般说来，易爆物质大多含有以下结构或官能团：

—O—O—　　臭氧、过氧化物

—NO$_2$　　　硝基化合物（三硝基甲苯、苦味酸盐）

—N=O　　　亚硝基化合物

—N=N—　　重氮及叠氮化合物

—O—Cl　　　氯酸盐、高氯酸盐

此外易爆化学药品防爆还必须注意以下几点：

（1）进行潜在爆炸性实验时，应该在具有防爆装置的条件下进行，同时要做好个人防护，需戴面罩或防护眼镜。

（2）实验完后易爆药品所产生的残渣必须在指定位置回收并处妥善处理，不得随意乱扔。

（3）部分易爆药品需保存在水中，如苦味酸、过氧化苯甲酰等。

3. 有毒化学药品　有机化学实验室日常接触的化学药品，大多都是有毒的，根据其毒性可以分剧毒物质、致癌物质、高毒物质、中毒物质、低毒物质。

有机化学实验室常见的剧毒物质有二甲亚砜、氰化钠、氢氟酸、氢氰酸、汞、光气、有机磷化物、有机砷化物、有机氟化物、有机硼化物、羰基镍、砷酸盐、丙烯酰胺等。

常见的致癌物质有亚硝基类化合物、甲烷磺酸甲酯（或乙酯）、重氮甲烷、硫酸二甲酯、氯乙烯、溴乙烯、氟乙烯、氘代试剂等。

常见的高毒物质有四氯化碳、三氯甲烷、氯气、溴水、乙腈、丙烯腈、肼、苯肼、丙烯醛、乙烯酮、对苯二酚、苯胺、氯化氢、硫化氢、溴苯、氯苯等。

常见的中毒物质有甲醇、甲醛、硫酸、硝酸、烯丙醇、糠醛、环氧乙烷、二硫化碳、甲苯、二甲苯、三硝基甲苯、三氟化硼、多聚甲醛、三氯乙醛、四氢呋喃、吡啶、吡咯烷、二甲胺、三苯基膦等。

常见的低毒物质有正丁醇、乙二醇、三氯化铝、丙烯酸、苯乙烯、邻苯二甲酸、苯酚、氢氧化钾、乙醚、丙酮、丙烯酸乙酯、环己烷、环己酮等。

有机化学实验室药品涉及面广、毒性大，所以在使用时必须十分谨慎，不当的使用或接触，会引起急性或慢性中毒，影响健康。只要掌握使用毒物的规则和防护措施，使用有毒药品也不会中毒，并不可怕。

有毒化学药品通常由下列途径侵入人体：

（1）由呼吸道侵入。故有毒实验必须在通风橱内进行，并保持室内空气流畅，不要长期呆在实验室，要适当到空气新鲜的地方进行休息。

（2）由皮肤黏膜侵入。在进行有毒实验时，必须戴好手套、防护眼镜等，以免药品直接接触皮肤造成中毒，尤其手或皮肤有伤口时更须特别小心。

（3）由消化道侵入。有机化学实验室的任何药品不得品尝，严禁在实验室饮食或把食品带到实验室，实验结束后必须先洗手后进食。

（4）严禁将毒物带出实验室。

几种常见有毒试剂的使用方法如下。

使用乙酸（浓）必须非常小心地在通风橱操作，吸入或皮肤吸收会受到伤害。使用时最好要戴手套和护目镜。

乙腈是非常易挥发和特别易燃的，它是一种刺激物和化学窒息剂。严重中毒的病人可按氰化物中毒方式处理。操作时要戴合适的手套和安全眼镜。只能在通风橱里使用，远离热、火花和明火。

三氯甲烷对皮肤、眼睛、黏膜和呼吸道有刺激作用。它是一种致癌剂，可损害肝和肾，而且很易挥发，为了避免吸入挥发的气体，操作时戴合适的手套和眼镜，始终在通风橱里进行。

N, N – 二甲基甲酰胺对眼睛、皮肤和黏膜有刺激作用。若吸入、咽下或皮肤吸收会发挥其毒性效应，经常吸入可引起肝脾损伤。操作时要戴合适的手套和安全眼镜并在通风橱内进行。

硫酸二甲酯是一种强毒和致癌剂。为了避免吸入其挥发的蒸气。操作时戴合适的手套和安全眼镜，只能在通风橱里进行。含有硫酸二甲酯的溶液处理方法是将其慢慢倒入氢氧化钠或氢氧化铵溶液中并在通风橱内放置过夜。

二甲基亚砜可因吸入、咽下或皮肤吸收而危害健康。使用时要戴手套和眼镜，在通风橱内进行操作。

4. 化学试剂等级　我国生产的化学试剂，按其纯度一般分为四级：优级纯、分析纯、化学纯和实验试剂。

（1）优级纯（GR），又称一级品或保证试剂，主要成分含量高达99.8%，杂质含量最低，适合于重要精密的分析工作和科学研究工作，亦可作基准物质用，我国产品使用绿色标签作为标志。

（2）分析纯（AR），又称二级试剂，纯度很高，略次于优级纯，主要成分含量高达99.7%，适用于重要分析及一般科学研究工作，我国产品使用红色标签作为标志。

（3）化学纯（CP），又称三级试剂，纯度较高，主要成分含量 ≥ 99.5%，存在有干扰杂质，适用于化学实验和合成制备，我国产品使用蓝色标签作为标志。

（4）实验试剂（LR），又称四级试剂，杂质含量较高，纯度较低，在分析工作常用辅助试剂。

第三节　有机化学实验信息获取、报告和测试

一、化学化工手册和文献查阅

化学文献是前人在化学方面的科学研究、生产实践等的记录和总结。查阅化学文献是科学研究的一个重要组成部分，是培养学生动手能力的一个重要环节，是每个学生应具备的基本功之一。在进行有机化学实验时，学生需要了解反应物、产物的物理常数、化学性质等合成路线、方法、后处理方法等这就必须熟悉查阅各种化学化工手册和文献。查阅文献资料的目的是为了了解某个化学研究方向的历史概况及国内外研究水平，研究进展动态及方向。只有"知己知彼"才能避免重复劳动，达到事半功倍的效果。

（一）化学化工手册
1. 工具书

（1）《化工辞典》（第二版）　本书由王箴主编，是一本综合性化工工具书，收集了有关化学、化工名词1万余条，列出了该物质的分子式、结构式、基本的物理、化学性质等数据，并对其制法和用途作了简要的说明。书前有按笔画为顺序的目录，书末有汉语拼音检索。

（2）《The Merck Index》　该书被称为是"化学品、药品、生物试剂百科全书"，1889年首次出版，现已发行到第14版。该书收录了1万多种化合物的性质、制法和用途，4500多个结构式及42000条化学产品和药物的命名。化合物按名称字母的顺序排列，冠有流水号，依次列出1972～1976年汇集的化学文摘名称以及可供选用的化学名称、药物编码、商品名、化学式、相对分子质量、文献、结构式、物理数据、标题化合物的衍生物的普通名称和商品名。在 Organic Name Reactions 部分中，对在国外文献资料中以人名来称呼的反应作了简单的介绍。一般是用方程式来表明反应的原料和产物及主要反应条件，并指出最初发表论文的著作者和出处。该书已经成为介绍有机化合物数据的经典手册，CRC，Aldrich 等手册都引用该书中的化合物编号。

（3）《Dictionary of Organic Compounds》　这本《有机化合物辞典》初版于1934～1937年间，由 Heibron I. V. 主编。1965年出第4版后，每年出一本补编，至1979年共

出补编 15 本，然后将第 4 版与所有 15 本补编合并，于 1982 年出版了本第 5 版，1996 年出版了第六版。该书收集 6.1 万多个基本有机化合物、有应用价值的化合物、实验室常用试剂和溶剂、重要天然产物和生化物质等，按化合物英文名称的字母顺序排列。内容主要包括有机化合物的名称、别名、组成、分子式、结构式、CAS 登录号、性状、物理常数及化学性质等。

（4）《Beilstein's Handbuch der Organischem Chemie》 这部德文的《拜尔斯坦有机化学手册》习惯上简称"Beilstein"，最早由德国的 F. K. Beilstein 经过 20 年的收集，于 1883 年出版的，是目前有机化合物收集得最全面、最完整的大型系列工具书。该书早期用德文出版，从第五版开始出现英文版，内容主要介绍化合物的结构、理化性质、衍生物的性质、鉴定分析方法、提取分离或制备方法及原始文献。它所报道化合物的制备方法比原始文献还详细，并更正了一些原作者的错误。

（5）《Lange's Handbook of Chemistry》 本书于 1934 年出版，从第 1 版至第 10 版由 Lange，N. A. 主编。《兰氏化学手册》是一部资料齐全、数据详实、使用方便、供化学及相关科学工作者使用的单卷式化学数据手册，是两代作者花费了半个多世纪的心血搜集、编纂而成的，在国际上享有盛誉，一直受到各国化学工作者的重视和欢迎。本书已翻译为中文，名为《兰氏化学手册》，尚久芳等译，科学出版社出版，1991 年 3 月。2005 年为纪念该书发行 70 周年，由 James Speight 主编发行第 16 版，该书收集了超过 4000 多个有机物和 1400 多个无机物的性质。

2. 有机合成方面的专业参考书

（1）《Organic Synthesis》 本书最初由 R. Adams 和 H. Gilman 主编，后由 A. H. Blatt 担任主编。于 1921 年开始出版，每年一卷。本书主要介绍各种有机化合物和一些有用的无机试剂制备方法。该书每十卷有合订一本，卷末附有分子式、反应类型、化合物类型、主题等索引。在 1976 年还出版了合订本 1～5 集（即 1～49 卷）的累积索引，可供阅读时查考。54 卷、59 卷、64 卷的卷末附有包括本卷在内的前 5 卷的作者和主题累积索引；每卷末也有本卷的作者和主题索引。该书第三版于 2011 年由 Michael B Smith 主编出版；新版本中的文献涉及 6000 多部杂志、书刊，新增文献达 950 多篇；更新、增加了 600 多个新的反应。

（2）《Organic Reactions》 本书由 Adams R. 主编，1951 年开始出版，刊期并不固定，2012 年由 Scott E. Denmark，Dale Boger 和 Andre B. Charette 共同主编出版第 77 卷。本书主要介绍有机化学中有理论价值和实际意义的反应。每个反应都是由有一定经验的人来撰写。书中对有机反应的机理、应用范围、反应条件等都做了详尽的讨论。并用图表指出对该反应曾进行过哪些研究工作。卷末有以前各卷的作者索引和章节及题目索引。

（3）《Reagents for Organic Synthesis》 该书以收集有机试剂和催化剂为主，书中收集面很广。第一卷于 1967 年出版，其中将 1966 年以前的著名有机试剂都做了介绍。

每个试剂按英文名称的字母顺序排列，并对入选的每个试剂都做了详细介绍，包括化学结构、相对分子质量、物理常数、制备和纯化方法、合成方面的应用等。

（4）《Synthetic Method of Organic Chemistry》　　本书由 Alan F. Finch 主编，是一本年鉴。主要收录各种碳－碳键和碳－杂键的形成反应及一般的官能团转化。2013 年已经出版到第 81 卷，卷末附有主题索引和分子式索引。

3. 有机化学实验参考书

（1）Organic Experiments. Fieser L. F., Heath and Company, 1983

本书在 1935 年出版，当时书名为《有机化学实验》，1941 年出版第 2 版，1955 年出版第 3 版，1957 年出版第 3 版修订本。从 1964 年起改用《有机实验》（Organic Experiments），和前者相比，它增加了不少新的反应和技术，例如，Wittig 反应，苯炔反应，卡宾反应，催化氢化，催化氧化，高温及低温下的二烯合成，薄层色谱和利用笼包络合物的分离等。本书第 3 版已有中文译本。

（2）有机化学实验，兰州大学化学系有机化学教研室编，第 3 版，由高等教育出版社于 2010 年出版。

本书为全国综合性大学、师范院校、工科院校化学专业、应用化学专业及相关专业本科生和研究生的实验教材，全书共分为有机化学实验室的一般常识，有机化学实验室的基本操作，有机化合物的制备与反应，有机化合物的鉴定和附录等五部分。

（3）有机化学实验，曾昭琼主编，第 3 版，由高等教育出版社于 2000 年出版。

本书为全国师范院校化学系有机化学实验教材，全书共分一般常识、基本操作和实验技术、有机化合物的制备、有机化合物的性质、理论部分、附录等六部分。

（二）常用期刊论文

1. Journal of the American Chemical Society 简称为 J. Am. Chem. Soc. 　《美国化学会会志》是自 1879 年开始的综合性期刊，发表所有化学领域的高水平研究论文，是世界上最有影响力的综合性刊物之一，每年共 51 卷，可发表 3000 多篇化学相关学术论文，2013 年影响因子达 10.677。

2. Chemical Reviews 简称为 Chem. Rev. 　《化学评论》始于 1924 年，主要刊载化学领域中的专题及发展近况的评论，内容涉及无机化学，有机化学，物理化学等各方面的研究成果与发展概况，每年可发表 176 篇化学相关综述性文章，2013 年影响因子达 41.298。

3. Angewandte Chemie, International Edition 简称为 Angew Chem. 　该刊物由德国化学会于 1888 年创办，从 1962 年起出版英文国际版。刊登所有化学学科的高水平研究论文和综述性文章，是目前化学学科中最具影响力的期刊之一，每年可发表 2200 多篇化学相关学术论文，2013 年影响因子达 13.734。

4. Journal of Chemical Society 简称为 J. Chem. Soc. 　该刊由英国化学会会志主办，1848 年创刊，1972 年起分四辑出版，均以公元纪元编排，不另设卷号。

5. Chemical Society Reviews 简称为 Chem. Soc. Rev. 本刊前身为 Quarterly Reviews，自 1972 年改为现名，刊载化学方面的评述性文章，每年发表近 400 篇综述性论文，2013 年影响因子达 24.892。

6. Tetrahedron 《四面体》创刊于 1957 年，它主要是为了迅速发表有机化学方面的研究工作和评论性综述文章，每年发表 1200 多篇论文，2013 年影响因子达 2.803。

7.《有机化学》 中国化学会主办，1981 年创刊，刊登有机化学方面的重要研究成果等，可发表综述、全文、通讯等，目前为 SCI 收录刊物。

8.《中国科学》 中国科学院主办，于 1951 年创刊，原为英文版，自 1972 年开始出中文和英文两种版本，刊登我国各个自然科学领域中有水平的研究成果。中国科学分为 A、B 两辑，B 辑主要包括化学、生命科学、地学方面的学术论文。目前为 SCI 收录刊物。

9.《化学学报》 中国化学会主办，1933 年创刊，主要刊登化学方面有创造性的、高水平的和重要意义的学术论文。目前为 SCI 收录刊物。

10.《高等学校化学学报》 教育部主办的化学学科综合性学术期刊，1964 创刊，有机化学论文由南开大学分编辑部负责；其他学科论文由吉林大学分编辑部负责。目前为 SCI 收录刊物。

（三）网络资源

通过网上数据库检索各类化学信息与资源，已经成为化学工作者的首选；以下介绍几种常用的检索资源。

1. 美国化学会（ACS）数据库（http：//pubs. acs. org） 美国化学会（ACS）是一个化学领域的专业组织，成立于 1876 年。多年来 ACS 一直致力于为全球化学研究机构、企业、个人提供高品质的文献资讯及服务，成为全球影响力最大的数据库之一，倍受化学工作者的青睐；ACS 现有 16.3 万位来自化学界各个分支的会员，且每年举行两次涵盖化学各方向的年会，并有许多规模稍小的专业研讨会。美国化学会拥有许多期刊，其中《美国化学会志》（Journal of the American Chemical Society）已有 128 年历史。

2. 英国皇家化学会（RSC）数据库（http：//pubs. rsc. org） 英国皇家化学学会（Royal Society of Chemistry，简称 RSC），成立于 1841 年，是一个国际权威的学术机构，是化学信息的一个主要传播机构和出版商，其出版的期刊及资料库一向是化学领域的核心期刊和权威性的资料库。每年组织几百个化学会议。该协会是拥有约 4.5 万名化学研究人员、教师、工业家组成的专业学术团体。

3. John Wiley 数据库（http：//www. interscience. wiley. com） John Wiley & Sons（约翰威立父子）出版公司始创于 1807 年，是全球知名的出版机构，拥有世界第二大期刊出版商的美誉，以质量和学术地位见长，出版超过 400 种的期刊，被 SCI 收录的核心期刊达 200 种以上，电子期刊（全文）覆盖生命科学、医学、数学、物理、化学等 14 个领域。

4. Elsevier（ScienceDirect）数据库（http：//www. sciencedirect. com） 荷兰爱思唯尔（Elsevier）出版集团是一家经营科学、技术和医学信息产品及出版服务的世界一流出版集团，已有180多年的历史，是世界上公认的高质量学术期刊。ScienceDirect Online 系统是 Elsevier 公司的核心产品，是全学科的全文数据库。该数据库覆盖了化工、化学、经济学与金融学、环境科学、材料科学、数学、物理学与天文学、心理学等领域。

5. 美国化学文摘（CA）网络版–SciFinder Scholar 数据库 据报道目前世界上每年发表的化学、化工文献达几十万篇，如何将如此大量、分散的、各种文字的文献加以收集、摘录、分类、整理，使其便于查阅，这是一项十分重要的工作，美国化学文摘就是处理这种工作的杂志。SciFinder Scholar 是美国化学学会所属的化学文摘服务社 CAS（Chemical Abstract Service）出版的化学资料电子数据库学术版。《化学文摘》（CA）是涉及学科领域最广、收集文献类型最全、提供检索途径最多、部卷也最为庞大的一部著名的世界性检索工具。CA 报道了世界上 150 多个国家、56 种文字出版的20000 多种科技期刊、科技报告、会议论文、学位论文、资料汇编、技术报告、新书及视听资料，摘录了世界范围约 98% 的化学化工文献，所报道的内容几乎涉及化学家感兴趣的所有领域。CA 网络版 SciFinder Scholar，整合了 Medline 医学数据库、欧洲和美国等 30 几家专利机构的全文专利资料以及化学文摘 1907 年至今的所有内容。涵盖的学科包括应用化学、化学工程、普通化学、物理、生物学、生命科学、医学、聚合体学、材料学、地质学、食品科学和农学等诸多领域。

6. 中国知网（http：//www. cnki. net） 中国知网是全球领先的数字出版平台，是一家致力于为海内外各行各业提供知识与情报服务的专业网站。该数据库收录 1994年至今的 5300 余种核心与专业特色刊物的全文，目前中国知网服务的读者超过 4000万，中心网站及镜像站点年文献下量突破 30 亿次，是全球倍受推崇的知识服务品牌。

以上数据库一般都有良好的用户界面，检索方便，可以通过刊物直接浏览摘要、全文。检索方式一般有三种：关键词检索（search）、引文（citation）、DIO 号检索。

二、有机化学实验预习、实验记录和实验报告

1. 实验预习 预习是有机化学实验的重要环节，是保证实验成功的前提条件，为了做好实验、避免事故，在实验前必须对所要做的实验有尽可能全面和深入的认识。这些认识包括实验目的要求，实验原理（化学反应原理和操作原理），实验所用试剂及产物的物理、化学性质及规格用量，实验所用的仪器装置，实验的操作程序和操作要领，实验中可能出现的现象和可能发生的事故等。为此，需要认真阅读实验的有关章节（含理论部分、操作部分），查阅适当的手册，做好预习笔记。预习笔记也就是实验提纲，它包括实验名称、实验目的、实验原理、主要试剂和产物的物理常数、试剂规格用量、装置示意图和操作步骤。在操作步骤的每一步后面都需留出适当的空白，以

供实验时作记录用。

2. 实验记录 实验记录是科学研究的第一手资料，记录的准确性会直接影响到实验结果的正确与否，因此，在实验过程中应认真操作，仔细观察，勤于思索，同时应将观察到的实验现象及测得的各种数据及时真实地记录下来，务必养成良好的科学素养和实事求是的科学精神。由于是边实验边记录，可能时间仓促，故记录应简明准确，字迹清晰，实验结束后学生应将实验记录和产物交给老师签字确认。

3. 实验报告 实验报告是将实验操作、实验现象及所得各种数据综合归纳、分析提高的过程，是把直接的感性认识提高到理性概念的必要步骤，要求数据准确、文字简练、书写工整，要对实验现象进行讨论，必须认真对待。实验报告主要包括以下几个部分：

（1）实验目的。

（2）实验原理（或提取原理）。合成实验写出主反应式、副反应式；提取实验则写出原料中的主要成分，欲提取组分的结构式，分离纯化原理等。

（3）实验仪器与试剂。写出仪器设备的名称、型号；试剂名称、规格、用量。

（4）实验装置简图。画出合成与分离装置图。

（5）实验步骤及现象。记录合成与分离的操作要点、反应液状态、颜色变化、气味、温度等现象或测量数据。

（5）产率的计算。记录实际产量，计算理论产量和产率。

（6）实验讨论。解释操作过程的反应现象，分析产率高或低的原因。

（7）思考题。完成实验教材上的思考题，总结本次实验收获或心得体会。

有机化学实验报告的基本格式以正溴丁烷的制备实验为例。

例：实验八 正溴丁烷的制备

实验时间：2013 年 9 月 2 日星期一 8：30 ~ 17：00　　实验场所：化工实验大楼 408 室

天气状况：31 ~ 26℃，中雨转阵雨　　　　　　　　同组人：

参考资料

1. 申东升，詹海莺等. 有机化学实验. 北京：中国医药科技出版社，2003. 实验十九。

2. 高占先. 有机化学实验（第四版）. 北京：高等教育出版社，2004. 实验四。

一、实验目的要求

1. 掌握从正丁醇制备正溴丁烷的方法；

2. 熟悉回流、气体吸收装置和分液漏斗的使用。

二、反应式

$$NaBr + H_2SO_4 \longrightarrow HBr + NaHSO_4$$

$$n - C_4H_9OH + HBr \longrightarrow n - C_4H_9Br + H_2O$$

副反应

$$n - C_4H_9OH + HBr \longrightarrow (n - C_4H_9)_2O + H_2O$$

$$2NaBr + 3H_2SO_4 \longrightarrow Br_2 + 2NaHSO_4 + 2H_2O + SO_2$$

$$CH_3CH_2CH_2CH_2OH \longrightarrow CH_3CH_2CH =\!\!\!= CH_2 + H_2O$$

三、主要试剂及产物的物理常数

名称	分子量	性状	折光率	密度	熔点/℃	沸点/℃	溶解度（g/100ml）		
							水	醇	醚
正丁醇	74.12	无色透明液体	1.399320	0.8098	-89.5	117.2	7.920	∞	∞
正溴丁烷	137.03		1.440120	1.2758	-112.4	101.6	不溶	∞	∞

四、主要试剂规格及用量

正丁醇 C. P. 7.5g（9.3ml，0.10mol）；　　　　溴化钠 C. P. 12.5g（0.12mol）；

浓硫酸 A. R. 26.7g（14.5ml，0.27mol）；　　　饱和 NaHCO₃ 水溶液（10ml）；

无水氯化钙 A. R.。

五、实验装置图

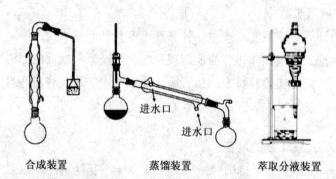

合成装置　　　　　　　蒸馏装置　　　　　　　萃取分液装置

六、实验步骤与现象

时间	步骤	现象
9:10	（1）在100ml 圆底烧瓶中加入 10ml 水，并缓慢滴加 14.5ml 浓硫酸，在冰水或冷水浴下摇匀冷却 （2）冷却后加入正丁醇9.3ml 和研细的溴化钠 12.5g，摇匀并加入沸石 1~2 粒	放热，烧瓶烫手 不分层，有少溴化钠未溶解，瓶内有白雾出现（HBr）

时间	步骤	现象
9:30	(3) 在瓶口安装冷凝管，冷凝管顶部安装气体吸收装置，开启冷凝水，隔石棉网小火加热回流 1h。	沸腾 HBr 气体增多，并从冷凝管上升，NaBr 完全溶解；瓶中液体由一层变为三层，上层开始极薄，中层为橙黄色，随着反应进行，上层越来越厚，中层越来越薄，最后消失。上层颜色由淡黄变为橙黄
	(4) 稍冷，改成蒸馏装置，加沸石 1 颗，蒸出正溴丁烷	馏出液为乳白色油状物，分层，反应瓶中上层越来越少最后消失，最后馏出液变清（说明正溴丁烷全部蒸出），冷却后，蒸馏瓶内析出结晶（NaHSO$_4$）
	(5) 粗产物用 15ml 水洗	产物在下层，呈乳浊状
	在干燥分液漏斗中用	产物在上层，硫酸在下层，呈棕黄色
	5ml 浓 H$_2$SO$_4$ 洗	产物在下层
	10ml 水洗	二层交界处有絮状物产生又呈乳浊状
	10ml 饱和 NaHCO$_3$ 洗	产物在下层
	10ml 水洗	开始浑浊，摇后变澄清
	(6) 将粗产物转入 25ml 锥形瓶中，加 1 ~ 2g CaCl$_2$ 干燥	
	(7) 粗产品滤入 50ml 蒸馏瓶中，加沸石蒸馏，收集 99 ~ 103℃馏分	98℃开始有馏出液（3 ~ 4 滴），温度很快升至 99℃，并稳定于 101 ~ 102℃，最后升至 103℃，温度下降，停止蒸馏
	(8) 产物称重	无色液体，瓶重 20.2g，共重 28.3g，产物重 8.1g

七、产率的计算

$$n - C_4H_9OH \ + \ NaBr \ + \ H_2SO_4 \longrightarrow n - C_4H_9Br + NaHSO_4 + H_2O$$

$$1mol \qquad 1mol \qquad 1mol \qquad \qquad 1mol$$

$$0.1mol \quad 0.12mol \quad 0.27mol \qquad \quad 0.1mol$$

正溴丁烷的理论产量 $= 0.1 \times 137 = 13.7g$

$$百分产率 = \frac{实际产量}{理论产量} \times 100\% = \frac{8.1g}{13.7g} \times 100\% = 59.1\%$$

八、讨论

1. 在回流过程中，瓶中液体出现三层，上层为正溴丁烷，中层可能为硫酸氢正丁酯，随着反应的进行，中层消失表明丁醇已转化为正溴丁烷。上、中层液体为橙黄色，可能是由于混有少量溴所致，溴是由硫酸氧化溴化氢而产生的。

2. 反应后的粗产物中，含有未反应的正丁醇及副产物正丁醚等。用浓硫酸洗可除去这些杂质。因为醇、醚能与浓 H$_2$SO$_4$ 作用生成烊盐而溶于浓 H$_2$SO$_4$ 中，而正溴丁烷不溶。

三、有机化学实验技术测试

-------------------------------- 测试题一 --------------------------------

一、选择题（每题 2 分，共 20 分）

1. 磨口仪器的磨口，一般情况下不需涂润滑剂，如是_____则必须涂润滑油。

   A. 体系中有强碱
   B. 体系中有强酸
   C. 进行加压操作
   D. 进行减压操作

2. 玻璃仪器用完后应及时洗刷，若粘有酸性残渣，应采用_____洗涤。

   A. 稀硫酸
   B. 稀盐酸
   C. 稀氢氧化钠
   D. 有机溶剂

3. 某一反应在 155℃ 左右回流时应选用_____。

   A. 三个球的水冷管
   B. 五个球的水冷管
   C. 直型水冷管
   D. 空气冷凝管

4. 固体有机物混有少量有机物杂质时，其熔点会_____。

   A. 升高
   B. 降低
   C. 不变
   D. 不一定

5. 进行重结晶时，理想的溶剂必须具备的条件是_____。

   A. 沸点较低
   B. 不与被提纯的物质起化学反应
   C. 较高温度能溶解较多量的被提纯物质
   D. 杂质的溶解度要么非常大，要么非常小

6. 蒸馏操作时，蒸馏速度常调节在_____。

   A. 1～2 滴/秒
   B. 4～5 滴/秒
   C. 7～8 滴/秒
   D. 越快越好

7. 重氮化反应时，当有过量的亚硝酸钠存在时，可加_____使其分解。

   A. 稀盐酸
   B. 稀氢氧化钠溶液
   C. 尿素水溶液
   D. 氯化氢水溶液

8. 进行格式反应时，常使用乙醚，乙醚对格式试剂起着_____。

   A. 溶剂作用
   B. 惰性保护作用
   C. 催化作用
   D. 分解作用

9. 当有机合成所得产物为固体时，常采用的提纯方法是_____。

    A. 结晶   B. 升华

    C. 层析法   D. 水洗

10. 有机溶剂或化学药品起火时，可用_____灭火。

    A. 湿布   B. 石棉布

    C. 砂子   D. 水

二、填空题（每空 2 分，共 20 分）

1. 说有机实验室是潜在的危险场所，是指玻璃仪器的_____，有机试剂的_____。

2. 易燃溶剂，切不可用火_____，封闭体系应注意_____。

3. 蒸馏烧瓶的大小应由蒸馏液体的量来决定，通常所蒸馏液体的体积应占蒸馏烧瓶的_____。

4. 萃取操作时，常在水溶液中加入一定量的食盐，这是为了_____。

5. 实验室所用的浓硫酸，其比重一般是_____，其重量百分数一般为_____。

6. 冷凝水应自冷凝管的_____端进，_____端出。

7. 热过滤常用折叠滤纸，这是为了_____。

三、问答题（每小题 10 分，共 40 分）

1. 水蒸气蒸馏是用来分离和提纯有机物的重要方法之一，常用于哪几种情况？

2. 色谱是分离、纯化和鉴定有机化合物的重要方法之一，其基本原理是什么？

3. 用苯甲醛、醋酐为原料合成肉桂酸的实验中，水蒸气蒸馏为什么不能用氢氧化钠代替饱和的碳酸钠溶液中和？

4. 制备 8－羟基喹啉的实验中，为什么在第二次水蒸气蒸馏前，一定要很好的控制 pH 范围？

四、一个平衡的有机方程式，是计算理论产量、调节原料配比的依据，试配平下列反应（每小题 5 分，共 10 分）

1. 用硝基甲苯作原料，在氧化剂重铬酸钠－硫酸的作用下，制备对硝基苯甲酸。

2. 用铁粉－酸为还原剂，还原硝基苯为苯胺。

$$\underset{}{\text{—}NO_2} + Fe \xrightarrow{H^+} \underset{}{\text{—}NH_2} + Fe_3O_4$$

五、实验设计（包括反应式，产物纯化原理，反应步骤）（10分）

利用 Cannizzaro 反应将呋喃甲醛全部转化为呋喃甲醇。

------------------------------------ 测 试 题 二 ------------------------------------

一、选择题（每小题2分，共20分）

1. 蒸馏烧瓶的大小应由蒸馏液体的量来决定，通常所蒸馏液体的体积应占蒸馏烧瓶的_____。

   A. 1/2　　　　　　　　　　　　B. 3/4

   C. 2/3　　　　　　　　　　　　D. 可任一选择

2. 重结晶趁热过滤时，应选用_____。

   A. 热水漏斗　　　　　　　　　　B. 玻璃漏斗

   C. 热水漏斗加短颈玻璃漏斗　　　D. 热水漏斗加长颈玻璃漏斗

3. 测定熔点时，可以下列现象判断始熔：_____。

   A. 样品发毛　　　　　　　　　　B. 样品收缩

   C. 样品塌落并出现液滴　　　　　D. 样品完全变透明

4. 抽气过滤时，布氏漏斗中的晶体应使用下列哪种物质进行洗涤：_____。

   A. 母液　　　　　　　　　　　　B. 新鲜的冷溶剂

   C. 冷水　　　　　　　　　　　　D. 热水

5. 在粗制的环己烯中，加入精盐使水层饱和的目的是_____。

   （1）破乳　　　　　　　　　　　（2）消除副产物

   （3）干燥　　　　　　　　　　　（4）增大水层的密度

   （5）降低环己烯在水中的溶解度

   A.（1）（2）（3）　　　　　　　B.（1）（4）（5）

   C.（2）（3）（5）　　　　　　　D.（1）（2）（4）

6. 2－甲基－2－己醇的制备中，保证格氏试剂与丙酮加成物水解前各步绝对干燥采用的办法是：_____。

   （1）采用浓 H_2SO_4 做吸水剂

   （2）采用无水乙醚做溶剂

   （3）滴液漏斗和冷凝回流管的上口均安装干燥管

   （4）所得粗产物不用无水 $CaCl_2$ 干燥而用无水 K_2CO_3 干燥

   （5）药品、仪器均保持绝对干燥

A. （1）（2）（3） B. （1）（4）（5）

C. （2）（3）（5） D. （1）（2）（4）

7. 在阿司匹林的制备中，产物用 $FeCl_3$ 溶液检验呈正反应，最可能存在的杂质是_____。

    A. 水杨酸 B. 水杨酸间的高聚物

    C. 乙酰水杨酸 D. 水杨酸乙酯

8. 在己二酸的制备中，除去未反应的 $KMnO_4$ 所选用的试剂是_____。

    A. $NaHCO_3$ B. Na_2CO_3

    C. $NaHSO_4$ D. $NaHSO_3$

9. 下列说法正确的是_____。

    A. 有固定沸点的有机物一定是纯净物。

    B. 纯净的有机物一般都有固定的熔点。

    C. 不纯液体有机化合物沸点一定比纯净物高。

    D. 沸点差大于30℃的液体混合物要用分馏来提纯。

10. 下列说法正确的是_____。

    A. 乙烷分子的交叉构象有 4 个对称面，重叠构象有 3 个对称面。

    B. 顺 – 2 – 丁烯有 1 个对称面，反 – 2 – 丁烯有 2 个对称面。

    C. 二氯甲烷的对称面有 2 个，甲烷的有 6 个。

    D. 外消旋体与内消旋体一样均为纯净物。

二、填空（每空 2 分，共 20 分）

1. 毛细管法测定熔点时，通常选用的毛细管内径为 1～1.5mm，装填样品的高度为_____。

2. 测定熔点时，温度计的水银球部分应放在什么位置？_____。
   常压蒸馏时，温度计的水银柱部分应放在什么位置？_____。
   在制备乙酸乙酯时，温度计的水银球部分又应放在什么位置？_____。

3. 分馏是用来分离和提纯有机化合物的一种重要方法，其实质是：_____。

4. 水蒸气蒸馏装置中 T 形管作用是_____。

5. 产物如果是液体，通常采用什么办法提纯？_____；
   产物如果是固体，通常采用什么办法提纯？_____；
   如何检测固体产物的纯度？_____。

6. 蒸馏前一定要将干燥剂先过滤掉，原因是：_____。

三、问答题（共 40 分）

1. 在正溴丁烷的制备中，我们加入原料：14ml 水、12ml 正丁醇（9.7g，

0.13mol)、19ml 浓硫酸和 16.5g 溴化钠（0.16mol），最后收集到反应产物正溴丁烷纯品 10.5g，请问其产率为多少？（10 分）

2. 用化学方程式表示阿司匹林是如何制备的？实验中是如何将产物与高聚物分开的？乙酸酐的用量是水杨酸的 4 倍，多余的乙酸酐是如何除掉的？为什么一定要将乙酸酐除掉？（15 分）

3. 在乙酸乙酯、丁酯、异戊酯三种酯的制备实验中，你认为提高各自产率的关键措施是什么？（15 分）

四、写出下列仪器的名称和主要用途。（共 10 分）

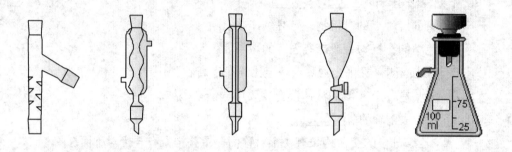

五、请画出水蒸气蒸馏的装置图。（10 分）

第二章

有机化学实验基本技术

第一节　玻璃管材加工

有机化学实验中，常常要使用滴管、毛细管、玻璃管、玻璃弯管、玻璃钉和搅拌棒等，有时还要给毛细管封口和给玻璃棒封边，需要对玻璃管和玻璃棒进行加工。尽管已经普遍使用标准磨口仪器，但对玻璃管材进行加工，仍然是有机化学实验的一项基本技能。本节安排一个实验。

实验一　简单玻璃工操作与塞子配备

一、实验目的

1. 了解实验室常用玻璃的种类和特性。
2. 掌握玻璃管的简单加工和塞子钻孔。

二、实验步骤

（一）玻璃的种类与特性

实验室常用的玻璃根据其化学成分不同可分为三类。

钠钙玻璃是以氧化硅、氧化钠和氧化钙为主要成分的玻璃。它具有良好的化学性能和机械强度，质软，膨胀系数高，但对温度变化的抵抗力差，适宜于制造厚壁的仪器。制成的滴定管、刻度吸管、移液管、干燥器、钟罩、试剂瓶、标本瓶、抽滤瓶、酒精灯等，牢固度好，能抵抗化学侵蚀。这些仪器价格低廉，但不可加热，也不可于电热箱中烘干。

硼硅玻璃是含氧化硼大于80%的玻璃。这类玻璃的内部结构稳定性极好，具有优良的物理性能、化学性能和良好的灯焰加工性能，膨胀系数小，可耐受较高的温差，能耐300℃以上的高温，是制造实验室用各种加热器皿、结构复杂的玻璃仪器、化工设备和压力水表玻璃等的良好玻璃材料，实验室的烧瓶、烧杯、蒸发皿、锥形瓶、冷凝管等都由硼硅玻璃制成，可加热，可在电热箱中烘干。

石英玻璃是只含二氧化硅单一成分的玻璃。它内部结构非常紧密，具有极低的热膨胀系数，高的耐温性，极好的化学稳定性，优良的电绝缘性，低而稳定的超声延迟性能，最佳的透紫外光谱性能以及透可见光及近红外光谱性能，有着高于普通玻璃的机械性能。实验室的透镜、棱镜、滤光片等光学材料，以及比色皿、石英坩埚、石英烧杯、石英蒸发皿、石英蒸馏仪器等，都是由石英玻璃制成。可作加热材料，价格较贵。

（二）简单的玻璃工操作

尽管标准磨口仪器在有机化学实验室得到了广泛的应用，但在许多场合下仍然需要我们进行玻璃工操作。

1. 玻璃管的截断 玻璃管的截断操作，一是锉痕，二是折断。锉痕用的工具是小三角钢锉。如果没有小三角钢锉，可用新敲碎的瓷碎片。具体操作是：把玻璃管平放在桌子的边缘上，左手的拇指按住玻璃管要截断的地方，用力锉出一道凹痕，凹痕约占管周的 1/6，锉痕时只向一个方向即向前或向后锉去，不能来回拉锉。当锉出了凹痕之后，两拇指分别按在凹痕背面的两侧，用力急速轻轻一按，就在凹痕处截成两段，见图 2-1。为了安全起见，常用布包住玻璃管，同时尽可能远离眼睛，以免玻璃碎屑伤人。玻璃管的断口很锋利，容易划破皮肤，又不易插入塞子的孔道中，所以要把断口在灯焰上灼烧封边，使之平滑。

图 2-1　玻璃管的折断

2. 玻璃管的弯曲 有机化学试验常用到弯曲的玻璃管，它是将玻璃管放在火焰中受热至一定温度时，逐渐变软，离开火焰后，在短时间内进行弯曲至所需的角度而得到。其操作如图 2-2 所示，双手持玻璃管，手心向外把所需要弯曲的地方放在火焰上预热，然后放进鱼尾形的火焰中加热，受热部分约宽 5cm。在火焰中使玻璃管缓慢、均匀而不停地向一个方向转动，如果两个手用力不均匀时，玻璃管就会在火焰中扭歪，当玻璃管受热至足够软化时（玻璃管颜色变黄！），即从火焰中取出，逐渐弯成所需的角度。为了维持管径的大小，两手持玻璃管在火焰中加热尽量不要往外拉，其次可在弯成所需角度之后，在管口轻轻吹气（不能过猛！），弯好的玻璃管从管的整体来看应尽量在同一平面上。然后放在石棉板上自然冷却，不能立即与冷物件接触。例如，不能放在实验台的瓷板上，因为骤冷会使已弯好的玻璃管破裂。检查弯好的玻璃管外形，如图 2-3（1）所示的为合用，如图 2-3（2）那样，则不合用。

30

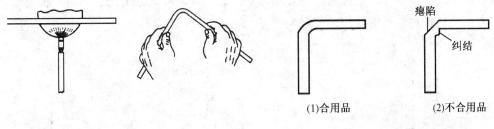

| | 瘪陷 |
| 纠结 |
| (1)合用品 | (2)不合用品 |

图2-2　弯曲玻璃管操作图　　　　　图2-3　已弯好的玻璃管

3. 熔点管和沸点管的拉制

（1）熔点管的拉制　　熔点管就是毛细管，拉制的方法是：取一根清洁干燥的、直径为0.8～1cm的玻璃管，放在灯焰上加热。火焰由小到大，不断转动玻璃管，当烧至发黄变软，然后从火中取出，此时两手改为同时握管做同方向来回旋转，两肘搁在桌面上，两手平稳地沿水平方向作相反方向的移动，拉开至所需规格为止（图2-4）。注意，拉好后两手不能马上松开，仍继续转动直至完全变硬后，在拉细的适当地方折断方可置于石棉网上。

图2-4　熔点管的拉制

（2）沸点管的拉制　　将0.8～1.0cm的玻管按拉制熔点管的方法拉制成直径为3～4mm的毛细管，一端用小火封闭，作为沸点管的外管。另将内径为1mm的熔点管于中央截成两段，然后再将两断口在火焰上加热对接，在离接头3～4mm处截断，作为沸点管的内管，由两根粗细不同的毛细管即构成沸点管，如图2-5。

（3）玻璃钉的制备　　将一段玻璃棒在煤气灯焰上加热，火焰由小到大，且不断均匀转动，到发黄变软时取出拉成2～3mm的玻棒。自较粗的一端开始，截取长约6cm左右一段，将粗的一端在氧化焰的边缘烧红软化后，在石棉网上按一下，即成一个玻璃钉，如图2-6所示，可供玻璃钉漏斗过滤使用。另取一段玻棒，将其一端在氧化焰的边沿烧红软化后在石棉网上按成直径约为1.5cm的玻璃钉，如果一次不能按成要求的大小，可重复几次。截成6cm左右，然后在火焰上烧熔使光滑，此玻璃钉可供研磨样品和抽滤时挤压之用。

（三）塞子的钻孔

有机化学实验室常用的塞子有两种：软木塞和橡皮塞。软木塞的优点是不易和有机化合物作用，但易漏气和易被酸碱腐蚀。橡皮塞虽然不漏气和不易被酸碱腐蚀，但易被有机物侵蚀或溶胀。各有优缺点，究竟选用哪一种塞子合适要看具体情况而定，一般来讲，比较多的使用橡皮塞，因为软木塞已经不容易得到。不论使用哪一种塞子，塞子大小的选择和钻孔的操作，都必须掌握。

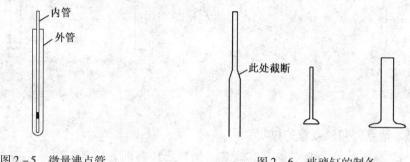

图2-5　微量沸点管　　　　　　　　　　　　图2-6　玻璃钉的制备

1. 塞子大小的选择　选择一个大小合适的塞子，是使用塞子的起码要求。总的要求是塞子的大小应和仪器的口径相适合，塞子进入瓶颈或管颈的部分不能少于塞子本身高度的1/2，也不能多于2/3，如图2-7所示。否则，就不合用。使用新的软木塞或橡皮塞时只要能塞入1/3～1/2时就可以了，因为经过压塞机压软后就能塞入2/3左右了。

2. 钻孔器的选择　有机化学实验往往需要在塞子内插入导气管、温度计、滴液漏斗等，这就需要在塞子上钻孔，钻孔用的工具叫钻孔器（也叫打孔器），这种钻孔器是靠手力钻孔的。也有把钻孔器固定在简单的机械上，借此机械力来钻孔，这种工具叫打孔机。每套约有五、六支直径不同的钻嘴，可以供选择。

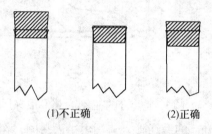

(1)不正确　　　　(2)正确

图2-7　塞子大小的选择

若在软木塞或橡皮塞上钻孔，就应选用比欲插入的玻璃管等外径稍小或接近的钻嘴。若在橡皮塞上钻孔，则要选用比欲插入的玻璃管等外径稍大一些的钻嘴，因为橡皮塞有弹性，孔道钻成后，会收缩使孔径变小。

总之，塞子孔径的大小，应能使插入的玻璃管等紧密地贴合固定为度。

3. 钻孔的方法　软木塞或橡皮塞在钻孔之前，需在压塞机压紧，防止在钻孔时塞子破裂。

如图2-8所示，将塞子小的一端朝上，平放在桌面上的一块木板上，这块木板的作用是避免当塞子被钻通后，钻坏桌面。钻孔时，左手持紧塞子平稳放在木板上，右手握住钻孔器的柄，在预订好的位置，使劲地将钻孔器以顺时针的方向向下钻动，钻孔器要垂直于塞子的面，不能左右摆动，更不能倾斜。不然，钻得的孔道是偏斜的。等到钻至约为塞子高度的一半时，拔出钻孔器，用铁杆通出钻孔器中的塞芯。拔出钻孔器的方法是将钻孔器边转动边往后拔。然后在塞子大的一端钻孔，要对准小的那端的孔位，照上述同样的操作方法钻孔，直到钻通为止。拔出钻孔器。通出钻孔器内的塞芯。

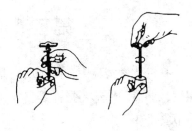

图2-8　软木塞或
橡皮塞的钻孔

为了减少钻孔时的摩擦，特别是橡皮塞钻孔时，可在钻孔器的刀口上涂些甘油或水。

钻孔后，要检查孔道是否合用，如果不费力就能插入玻璃管时，说明孔道过大，玻璃管和孔之间不够紧密贴合会漏气，不能用。若孔道太小或不光滑时，可用圆锉修整。

4. 玻璃管插入软木塞或橡皮塞的方法　先用水或甘油润湿选好的玻璃管的一端（如插入温度计时即靠近水银球的部分），然后左手拿软木塞或橡皮塞右手捏住玻璃管的那一端（距离管口约4cm），如图2-9所示。稍稍用力转动逐渐插入，必须注意，右手指捏住玻璃管的位置与塞子的距离经常保持在4cm左右，不能太远。其次，用力不能过大，以免折断玻璃管刺破手掌，最好用揩布包住玻璃管则较为安全。插入或者拔出弯曲管时，手指不能捏在弯曲的部分。

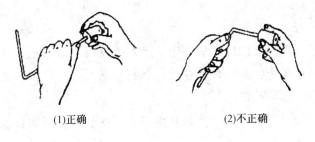

(1)正确　　　　　　　　(2)不正确

图2-9　把玻璃管插入塞子的操作

三、思考题

1. 选用塞子时要注意什么？塞子钻孔是怎样操作的？怎样才能使钻孔器垂直于塞子的平面？

2. 截断玻璃管时要注意哪些问题？怎样弯曲和拉细玻璃管？在火焰上加热玻璃管时怎样才能防止玻璃管拉歪？

3. 弯曲和拉细玻璃管时软化玻璃管的温度有什么不同？为什么要不同呢？制好了的弯曲玻璃管如果立即和冷的物件接触会发生什么不良的后果？应该怎样才能避免？

4. 把玻璃管插入塞子孔道时要注意些什么？怎样才不会割破手呢？拔出时怎样操作才会安全？

5. 你所用的玻璃仪器哪些可在电热箱中干燥，哪些不能在电热箱中干燥，为什么？

第二节　加热、冷却与搅拌

有机化学实验中，许多反应是吸热反应或放热反应，许多操作需升高温度或降低温度，加热、冷却与搅拌是实现物料热交换的基本操作，是控制反应进程的基本技术。本节安排 2 个实验。

实验二　回流、加热和冷却

一、实验目的

1. 了解回流、加热和冷却的意义与原理。
2. 熟悉回流、加热和冷却的各种方法。

二、基本原理

（一）回流

回流是指在装有冷凝器的反应装置中，上升的反应物或溶剂蒸气遇冷凝结成液体返回反应瓶中，从而防止物料气化而损失，保持较长时间稳定沸腾而完成反应，或使物料充分接触的一种实验操作。

有机合成或重结晶等操作时，为防止溶剂、反应物或生成物挥发损失，保证反应顺利进行，需要回流装置。

（二）加热

加热是指热源将热能传给较冷物质而使其变热的过程。

在进行分离、纯化或合成反应等操作时，经常需要将反应物料进行加热。

实验中常用的热源有酒精灯、电炉、电热套等。在有机实验中，除了某些试管反应和测熔点时用小火加热提勒管外，一般不直接加热，绝对禁止用明火直接加热易燃的溶剂或反应物。为了保证加热均匀和安全，一般使用热浴间接加热，作为间接加热的传热介质有空气、水、有机液体、浓硫酸、熔融的无机盐或金属等。

（三）冷却

冷却是指使物质温度降低的过程。

低温条件下进行的化学反应和重结晶等分离提纯操作中，需采用一定的冷却剂进行冷却操作。

（1）某些反应要在特定的低温下进行，如烯烃的臭氧化 – 还原反应在 – 80℃ ~ 0℃进行，重氮化反应一般在 0℃ ~ 5℃进行。

（2）沸点很低的有机物，冷却时可减少损失。

（3）要加速结晶的析出。

（4）高真空蒸馏装置中的冷阱。

三、实验步骤

（一）回流装置

常用的回流冷凝装置如图2－10所示，其中（1）是一般的回流装置。若需要防潮，则可在冷凝管顶端装一氯化钙干燥管，如图2－10（2）所示。图2－10（3）是用于有氯化氢、溴化氢、二氧化硫等有毒或有刺激性气体产生或逸出的反应，根据逸出的具体情况和气体的性质，可选用气体吸收的合适装置。图2－11是回流冷凝滴加装置，其中（1）是用于边加料边进行回流的装置，（2）是用于边加料边同时测定反应瓶内温度的回流装置。图2－12是带分水器的回流装置，用于酯化和醚化等有水生成的反应。

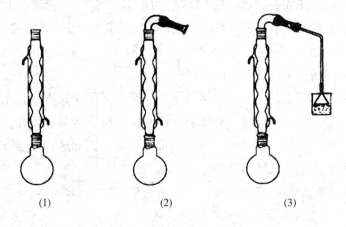

(1)　　　　　(2)　　　　　(3)

图2－10　简单回流冷凝装置

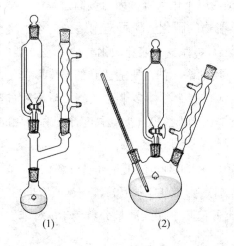

(1)　　　　　(2)

图2－11　回流冷凝滴加装置

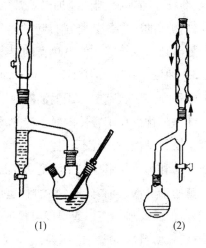

(1)　　　　　(2)

图2－12　带分水器的回流装置

回流装置中应根据瓶内液体的沸腾温度，选用不同长度的球形冷凝管。回流温度高可选用较短的球形冷凝管，当沸点高于140℃时可采用空气冷凝管，这是因为沸点高于140℃的液体，与环境温度差别大，室温就足够使之迅速冷凝液化。

冷凝水的连接方式如图2-11和2-12所示，下端进水，上端出水。水不能开得太大，否则，连接的胶管容易从冷凝管上脱落下来，引起溢水等实验事故。为防止溢水事故的发生，一是要求实验人员不得离开实验室，二是胶管与冷凝管连接要尽可能牢固，必要时用细铁丝或细铜丝扎紧胶管与冷凝管连接处。

（二）加热装置

热源的选择要根据加热温度、升温速度和实验操作规程来确定。

1. 水浴 当加热温度低于100℃时，最好使用水浴加热，将容器浸入水中，水的液面要高于容器内液面，但切勿使容器接触水浴底部，调节火焰，把水温控制在所需要的温度范围内。如果需要加热接近100℃，可用沸水浴、蒸汽浴或选用适当无机盐类的饱和水溶液作为热浴液。市售电热单孔或多孔恒温水浴，使用较方便。

2. 空气浴 这是利用热空气间接加热，对于沸点在80℃以上的液体均可采用。实验室中常用的有石棉网上加热和电热套加热。

把容器放在石棉网上加热，这是常用的空气浴，适用于高沸点且不易燃烧的受热物质。为使受热较均匀，加热时，必须用石棉网将反应器与热源隔开，且石棉网与反应器间应留一间隙。但即使这样做，受热仍很不均匀，因此这种加热方式，不能用于回流低沸点、易燃的液体或减压蒸馏。

电热套是一种较好的空气浴装置，它是由玻璃纤维包裹着电热丝织成碗状半圆形加热器，与调压器连接后组成了控温装置，还可调节温度，使用较方便，又无明火，较安全，因此可用于加热和蒸馏易燃有机物，但最好用水浴或油浴。电热套一般可加热至400℃，主要用于回流加热。常压或减压蒸馏以不用为宜，因为蒸馏过程中，随着容器内物质的减少，会使容器壁过热而引起蒸馏物的碳化，但可选用适当大小的电热套，随时调节变压器，使电热套的温度逐渐减小，可减少或避免炭化。

3. 油浴 在进行100℃~250℃加热时，可用油浴，油浴所能达到的温度取决于所用油的种类。实验室中常用的油有植物油、液状石蜡、液体多聚乙二醇、耐高温硅油等。油浴的优点在于容器内物质受热均匀，与电子继电器和电接点温度计配套使用时，温度容易自动控制，且不易挥发。

甘油和邻苯二甲酸二丁酯适用于加热至140℃~150℃，温度过高易分解。

植物油豆油、棉籽油、菜油和蓖麻油等，加热到160℃~170℃，有的达200℃~220℃。但长期加热使用或温度过高时易分解，可在其中加入质量分数为1%对苯二酚以增加其稳定性。

石蜡可加热到220℃左右，其优点是在室温时为固体，保存方便。

液状石蜡可加热到200℃左右，温度再高并不分解，但挥发较快，气味较重，会污染空气，且容易燃烧。这是实验室最常用的油浴。

硅油及真空泵油，均可加热到250℃左右，比较稳定，透明度高，但价格较贵。高温硅油长时间加热之后，若加热时有冒烟现象，则要及时更换硅油。

液体多聚乙二醇，可加热到180℃～200℃，是很理想的加热溶液。加热时无蒸气逸出，遇水不会暴沸或喷溅。多聚乙二醇溶于水，烧瓶的洗涤也很方便。

油浴除用电热套、封闭电炉加热外，也可放在油浴中的电热丝连接调压器加热，还可与可升温的电磁搅拌器连用，既可加热，又可搅拌，既方便又安全。

4. 酸浴　常用酸浴为浓硫酸，可热至250℃～270℃。当加热至300℃左右则分解，冒出白烟。若添加硫酸钾，则加热温度可达320℃～360℃。

5. 沙浴　要求加热温度较高时，可采用沙浴，温度可达350℃左右。把反应容器半埋沙中加热。加热沸点在80℃以上液体时均可采用，更适用于加热温度在220℃以上的操作。

沙浴传热差，温度分布不均匀，且难以控制，故实验室中较少使用。

（三）冷却装置

根据不同的要求，可选用适当的冷却剂进行冷却。冷却的方法很多，最简单的方法是把盛有反应物的容器浸入冷水中冷却。若低于室温时，可用碎冰和水的混合物，可冷至0℃～5℃。当水对反应无影响时，甚至可把冰块投入反应器中进行冷却。如果要把反应混合物冷至0℃以下，可用细小的碎冰和某些无机盐按一定比例混合作为冷冻剂，见表2－1。

表2－1　冰盐冷却剂

盐类	100份碎冰中加入盐的g数	达到最低温度（℃）
NH_4Cl	25	－15
$NaNO_3$	50	－18
$NaCl$	33	－21
$CaCl_2 \cdot 6H_2O$	100	－29
$CaCl_2 \cdot 6H_2O$	143	－55

例如，把食盐均匀撒在碎冰上搅拌后（重量比为1:3），温度可至－18℃～－5℃。

若无冰时，可用某些盐类溶于水吸热作为冷却剂使用。如1份NH_4Cl和1份$NaNO_3$溶于1～2份水中可从始温10℃降至－15℃，3份NH_4Cl溶于10份水中可从13℃降至－15℃，11份$Na_2S_2O_3 \cdot 5H_2O$溶于10份水中可从11℃冷至－8℃，3份$NaNO_3$溶于5份水中可从13℃降至－13℃。

干冰（固体二氧化碳）可到－60℃以下，如将干冰溶于甲醇、丙酮或三氯甲烷等适当溶剂中，可降至－78℃，但加入时会猛烈起泡。为保持冷却效果，一般把干冰溶剂盛放在保温瓶（也称杜瓦瓶）内，或盛放在广口瓶中，瓶口用布或铝箔覆盖，以降低其挥发速度。

液氮可冷至 -188℃ ~ -196℃，一般只在科研上应用。

如果物质需要在低温下保存较长时间，则可利用冰箱。放入冰箱中的容器必须塞紧，否则水会渗入其中，有时有机物放出的腐蚀性气体会侵蚀冰箱，放出的溶剂甚至引起爆炸。

四、注意事项

（一）回流操作

（1）进行回流前，应选择合适的圆底烧瓶，使液体体积占烧瓶容积的 1/3 ~ 1/2 之间。

（2）加热前，先在烧瓶中放入 1 ~ 2 粒沸石或 1 粒素烧磁环，以防暴沸。回流停止后重新加热时，须重新放入沸石。若加热后补加沸石，则需先移开热源，待稍冷却后方可加入。

（3）加热的方式可根据具体情况选用水浴、油浴、电热套、电炉垫上石棉网直接加热等。

（4）回流的速度应控制在每秒 1 ~ 2 滴，或上升蒸气不超过冷凝管下端两球为宜，不宜过快，否则反应物同生成物形成的蒸气因来不及冷凝，会从冷凝管上端排出，甚至会在冷凝管中造成液封，导致液体冲出冷凝管，引起烫伤甚至火灾等事故。

（二）加热操作

（1）使用水浴时，应注意以下情形。

钾、钠等非常活泼的金属参与的反应，绝不能在水浴上进行；蒸馏乙醚、丙酮等低沸点易燃溶剂时，使用预先已经加热的热水浴，不可使用电炉等明火作为热源，但可用电热恒温水浴，或用封闭式电炉加热水浴；水浴过程中适时添加热水。

（2）使用油浴时，应注意以下情形。

使用油浴时一定要注意防止着火。发现油浴严重冒烟，应立即停止加热。油浴中要放温度计，以便调节温度，防止温度过高。油浴中油量不能过多。

油浴除甘油和聚乙二醇外，切忌在油浴中溅入水滴，否则会暴沸喷溅，发生烫伤甚至火灾等事故。加热完毕，应先停止加热，然后将烧瓶悬夹在油浴上方，待无油滴滴下，再用废纸擦净烧瓶。

（三）冷却操作

冷却操作中，值得注意的是当温度低于 -38℃，不能使用水银温度计，因为水银在该温度下会凝固，必须使用有机液体低温温度计。

五、思考题

1. 什么是回流操作？回流操作的作用是什么？

2. 如何选择热源？处理乙醚和二硫化碳等低沸点和极易燃物质时，需要采取哪些安全措施？

3. 物质放入冰箱中冷藏时要注意什么？

实验三　搅拌和混合

一、实验目的

1. 了解搅拌混合操作的意义和各种方法。
2. 熟悉磁力搅拌和机械搅拌的几种装置。

二、基本原理

搅拌是指搅动液体使之发生某种方式的循环流动，从而使物料混合均匀或使物理、化学过程加速进行的操作。搅拌常常能使反应温度均匀、缩短反应时间和提高反应产率。

有些反应不需太剧烈搅拌，或反应液较少，或因机械搅拌装置密封装置欠妥而漏气，这时可采有磁力搅拌器进行搅拌。这种搅拌的优点在于搅拌稳妥平稳，同时可自动控制加热，可避免机械搅拌震动较大，搅拌速度有时难以控制等缺点，但不适用过于黏稠的反应体系。

三、实验步骤

搅拌分为磁力搅拌、机械搅拌和气流搅拌等。

常用的磁力搅拌装置见图 2－13。气流搅拌则是将与反应液没有作用的气体通入到反应液底部，靠气体逸出搅动物料，实验室通常用氮气，工业生产中常用空压机向反应液鼓入空气。

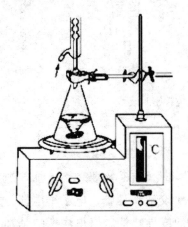
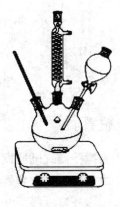

图 2－13　磁力搅拌装置

常用的机械搅拌装置见图 2-14。其中，（1）是可以同时进行搅拌、回流和测量反应温度的装置，（2）是可以同时进行搅拌、回流和滴加反应物的装置，（3）是可以同时进行搅拌、回流、滴加反应物，还可测定反应温度的装置。

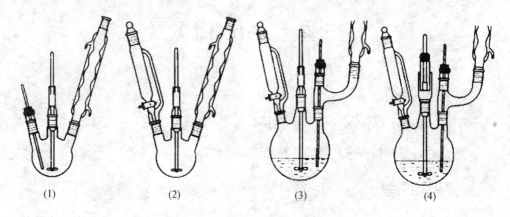

（1）　　　　　　（2）　　　　　　（3）　　　　　　（4）

图 2-14　机械搅拌装置

为避免有机化合物蒸气或反应中生成的有害气体污染实验室空气，在搅拌装置中要采用合适的密封装置。常见的如图 2-15 所示。其中，（1）为简易密封装置，（2）为搅拌接头密封装置，（3）为标准磨口密封装置，（4）为液体密封装置。液封装置中常用水银做密封剂，使用时转速不能太快。

搅拌所用的搅拌棒有各种形状和各种规格的玻璃搅拌棒、不锈钢搅拌棒，以及耐强酸强碱的聚四氟乙烯搅拌棒。

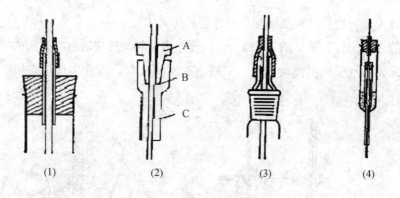

（1）　　　　　　（2）　　　　　　（3）　　　　　　（4）

图 2-15　机械搅拌密封装置

四、注意事项

在使用磁力搅拌器或机械搅拌器进行搅拌时，有时需要较高的加热温度，这时可采用油浴的方式进行加热。其装置中需要一个交流调压器、电子继电器、加热圈或加热棒、电接点温度计等仪器，以及耐高温硅油或导热油。值得注意的是，高温加热反应时，一是使用人员不得离开，二是耐高温硅油使用久了会冒烟，若发现冒烟，就必须更换硅油,否则很容易引起火灾。

五、思考题

1. 搅拌有什么意义?
2. 磁力搅拌和机械搅拌各适用哪些情况?

第三节　萃取、洗涤与干燥

有机化学实验中,萃取、洗涤和干燥是分离和纯化物质的基本操作。萃取和洗涤的目的不同而操作相同,这种操作常常伴随乳化现象,如何破乳从而提高萃取效率是操作中的重要内容。除去少量水分或溶剂的干燥是有机化学实验中最重要的技术。本节安排 3 个实验。

实验四　萃取、乳化和盐析效应

一、实验目的

1. 掌握液液萃取的原理和分液漏斗的使用方法。
2. 了解乳化现象及其处理方法。
3. 了解盐析效应的原理和应用。

二、基本原理

(一) 萃取

萃取是指利用化合物在两种互不相溶或微溶的溶剂中溶解度或分配系数的不同,使化合物从一种溶剂内转移到另外一种溶剂中而提取出来的操作过程。它是分离和提纯有机化合物常用方法。从液体中萃取常用分液漏斗,分液漏斗的使用是基本操作之一。

萃取和洗涤要遵循"少量多次"原则,这样可以做到节约与效率并重。

设某溶液由有机化合物 X 溶解于溶剂 A 而成,现要从其中萃取 X,我们可选择一种对 X 溶解度极好,而与溶剂 A 不相混合且不起化学反应的溶剂 B。把溶液放入分液漏斗中,加入溶剂 B,充分振荡。静置后,由于 A 与 B 不相混溶,故分成两层。此时 X 在 A、B 两相间的浓度比,在一定测试条件下为一常数,叫作分配系数,以 K 表示。这种关系叫作分配定律。用公式来表示:

K(分配系数) = X 在溶剂 A 中的浓度 / X 在溶剂 B 中的浓度

注意:分配定律是假定所选用的溶剂 B,不与 X 起化学反应时才适用的。

依照分配定律,要节省溶剂而提高提取效率,用一定分量的溶剂一次加入溶液中萃取，则不如把这个分量的溶剂分成若干份作多次萃取好，现在用计算来说明。

第一次萃取：

设 V = 被萃取溶液的体积（ml）（因为质量不多，故其体积可看作与溶剂 A 体积相等）

W_0 = 被萃取溶液中溶质（X）的总含量（g）；

S = 第一次萃取时所用溶剂 B 的体积（ml）；

故 $W_0 - W_1$ = 第一次萃取后溶质（X）在溶剂 B 中的含量（g）；

W_1 / V = 第一次萃取后溶质（X）在溶剂 A 中的浓度（g/ml）；

$W_0 - W_1 / S$ = 第一次萃取后溶质（X）在溶剂 B 中的浓度（g/ml）。

故 $(W_1 / V) / [(W_0 - W_1) / S] = K$，整理得 $W_1 = W_0 [KV / (KV + S)]$。

第二次萃取：

V = 被萃取溶液的体积（ml）；

W_2 = 第二次萃取后溶质（X）在溶剂 A 中的剩余量（g）；

S = 第二次萃取时所用溶质 B 的体积（ml）

故 $W_1 - W_2$ = 第二次萃取后溶质（X）在溶剂 B 中的浓度；

W_2 / V = 第二次萃取后溶质（X）在溶剂 A 中的深度；

$(W_1 - W_2) / S$ = 第二次萃取后溶质（X）在溶剂 B 中的浓度；

故 $(W_2 / V) / [(W_1 - W_2) / S] = K$，整理得 $W_2 = W_1 [KV / (KV + S)]$。

以 $W_1 = W_0 [KV / (KV + S)]$ 代入，得 $W_2 = W_0 [KV / (KV + S)^2]$。

依次类推，每次萃取所用溶剂 B 的体积均为 S，经过 n 次萃取后，W_n = 溶质（X）在溶剂 A 中的剩余量为：

$$W_n = W_0 [KV / (KV + S)]^n$$

例：在 15℃时 4g 正丁酸溶于 100ml 水溶液，用 100ml 苯来萃取正丁酸。15℃时正丁酸在水中与苯中的分配系数为 $K = 1/3$，若一次用 100ml 的苯来萃取，则萃取后正丁酸在水溶液中的剩余量为：

$$W_1 = 4 \times [(1/3 \times 100) / (1/3 \times 100 + 100)] = 1.0g$$

萃取效率为 $[(4-1) / 4] \times 100\% = 75\%$

若 100ml 苯分三次萃取，即每次用 33.33ml 苯来萃取，经过第三次萃取后正丁酸在水溶液中的剩余量为：

$$W_0 = 4 \times [(1/3 \times 100) / (1/3 \times 100 + 33.33)]^3 = 0.5g$$

萃取效率为 $[(4-0.5) / 4] \times 100\% = 3.5 / 4 \times 100\% = 87.5\%$

从上面的计算可知，用同一份量的溶剂，分多次用少量溶剂来萃取，其效率高于一次用全量溶剂来萃取。这就是少量多次原理。

（二）乳化现象及其处理方法

1. 乳化现象　乳化是指由两种或两种以上互不相溶的液体组成的两相体系，其中一相以液滴形式分散在另一相中，使溶液呈现乳白色不透明的一种现象。它可分为多种情况：①油分子包裹水分子即油包水型（*W/O*）；②水分子包裹油分子即水包油型（*O/W*）；③油包裹在水中再分散在油中（*O/W/O*）或者水包在油中再包在水中（*W/O/W*）。在乳化层的小液滴膜上表面张力较大，小液滴会自动互相结合成大液滴以降低膜表面张力，因此乳化液是不稳定的分散体系。碱性溶液一般比较容易乳化。

2. 破乳方法

（1）化学破乳法：向乳化层加入氯化钠、氯化铵、明矾等电解质，或者加入甲醇、乙醇、乙醇胺等溶剂，这些物质的分子在膜界面上渗入破坏膜从而降低表面张力使得分散相流出聚集而分相。若乳化是因碱产生，可加入少量的盐酸调 pH 值，然后再加氢氧化钠溶液调回 pH 值。

（2）物理破乳法。

加热：将乳化层升温加热使得油膜黏度下降破裂。

过滤：经硅藻土等助滤剂过滤。

离心：利用两相密度不同而离心分相。

重力沉降：较长时间的静置。

电场作用：在高压电场作用下液滴极化变形或相互碰撞后膜破裂聚集成大液滴而破乳分相（只用于 *w/o* 体系）。

超声波：采用频率 700KHz~2MHz 的超声波，利用其空穴作用等使小液滴聚集而破乳分相。

（三）盐析效应

盐析效应指的是在萃取分离过程中，向溶液中加入一定量的无机盐，这些无机盐的加入能使溶于水的有机物大为减少的现象。盐析效应是影响溶剂萃取的重要因素之一。

盐析效应有两种解释。一种理论认为向萃取水相中加入盐析剂后，由于盐析剂离子的水化作用，导致水相中自由水分子数减少，提高了被萃物在水相中的有效浓度，从而增加了进入有机相的分配比。另一种理论认为，无机盐溶入水后，由于静电吸引的作用，极性越强的溶剂越易聚集在盐电离产生的离子周围，致使溶液偏离了理想溶液的行为，且偏离了拉乌尔定律，这样溶液表面的蒸气压就会上升，第二种溶剂脱离第一种溶剂（极性较强的溶剂）的趋势就越来越大。

盐析效应的应用十分有效。丙酮和水可以互溶，但当向溶有丙酮的水溶液中加入氯化钙、氯化镁等无机盐时，丙酮在水中的溶解度将大为降低，可实现丙酮与水的分离。当向溶有乙腈的水溶液中加入硫酸铵时，乙腈与水可以分相。利用盐析效应还可有效解决因乳化而使相分离困难的问题。

有机化学实验中常用食盐作盐析剂。

（四）分液漏斗的使用

常用的分液漏斗有球形、锥形和梨形等三种。

1. 分液漏斗的使用范围

（1）分离两种分层而不起反应的液体；

（2）从溶液中萃取某种成分；

（3）用水、碱或酸洗涤某种产品；

（4）用来代替滴液漏斗滴加某种试剂。

2. 使用分液漏斗前的检查

（1）分液漏斗的玻璃塞和活塞有没有用塑料线绑住；

（2）玻璃塞及活塞紧密与否？如有漏水现象，应及时按下述方法处理：取下活塞，用纸或干布擦净活塞及活塞孔道的内壁，然后，用玻璃棒粘取少量凡士林，先在活塞近把手的一端抹上一层凡士林，注意不要抹在活塞的孔中，再在活塞孔道内也抹上一层凡士林（方向和活塞相反），然后插上活塞，反时针旋转至透明时，即可使用。注意玻璃塞不能涂凡士林。

3. 使用分液漏斗的注意事项

（1）不能用手拿分液漏斗的下端；

（2）不能用手拿住分液漏斗进行分离液体；

（3）玻璃塞打开后才能开启活塞；

（4）下层液体由下口放出，上层液体由上口放出；

（5）使用后，用水冲洗干净，玻璃塞用薄纸包裹后塞回去，不能将活塞上附有凡士林的分液漏斗放在烘箱内烘烤。

三、实验步骤

（一）溶液中物质的萃取

本实验以乙醚从醋酸水溶液中萃取醋酸为例来说明实验步骤。

1. 一次萃取法 准确量取 10ml 冰醋酸和水的混合液（冰醋酸与水的比例以 1:19 的体积比相混合），放入分液漏斗中。用 30ml 乙醚萃取。注意近旁不能有火，否则引起火灾。加乙醚后，以右手手掌顶住漏斗磨口玻璃塞子，用手指（根据漏斗的大小）可握住漏斗颈部或本身。左手握住漏斗的活塞部分，大拇指和食指按住活塞柄，中指垫在塞座下边，振摇时将漏斗稍倾斜，漏斗的活塞最好向上，这样便于自活塞放气，如图 2-16（1）所示。开始时摇动要慢，每次摇动后，都应朝没有人的地方放气。

以上操作重复 2~3 次后，用力振摇相当时间，使乙醚与醋酸水溶液两不相溶的液体充分接触，提高萃取率，振摇时间太短则影响萃取率。

振摇结束后，应将分液漏斗置于铁架台上的铁圈中静置，如图 2-16（2）所示。当溶液分成两层后，小心旋开活塞，放出下层水溶液于 50ml 的三角烧瓶内，加入 3~4 滴酚酞作指示剂，用 0.2mol/L 标准氢氧化钠溶液滴定。记录用去氢氧化钠的毫升数。计算：①留在水中的醋酸量及百分率；②萃取到乙醚中的醋酸量及百分率。

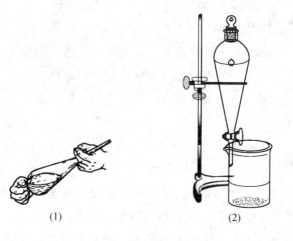

(1)　　　　　　　(2)

图 2 – 16　分液漏斗的振摇与静置

2. 多次萃取法　准确量取 10ml 冰醋酸与水的混合物于分液漏斗中，用 10ml 乙醚如上法萃取，分去乙醚溶液。水溶液再用 10ml 乙醚萃取，再分出乙醚溶液后，水溶液仍用 10ml 萃取。如此前后共计 3 次，最后将用乙醚第三次萃取后的水溶液放入 50ml 的三角烧瓶内。用 0.2mol/L NaOH 溶液滴定。计算：①留在水中的醋酸量及百分率；②萃取到乙醚中的醋酸量及百分率。以上述两种不同步骤所得数据，比较萃取醋酸的效率。

（二）固体物质的萃取

从固体中提取物质采用脂肪抽出器（又称索氏提取器），见图 2 – 17。在进行提取之前，先将滤纸卷成圆柱状，其直径稍小于提取筒的直径，一端用线扎紧，装入研细的被提取的固体，轻轻压实，上盖以滤纸，放入提取筒中。然后开始加热，使溶剂回流，待提取筒中的溶剂面超过虹吸管上端后，提取液自动注入加热瓶中，溶剂受热回流，循环不止，直至物质大部分提出后为止。一般需要数小时才能完成，提取液经直接浓缩或减压浓缩后，将所得固体进行重结晶，得纯品。

如果样品量少，可用简易半微量提取器，将被提取固体放于折叠滤纸中，操作方便，效果也好，如图 2 –18。

图 2 – 17　索氏提取器　　　　　　　图 2 –18　简易半微量提取器

四、注意事项

分液要准确，不能将上层醚层放入三角烧瓶内，亦不能将下层的水液留在分液漏斗内。放出下层液体时，注意不要放得太快，待下层液体流出后，关上活塞，等待片刻，观察是否还有水层分出，若还有水，应将水层放出。上层液体，应从分液漏斗上口倾入另一容器中。

五、思考题

1. 影响萃取法的萃取效率的因素有哪些？怎样才能选择好溶剂？
2. 使用分液漏斗的目的何在？使用分液漏斗时要注意哪些事项？
3. 两种不相溶解的液体同在分液漏斗中，请问密度大的在哪一层？下一层的液体从哪里放出来？放出液体时为了不要流得太快，应该怎样操作？留在分液漏斗中的上层液体，应从何处放入另一容器中？
4. 什么是乳化现象？乳化现象有哪几种形式？常用的破乳方法有哪些？
5. 什么是盐析效应？盐析效应有哪些应用？

实验五　干燥与干燥剂的选用

一、实验目的

1. 了解干燥的意义和各种干燥方法。
2. 熟悉干燥剂的种类和选用。

二、基本原理

干燥是指除去吸附在固体或混杂在液体、气体中的少量水分或溶剂的一种操作。

干燥操作在有机化学实验中是非常普遍又十分重要的操作。有机化合物的干燥方法，有物理方法和化学方法两种。

1. 物理方法　应用物理方法来除去有机化合物中的水分，常用下面几种方法。

（1）共沸蒸馏法：利用某些有机化合物与水能形成共沸混合物的特点，在待干燥的有机物中加入共沸组成中某一有机物，因共沸混合物的共沸点通常低于待干燥有机物的沸点，所以蒸馏时可将水带出，从而达到干燥的目的。

（2）分馏法：某些有机化合物与水不形成共沸混合物，且其沸点与水相差20℃～30℃或以上，此时共沸蒸馏法不适用，可采用分馏的方法来除去水分。如工业上分离甲醇（沸点65℃）和水就采用分馏法。

（3）吸附法：近年来常用离子交换树脂或分子筛作吸附剂吸水，用这一方法脱水，由于吸附剂可以烘干后重新使用，既经济又方便。离子交换树脂是一种不溶于酸、碱和液体有机物的高分子化合物，而分子筛是各种硅铝酸盐的晶体。它们的晶体内部有很多孔穴可吸附水分子。吸附了水的离子交换树脂在150℃、分子筛在350℃左右即可解吸水分，重新使用。

2. 化学方法 采用干燥剂去水的方法。根据去水作用又可分为两类：第一类干燥剂与水可逆地结合成水合物，如氯化钙、硫酸镁、碳酸钠等，这类干燥剂在实验室最常用。第二类干燥剂与水起不可逆的化学反应，生成新的化合物，如金属钠、氧化钙和五氧化二磷等。

第一类干燥剂能和水结合生成含不同数目结晶水的水合物。而不同结晶水的水合物却具有不同的水蒸气压。例如，在25℃时，无水硫酸镁分别吸附1、2、3、4、5、6（不超过7）个结晶水形成水合物时的最低蒸汽压分别为133.3Pa、266.6Pa、666.5Pa、1199.7Pa、1333Pa、1533Pa。若用无水硫酸镁干燥液体有机物，无论加入多少无水硫酸镁，在25℃时所能达到的最低蒸汽压为133.3Pa。即使加入再多的硫酸镁，也不可能把水全部除去，相反，只会使液体有机物的吸附损失增多。但如果加入硫酸镁的量不足，则它就要生成多水合物，其水蒸气压要比133.3Pa高。这就说明了为什么在蒸馏时会有前馏分，在萃取时一定要尽可能把水分离干净的原因。

干燥剂吸水达到平衡时，液体的干燥程度称之为该干燥剂的干燥效能。衡量干燥剂干燥效能常用它的吸水容量。即每克干燥剂所能吸附的水的重量，以克（g）计量。如下式：

$$吸水容量（g）= \frac{结晶水数目 \times 水分子量}{干燥剂分子量}$$

例如，25℃时，无水硫酸镁在133.3Pa时的最大吸水容量为 $7 \times 18/120.3 = 1.05g$，即1g无水硫酸镁全部变成七水硫酸镁，共吸水1.05g。

第一类干燥剂形成水合物时，需要一定的干燥时间。因此，在用它们干燥液体有机物时，必须放置一段时间。因为它们吸水是可逆的，温度升高时，水蒸气压也会升高，甚至脱去结晶水。因此，在蒸馏液体有机物前必须把这类干燥剂滤除，否则达不到干燥的目的，而且干燥剂在蒸馏时还会与被干燥液体形成糊状物，例如用无水氯化钙作干燥剂时，必须过滤。

第二类干燥剂与水发生不可逆反应，如钠、五氧化二磷、氧化钙等，由于它们能和水生成稳定的产物，故不必过滤分离。相反，为了提高其干燥效率，常常把它们置于液体有机物中一起加热回流，然后再直接蒸馏。

三、实验步骤

（一）液体有机物的干燥

1. 干燥剂的选择 液体有机物的干燥，一般是将干燥剂直接放入有机物中，因此，干燥剂的选择必须要考虑到：与被干燥的有机物不能发生任何化学反应或有催化作用，不能溶于该有机物中，吸水容量大，干燥速度快，价格低廉。例如，酸性干燥剂（如氯化钙）不能用来干燥碱性液体有机物，也不能干燥某些在酸性介质中会重排、聚合或起其他反应的有机液体样品（如醇、胺、烯烃等），碱性干燥剂（如碳酸钾、氢氧化钾）不能用于干燥酸性液体有机物，也不能用于易为碱催化而发生缩合、分解、自动氧化等反应的液体（如醛、酮、醇、酯等）。另外，氯化钙会与醇、胺生成络合物，氢氧化钠（钾）会溶于醇中，使用时也需注意。常用干燥剂的干燥性能与应用范围见表 2 – 2。

表 2 – 2　常用干燥剂的性能与应用范围

干燥剂	吸水作用	吸水容量（g）	干燥效能	干燥速度	应用范围
氯化钙	形成 $CaCl_2 \cdot nH_2O$　$n = 1, 2, 4, 6$	0.97　按 $CaCl_2 \cdot 6H_2O$ 计	中等	较快，但吸水后表面为薄层液体所覆盖，故放置时间要长为宜	能与醇、酚、胺、酰胺及某些醛、酮形成络合物。因而不能用来干燥这些化合物。工业品中可能含氢氧化钙或氧化钙，故不能用来干燥酸类
硫酸镁	形成 $MgSO_4 \cdot nH_2O$　$n = 1, 2, 3,$ $4, 5, 6, 7$	1.05　按 $MgSO_4 \cdot 7H_2O$ 计	较弱	较快	中性，应用范围广。可代替 $CaCl_2$，并可用于干燥酯、醛、腈、酰胺等不能用 $CaCl_2$ 干燥的化合物
硫酸钠	$Na_2SO_4 \cdot 10H_2O$	1.25	弱	缓慢	中性，一般用于液体有机物的初步干燥
硫酸钙	$2CaSO_4 \cdot H_2O$	0.06	强	快	中性，常与硫酸镁（钠）配合
碳酸钾	$K_2CO_3 \cdot$ $1/2H_2O$	0.2	较弱	慢	弱碱性。用于干燥醇、酮、酯、胺及杂环等碱性化合物，不适于酸、酚及其他酸性化合物
氢氧化钾（钠）	溶于水	–	中等	快	强碱性，用于干燥胺、杂环等碱性化合物。不能用于干燥醛、酮、酚、酸等
金属钠	$Na + H_2O \rightarrow$ $NaOH + 1/2H_2$	–	强	快	限于干燥醚、烃类中痕量水分，用时切成小块压成钠丝
氧化钙	$CaO + H_2O \rightarrow$ $Ca(OH)_2$	–	强	较快	适于干燥低级醇类
五氧化二磷	$P_2O_5 + 3H_2O \rightarrow$ H_3PO_4	–	强	快，吸水后表面为黏浆液覆盖，操作不便	适于干燥醚、烃、卤代烃、腈等中的痕量水分。不适用于醇、酸、胺、酮等
分子筛	物理吸附	约 0.25	强	快	适用于各类有机物的干燥

对干燥含水量较多而又不易干燥的液体时，还得考虑干燥剂的干燥效能和吸水容

量，一般先用吸水容量大的干燥剂（如硫酸钠）干燥，以除去大部分水，然后再用干燥性能强的干燥剂（如硫酸钙），以除去微量水分。各类有机物常用的干燥剂见表2－3。

表2－3　各类有机物常用的干燥剂

化合物类型	干燥剂
烃	$CaCl_2$、Na、P_2O_5
卤代烃	$CaCl_2$、$MgSO_4$、Na_2SO_4、P_2O_5
醇	K_2CO_3、$MgSO_4$、CaO、Na_2SO_4
醚	$CaCl_2$、Na、P_2O_5
醛	$MgSO_4$、Na_2SO_4
酮	K_2CO_3、$CaCl_2$、$MgSO_4$、Na_2SO_4
酸、酚	$MgSO_4$、Na_2SO_4
酯	$MgSO_4$、Na_2SO_4、K_2CO_3
胺	KOH，$NaOH$，K_2CO_3，CaO
硝基化合物	$CaCl_2$、$MgSO_4$、Na_2SO_4

2. 干燥剂的用量　干燥剂的用量可根据干燥剂的吸水容量和水在该液体有机物中的溶解度来估计，一般都比理论值高，同时也要考虑分子结构。极性有机物和含亲水性基团的化合物（如醇、醚、胺等），水在其中的溶解度大，干燥剂的用量需稍多。烃、卤代烃等在水中溶解度很小，干燥剂可少加一点。干燥剂的用量要适当，用量少，干燥不完全，用量过多，因干燥剂表面吸附，将造成被干燥有机物的损失。一般来说，每10ml液体有机物约需加0.5~1.0g干燥剂，不必称量，凭估计直接加入待干燥的液体中。但由于液体中水分含量不同、干燥剂质量不同、干燥剂颗粒大小不同、干燥时的温度不同以及干燥剂可能吸收一些副产物等，具体使用数量又会有变化，较难规定具体数量。以所加的干燥剂经振摇，不发生黏结为宜，但最好是通过操作仔细观察，不断积累这方面的经验。

（二）固体有机化合物的干燥

从重结晶得到的固体有机物常带有水分或有机溶剂，应根据化合物的性质选择适当的方法进行干燥。

1. 自然晾干　在空气中自然晾干是最方便、最经济的干燥方法。该方法要求被干燥固体物质在空气中稳定、不易分解、不吸潮。干燥时，把待干燥的物质放在干燥洁净的表面皿上或滤纸上，将其薄薄摊开，上面再用滤纸覆盖起来，然后在室温下放置，放在空气中慢慢地晾干，一般要经过几天后才能彻底干燥。

2. 加热烘干　对于熔点较高和对热稳定的化合物可以在低于其熔点15℃~20℃的温度下进行烘干。实验室中常用红外线灯、烘箱或蒸气浴进行干燥。必须注意，由于溶剂的存在，结晶可能在其熔点以下很低的温度时就熔融了，因此必须十分注意控制温度并经常翻动晶体，以免结块，并缩短干燥时间。

3. 滤纸吸干　有时晶体吸附的溶剂在过滤时很难抽干，这时可将晶体放在二、三层滤纸上，上面再用滤纸挤压以吸出溶剂。此法的缺点是晶体上易污染上一些滤纸纤维。

4. 干燥器干燥　对易吸潮或在较高温干燥时，会分解甚至变色的有机物可用干燥器干燥。干燥器有普通干燥器和真空干燥器，如图 2 - 19 所示。

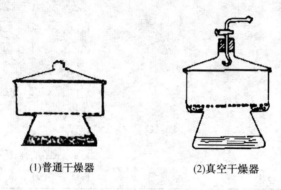

(1)普通干燥器　　　　(2)真空干燥器

图 2 - 19　常用干燥器

普通干燥器（1），盖与缸身之间的平面经过磨砂，在磨砂处涂以润滑脂，使之密闭。缸中放置多孔瓷板，下面放置干燥剂，上面放置盛有待干燥样品的表面皿等。普通干燥器干燥样品所费时间较长，干燥效率不高，一般适用于保存易吸潮的物质。

真空干燥器（2），它的干燥效率较普通干燥器高，在真空干燥器顶部装有带活塞的玻璃导气管，用以抽除真空。活塞下端呈弯钩状，口向上，防止在通向大气时，因空气流入太快将固体冲散，最好另用一表面皿覆盖盛有样品的表面皿或将固体用滤纸包好。使用前必须试压，试压时用网罩或防爆布盖住干燥器以解保安全，然后用水泵或油泵抽真空，关上活塞，放置过夜。

干燥器内的干燥剂按固体样品所含的溶剂来选择，见表 2 - 4。

表 2 - 4　干燥器内常用的干燥剂

干燥剂	吸去的溶剂或其他杂质
CaO	水、醋酸、氯化氢
$CaCl_2$	水、醇
NaOH	水、醋酸、氯化氢、酚、醇
H_2SO_4	水、醋酸、醇
P_2O_5	水、醇
石蜡片	醇、醚、石油醚、苯、甲苯、三氯甲烷、四氯化碳
硅胶	水

若要取出真空干燥器中已干燥好的样品，最好是先将真空干燥器中充入氮气，使

干燥器内外压力相等后才打开干燥器的上盖。有时因抽真空，干燥器的上盖难以打开，这时可用吹风筒将真空干燥器的上下接口处用热风加热一会。使用完之后，需将磨口处重新涂上薄薄一层的真空脂，以防粘连。

4. 真空恒温干燥箱　如果是较大量固体样品的干燥，就要使用真空恒温干燥箱。干燥时用的主要部件有油泵、保护装置、干燥塔及真空恒温干燥箱等。使用时，将盛有样品的表面皿或烧杯放入干燥箱，拧紧上盖，启动油泵抽气，同时插上真空恒温干燥箱的电源进行加热，调节温控旋钮至合适的位置。干燥结束后，先停止加热，同时拧紧真空干燥箱的活塞，关闭真空油泵。待干燥箱冷却后，缓慢打开真空干燥箱的活塞，取出已干燥好的样品，称重后转移至样品瓶中，贴上标签，放在指定的位置。

四、思考题

1. 干燥液体有机物如何选择干燥剂？
2. 加热干燥时如何进行，要注意什么？

实验六　溶剂脱水与无水乙醇制备

一、实验目的

1. 了解溶剂脱水的意义。
2. 熟悉回流和蒸馏的装置与操作。
3. 掌握无水乙醇的制备方法。

二、实验提要

在有机化学实验中，溶剂含水量对反应速度和产率有很大影响，有许多反应要求在无水条件下进行。格氏试剂等元素有机化合物的制备及其相关反应，均要求在严格无水无氧的条件下进行。氢化铝锂参与的还原反应等更是要求严格无水，有水存在甚至会引起爆炸。

乙醇是有机合成中最常用的溶剂，根据合成反应的要求，要选用不同纯度的乙醇。由于乙醇能与水形成共沸物，沸点 78.15℃，其中含乙醇 95.5%，水 4.5%。常用的化学纯乙醇和工业乙醇含量均为 95.5%。目前能够规模化生产无水乙醇的工业方法有共沸精馏法、萃取精馏法、膜分离法和吸附法。实验室通常用生石灰回流，使酒精中的水跟氧化钙反应，生成不挥发的氢氧化钙来除去水分，然后再蒸馏，这样可得 99.5% 的无水酒精。若要制备纯度更高的绝对乙醇，可用无水乙醇作为原料，与金属镁或金属钠回流脱水之后再蒸馏。

注意乙醇、无水乙醇、绝对乙醇的区别。

本实验以工业乙醇为原料，加入生石灰回流脱水后再蒸馏得无水乙醇。

三、反应式

$$H_2O + CaO \longrightarrow Ca(OH)_2$$

四、仪器与试剂

仪器：回流装置 1 套；常压蒸馏装置 1 套；0℃～100℃玻璃温度计 1 支；250ml 圆底烧瓶 1 个；氯化钙干燥管 1 支；250ml 加热包 1 个；锥形瓶或圆底烧瓶，50ml、100ml 各 1 个。

试剂：工业乙醇（95.5%）100ml；生石灰 25g；无水氯化钙。

五、操作步骤

本实验中所用仪器均需彻底干燥。装置如图 2-10（2），在 250ml 圆底烧瓶中，放置 100ml 工业乙醇和 25g 生石灰。装上球形冷凝管，其上端接一氯化钙干燥管，在加热包或水浴上加热回流 1.5～2h。稍冷后取下冷凝管，改成如图 2-20（2）蒸馏装置，尾接管出口接上氯化钙干燥管。蒸去前馏分后，用事先干燥并称重的锥形瓶或圆底烧瓶作接收器，其支管接一氯化钙干燥管，使与大气相通。加热，蒸馏至几乎无液滴馏出为止。称量无水乙醇的质量或量其体积，计算回收率。

$$回收率 = \frac{(W_2 - W_1) \times 0.995}{100 \times 0.995 \times 0.804} \times 100\%$$

式中，W_1 为空接液瓶重，g；W_2 为接液瓶与无水乙醇共重，g；0.804 为 95.5% 工业乙醇的密度。回收率约为 80%～90%。无水乙醇沸点为 78.5℃。

六、注意事项

（1）由于无水乙醇具有很强的吸水性，实验过程中要注意防潮。无水氯化钙干燥管的使用就是为了防止吸收空气中的水分，且使之与大气相通。干燥管中也可塞入脱脂棉代替无水氯化钙。

（2）干燥剂干燥有机物时，一般在蒸馏前要滤除干燥剂。而本实验中，生石灰与水生成的氢氧化钙，加热时不会分解，因此不必滤去。

（3）蒸馏无水乙醇时，温度计的读数应为 78.5℃±0.1℃，如果读数不符，说明该温度计刻度不准，因此可通过蒸馏无水乙醇对温度计进行校正。

七、思考题

1. 为什么在加热回流和蒸馏操作时，冷凝管顶端和接液管支管上要安装无水氯化钙干燥管？

2．用 100ml 含量 95.5% 的工业乙醇制备无水乙醇时，理论上需要生石灰多少克？

3．为什么回流装置中用球形冷凝管，而蒸馏装置中用直形冷凝管？

第四节　液体化合物的分离与提纯

有机化学实验中，液体化合物的分离与提纯有各种方法。利用各组分溶解度不同而有液液萃取法，利用各组分吸附或溶解性能不同而有柱色谱法和气相色谱法等色谱方法，利用各组分渗透性能不同而有反渗透膜、超渗透膜和浓差极化等膜分离法，利用各组分沸点不同而有常压蒸馏、减压蒸馏、精密分馏、分子蒸馏、反应蒸馏、萃取蒸馏、水蒸气蒸馏和共沸蒸馏等蒸馏方法。蒸馏方法是有机化学中的基本技术。本节安排 4 个蒸馏实验。

实验七　常压蒸馏和沸点测定

一、实验目的

1．了解沸点测定的意义和常压蒸馏原理。

2．掌握常量法及微量法测定沸点的方法。

二、基本原理

在一个大气压下，物质的气液相平衡点称为物质的沸点。蒸馏就是将一物质变为它的蒸气，然后将蒸气移到别处，使它冷凝变为液体或固体的一种操作过程。蒸馏的原理是利用物质中各组分的沸点差别而将各组分分离。

当液态物质受热时，蒸气压增大，待蒸气压大到和大气压或所给的压力相等时，液体沸腾，即达到沸点。每种纯液态有机化合物在一定压力下具有固定的沸点，往往在 1℃ ~ 2℃ 之间，若有杂质存在，则沸点有时升高，有时降低。利用蒸馏可将沸点相差较大（至少大于 30℃）的液态化合物分开。

将沸点差别较大的液体蒸馏时，沸点较低者先蒸出，沸点较高者随后蒸出，不挥发的留在蒸馏器内，这样，可达到分离和提纯的目的。因此，蒸馏为分离和提纯液态有机化合物常用的方法，是重要的基本操作，必须熟练掌握。在蒸馏沸点比较接近的混合物时，各种物质的蒸气将同时蒸出，只不过低沸点的多一些，故难于达到分离和提纯的目的，只能借助于分馏（参看实验八）。纯液态有机化合物在蒸馏过程中沸点范围（即沸程）很小（0.5℃ ~ 1℃）。蒸馏也可以用来测定沸点，用蒸馏法测定沸点叫常量法，此法蒸馏物用量较大，要 10ml 以上，若样品不多时，可采用半微量法。

为了消除在蒸馏过程中的过热现象和保证沸腾的平稳状态，常加入素烧瓷片或沸石，或一端封口的毛细管，因为它们都能防止加热时的暴沸现象，故把它叫作止暴剂，或叫作助沸剂。

在加热蒸馏前就应加入止暴剂。当加热后发觉未加止暴剂或原有止暴剂失效时，千万不能匆忙地投入止暴剂。因为当液体在沸腾时投入止暴剂，将会引起止暴剂中的空气猛烈地暴沸，液体容易冲出瓶口，若是易燃的液体，还会引起火灾。所以，应使沸腾的液体冷却至沸点以下后才能加入止暴剂，切记。如蒸馏中途停止，后来需要继续蒸馏，也必须在加热前补添新的止暴剂，方可安全。

三、实验步骤

1. 蒸馏装置及安装 图2-20为常压蒸馏最常用的装置。这些装置由蒸馏瓶、温度计、冷凝管、接液管和锥形瓶组成。

根据蒸馏物的量选择大小合适的蒸馏瓶，一般是使蒸馏物的体积占蒸馏瓶体积的$1/3 \sim 2/3$。温度计通过温度计套管或者通过木塞或橡皮塞插入瓶颈中央，其水银球上限应和蒸馏瓶支管的下限在同一水平线上，如图2-20（1）上图右上角。非磨口蒸馏瓶的支管通过木塞或橡皮塞与冷凝管相连，支管口应伸出木塞或橡皮塞$2 \sim 3cm$左右。使用水冷凝管时，其外套中通水（冷凝管下端的进水口用橡皮管接至自来水龙头，上端的出水口以橡皮管导入水槽），上端的出水口应向上，可保证套管中充满水，使蒸气在冷凝管中冷凝成为液体。冷凝管下端通过木塞或橡皮塞和接受液体的导管（接液管）相连。接液管下端伸入作为接收馏液用的锥形瓶中。接液管和锥形瓶间不可用塞子塞住，而应与外界大气相通。蒸馏瓶置于三角架或铁圈的石棉网上。

在安装仪器前首先选择合适规格的仪器，配妥各连接处的木塞或橡皮塞。如果选用磨口仪器，则选用口径标号相同的仪器。安装的顺序一般是先从热源处（加热包、煤气灯或电炉）开始，然后"由下而上，由左到右（或由右到左）"，依次安放三脚架或铁圈（以电炉为热源时可不用）、石棉网（或水浴、油浴）和蒸馏瓶等等。蒸馏瓶用铁夹垂直夹好，安装冷凝管时应先调整它的位置使与蒸馏瓶支管同轴，然后松开冷凝管铁夹，使冷凝管沿此轴移动和蒸馏瓶相连，这样才不致折断蒸馏瓶支管。各铁夹不应夹得太紧或太松，以夹住后稍用力尚能转动为宜。铁夹内要垫以橡皮等软性物质，以免夹破仪器。整个装置要求准确端正，无论从正面或侧面观察，全套仪器中所有仪器的轴线都要在同一平面内。所有的铁夹和铁架都应尽可能整齐地放在仪器的背部。

2. 蒸馏操作 本实验用不纯乙醇30ml，放在60ml圆底烧瓶中蒸馏，并测定沸点。

加料：将待蒸馏液通过玻璃漏斗或直接沿着面对支管口的瓶颈壁小心倒入蒸馏瓶中。要注意不使液体从支管流出。加入$1 \sim 2$粒助沸物，塞好带温度计的塞子。再一次检查仪器的各部分连接是否紧密和妥善。

加热：用水冷凝管时，先由冷凝管下口缓缓通入冷水，自上口流出引至水槽中，然后开始加热（选用加热包、水浴、油浴或用石棉网加热视具体情况而定）。加热时可

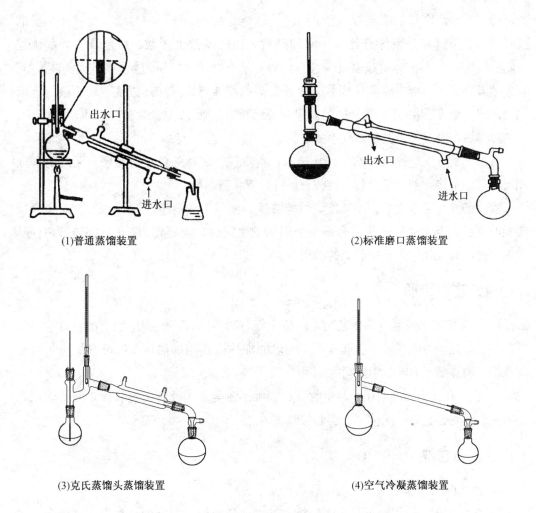

(1)普通蒸馏装置　　　　　　　　　　　　(2)标准磨口蒸馏装置

(3)克氏蒸馏头蒸馏装置　　　　　　　　　　(4)空气冷凝蒸馏装置

图 2-20　常用蒸馏装置

以看见蒸馏瓶中液体逐渐沸腾，蒸气逐渐上升，温度计读数也略有上升。当蒸气的顶端到达温度计水银球部位时，温度计读数会急剧上升。这时应适当调小火焰或调整加热包或电炉的电压，使加热速度略为下降，蒸气顶端停留在原处使瓶颈上部和温度计受热，让水银球上液滴和蒸气温度达到平衡。然后再稍稍加大火焰，进行蒸馏。控制加热，调节蒸馏速度，通常以每秒 1~2 滴为宜。在整个蒸馏过程中，应使温度计水银球上常有被冷凝的液滴，此时的温度即为液体与蒸气平衡时的温度，温度计的读数就是液体（馏出液）的沸点。蒸馏时加热速度不能过快，否则会在蒸馏瓶的颈部造成过热现象，使一部分液体的蒸气直接受热，这样由温度计读得的沸点会偏高；另一方面，蒸馏也不能进行得太慢，否则由于温度计水银球不能为流出液的蒸气充分浸润而使温度计上所读得的沸点偏低或不规则。

　　观察沸点及收集馏液：进行蒸馏前，至少要准备两个接收器，因为在达到需要物质的沸点之前，常有沸点较低的液体先蒸出。这部分馏液称为"前馏分"或"馏头"。

前馏分蒸完，温度趋于稳定后，蒸出的就是较纯的物质，这时应更换一个洁净干燥的接收器。记下这部分液体开始馏出时和最后一滴时的温度读数，即是该馏分的沸程（沸点范围）。一般液体中或多或少含有一些高沸点杂质，在所需要的馏分蒸出后，若再继续升高加热温度，温度计读数会显著升高；若维持原来加热温度，就不会再有馏出液蒸出，温度会突然下降，这时就应停止蒸馏。即使杂质含量极少，也不要蒸干，以免蒸馏瓶破裂及发生其他意外事故。

蒸馏完毕，先应停火，然后停止通水，拆下仪器。拆除仪器的程序和装配的程序相反，先取下接收器，然后拆下接收管、冷凝管和蒸馏瓶。

液体的沸程常可代表它的纯度。纯粹液体的沸程一般不超过 1℃ ~ 2℃。对于合成实验的产品，因大部分是从混合物中采用蒸馏法提纯，而蒸馏方法的分离能力有限，故在普通的有机化学实验中收集的沸程较大。

四、注意事项

1. 当蒸馏易挥发和易燃的乙醚、二硫化碳等物质时，不能用电炉、酒精灯、煤气灯等明火加热。否则，容易引起火灾，一般的加热操作用加热包。若没有加热包而要用热浴，沸点低于 80℃，用热水浴即可。

2. 蒸发有机溶剂均应用小口接收器，如锥形瓶等。接液管与接收器之间不能用塞子塞住，否则会造成封闭体系，引起爆炸事故。

五、思考题

1. 什么叫沸点？沸点与大气压有什么关系？

2. 在装置中，若把温度计水银球插在液面上或蒸馏烧瓶支管口上方，这样会发生什么问题？

3. 蒸馏时，放入止暴剂为什么能防止暴沸？如果加热后才发觉未加入止暴剂时，应该怎样处理才安全？

4. 加热后有馏液出来时，才发现冷凝管未通水，请问能否马上通水？如果不行，应怎么办？

5. 如果液体具有恒定的沸点，是否可以认为它是单纯物质？

实验八　分馏

一、实验目的

1. 了解分馏的原理和意义、分馏柱的种类和选用方法。

2. 熟悉实验室常见分馏的操作方法。

二、基本原理

应用分馏柱来分离混合物中沸点相近的各组分的操作叫分馏。

分馏在化学工业和实验室中被广泛应用。现在最精密的分馏设备已经能将沸点相差仅 $1℃ \sim 2℃$ 的混合物分开。利用蒸馏和分馏来分离混合物的原理一样。实际上分馏就是多次蒸馏。

工业上最典型的分馏设备是分馏塔。在实验室中，则使用分馏柱。分馏柱的作用，就是使沸腾着的混合液的蒸气进入分馏柱时，由于柱外空气的冷却，蒸气中高沸点的组分被冷却为液体，回流入蒸馏瓶中。上升的蒸气中容易挥发组分的相对量便较多了，而冷凝下来的液体含不易挥发组分的相对量也就较多，当冷凝液回流途中遇到上升的蒸气，二者进行热交换，上升蒸气中高沸点的组分又被冷凝，因此易挥发组分又增加了。如此在分馏柱内反复进行着气化、冷凝、回流等程序，当分馏柱的效率相当高且操作正确时，则在分馏柱上部逸出的蒸气就接近于纯的易挥发的组分，而向下回流入蒸馏瓶的液体，则接近于难挥发的组分。

三、实验步骤

（一）简单分馏柱的形式

分馏柱的种类很多，一般实验室常用的分馏柱有如图 2－21 所示的几种。其中（2）为韦氏分馏柱，也叫刺形分馏柱，是最常用的分馏柱。

为了提高分馏柱的分馏效率，在分馏柱中装入具有较大表面积的填充物，填充物之间要保留一定的空隙，这样就可增加回流液体和上升蒸气的接触面。分馏柱底部往往放一些玻璃丝以防止填充物下坠入蒸馏烧瓶中，如图 2－21

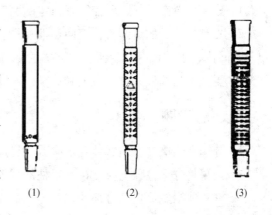

(1)　　　　(2)　　　　(3)

图 2－21　几种常用分馏柱

（3）。分馏柱效率的高低与柱的高度、绝热性能和填充物的类型等有关。

（1）分馏柱的高度　分馏柱越高，蒸气和冷凝液接触的机会也愈多，效率愈高。但不宜过高，以免收集液量少，分馏速度慢。

（2）填充物　柱中填料品种和式样很多，效率不同，在填装填料时要遵守适当、紧密且均匀的原则。玻璃管填料（长约 20mm）效率较低。用金属丝绕成固定形状，效率较高。

（3）若将柱身裹以石棉绳、玻璃布等保温材料，控制加热速度，可以提高分馏效率。

（二）简单分馏装置和操作

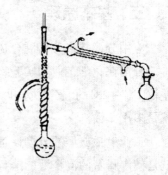

简单分馏装置如图 2 - 22 所示，柱身用石棉绳保温。

简单分馏操作和蒸馏操作大致相同。将待分馏的混合物放入圆底烧瓶中，加入 1 颗沸石，装上普通分馏柱，插上温度计。分馏柱支管和冷凝管相连。蒸馏液收集在锥形瓶中，柱外用石棉绳包住，这样可以减少柱内热量的散失，减少空气流动和室温的影响。选用合适的热浴加热，液体沸腾后要注意调节浴温，使蒸气慢慢升入分馏柱中，约 10 ~ 15min 后，蒸馏组分气体到达柱顶，可用手摸柱壁，如若烫手表示蒸气已到达该处。在有馏出

图 2 - 22　石棉绳保温的
简单分馏装置

液滴出后，调节浴温使得蒸出来的液体的速度控制在每二、三秒钟一滴，这样可以达到比较好的分馏效果。待低组分沸点蒸完后，再渐渐升高温度。当第二个组分蒸出时会产生沸点迅速上升的现象。上述情况是假定分馏体系有可能将混合物的组分进行严格分馏，如果不是这样，一般则有相当大的中间馏分。

四、注意事项

1. 分馏要缓慢进行，要控制好恒定的速度。

2. 要有相当量的液体自柱流回蒸馏瓶中，即要选择合适的回流比。回流比是指在单位时间内，由柱顶冷凝返回柱中液体的量与蒸出物量之比。

3. 要减少分馏柱的热量散失和波动。

五、思考题

1. 分馏和蒸馏在原理和装置上有哪些异同？

2. 如果将分馏柱顶上温度计水银柱的位置向下插一些，行吗？为什么？

3. 有哪些措施可提高分馏效果？

实验九　减压蒸馏

一、实验目的

1. 了解物质沸点与压力的关系，学习减压蒸馏的原理及其应用。

2. 熟悉减压蒸馏的主要仪器设备，掌握其安装和减压蒸馏的操作方法。

二、基本原理

在低于 1 大气压下，对混合物进行蒸馏分离的操作叫减压蒸馏。

某些沸点较高的有机化合物在加热还未到沸点时往往发生分解或氧化现象，所以，不能用常压蒸馏。使用减压蒸馏便可避免这种现象的发生。因为蒸馏系统内的压力减少后，其沸点便降低，当压力降低到 10 ~ 15mmHg 时，许多有机化合物的沸点可以比其常压下降低80℃ ~100℃，因此，减压蒸馏对于分离或提纯沸点较高或性质不够稳定的液态有机化合物具有特别重要的意义。减压蒸馏亦是分离提纯液态有机物常用的方法。

　　在进行减压蒸馏前，应先从文献中查阅清楚该化合物在所选择的压力下相应的沸点，如果文献中缺乏此数据，可用下述经验规律大致推算，以供参考。当蒸馏在10 ~ 15mmHg 下进行时，压力每相差 1mmHg，沸点相差 1℃。也可以从图 2 - 23 "压力 - 沸点关系图"中查找，即从某一压力下的沸点便可近似地推算出另一压力下沸点。例如，水杨酸乙酯常压下的沸点为 234℃，减压至 15mmHg 时，沸点为多少度？可在图2 - 26中 B 线上找到234℃的点，再在 C 线上找到 15mmHg 的点，然后在两点连一直线，该直线与 A 线的交点为113℃，即水杨酸乙酯在 15mmHg 时的沸点，约为 113℃。

　　压力 - 沸点关系还可近似地从克劳修斯 - 克拉贝龙方程求出：

$$\lg P = A + B/T$$

　　P 为蒸汽压，T 为沸点（绝对温度），A，B 为常数。以 $\lg P$ 为纵坐标，$1/T$ 为横坐标作图，可以近似地得至一条直线。因此可从二组已知压力和温度推算出 A 与 B 的数值。再将所选择的压力代入上式算出液体的沸点。

　　表 2 - 5 提供了一些有机化合物在常压和不同压力下的沸点。

表 2 - 5　几种物质压力 - 沸点关系表

压力（mmHg）＼ 沸点（℃）＼化合物	水	氯苯	苯甲醛	水杨酸乙酯	甘油	蒽
760	100	132	179	234	290	354
50	38	54	95	139	204	225
30	30	43	84	127	192	207
25	26	39	79	124	188	201
20	22	34.5	75	119	182	194
15	17.5	29	69	113	175	186
10	11	22	62	105	167	175
5	1	10	50	95	156	159

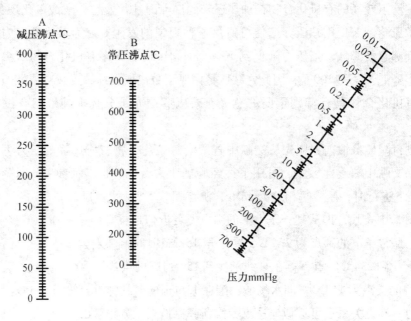

图 2 - 23　液体在常压下与减压下沸点的近似关系图

三、实验步骤

（一）减压蒸馏装置

图 2 - 24 （1）和（2）是常用的减压蒸馏系统。整个系统可分为蒸馏、抽气减压、保护和测压装置等四部分。

1. 蒸馏部分　A 是减压蒸馏瓶［又称克氏（Claisen）蒸馏瓶］，这种瓶有两个颈，其目的是为了避免减压蒸馏时瓶内液体由于沸腾而冲入冷凝管中。瓶的一颈中插入温度计，另一颈中插入一根毛细管 C，其长度恰好使其下端距瓶底 1~2mm。毛细管上端有一段带螺旋夹 D 的橡皮管，螺旋夹用以调节进入空气，使极少量的空气进入液体呈微少气泡冒出，作为液体沸腾的气化中心，使蒸馏平稳进行，接收器用蒸馏瓶或抽滤瓶。如果用磁力搅拌，就不要毛细管。

蒸馏时若要收集不同的馏分而又不中断蒸馏，则可用两尾或多尾接液管，如图 2 - 33 所示。多尾接液管的几个分支管用橡皮塞和作为接收器的圆底烧瓶（或厚壁试管，但切不可用平底烧瓶或锥形瓶）连接起来。转动多尾接液管，就可使不同的馏分流入指定的接收器中。

根据蒸出液体的沸点不同，选用合适的热浴和冷凝管。如果蒸馏的液体量不多而且沸点甚高，或是低熔点的固体，也可不用冷凝管，而将克氏瓶的支管直接插入接收瓶的球形部分中。蒸馏沸点较高的物质时，最好用石棉绳或石棉布包裹蒸馏瓶的两颈，以减少散热。控制热浴的温度比液体的沸点高 20℃ ~30℃左右。

2. 抽气减压部分　实验室通常用水泵或油泵进行减压。

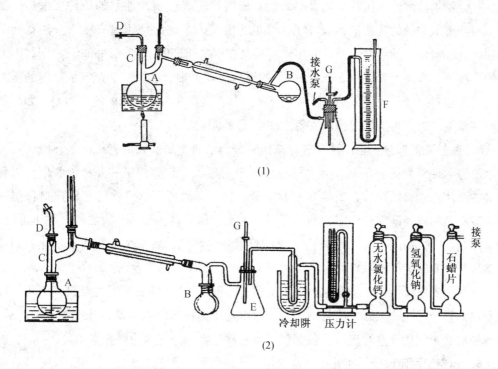

(1)

(2)

图 2 - 24　减压蒸馏装置

（1）水泵　图 2 - 25（1）和（2）分别为玻璃和金属制成的水泵，使用时连接在水龙头上。图 2 - 25（3）是一种多接头循环水泵，使用时加水后接通电源即可。这些泵的效能与其构造、水压及水温有关。水泵所能达到的最低压力为当时室温下的水蒸气压。例如在水温为 6℃ ~ 8℃时，水蒸气压为 1000Pa（7 ~ 8mmHg）。在夏天，若水温为 30℃，则水蒸气压为 4200Pa（32mmHg）左右。

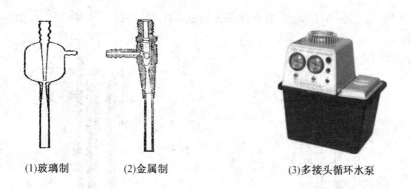

(1)玻璃制　　(2)金属制　　(3)多接头循环水泵

图 2 - 25　水泵图

（2）油泵　油泵的效能决定于油泵机械结构以及油品质量。好的油泵能抽至真空度 13.3Pa（0.1mmHg）。油泵结构较精密，工作条件要求较严。蒸馏时，如果有挥发性的有机溶剂、水或酸的蒸气，都会损坏油泵。因为挥发性的有机溶剂蒸气被油吸收后，就会增加油的蒸气压，影响真空效能。而酸性蒸气会腐蚀油泵的机件，水蒸气凝结后与油形成浓稠的乳浊液，破坏了油泵的正常工作，因此使用时必须十分注意油泵的保护。一般使用油泵时，系统的压力常控制在 665～1330Pa（5～10mmHg）间，因为在沸腾液体的表面上要获得 5mmHg 以下的压力比较困难。这是由于蒸气从瓶内的蒸气面逸出而经过瓶颈和支管（内径为 4～5mm）时，需要有 1～8mmHg 的压力差，如果要获得较低的压力，可选用短颈和支管粗的克氏蒸馏瓶。

3. 保护装置部分 当用油泵进行减压时，为了防止易挥发的有机溶剂、酸性物质和水汽进入油泵，必须在馏液接收器与油泵之间顺次安装冷却阱和几种吸收塔，以免污染油泵用油，腐蚀机件，致使真空度降低。将冷却阱置于盛有冷却剂的广口保温瓶中，冷却剂的选择随需要而定，例如可用冰－水，冰－盐，干冰。吸收塔又称干燥塔，通常安装两个，前一个装无水氯化钙或硅胶以脱除水气，后一个装粒状氢氧化钠，以脱除酸气。有时为了吸除烃类气体，可再加一个装石蜡片的吸收塔。

在泵前还应接上一个安全瓶，瓶上的两通活塞 G 供调节系统压力及放气之用。减压蒸馏的整个系统必须保持密封不漏气，所以选用橡皮塞的大小及钻孔都要十分合适。所有橡皮管最好用真空橡皮管。各磨口玻璃塞部位都应仔细地涂好真空脂。

4. 真空度测定部分 实验室通常采用水银压力计来测量减压系统的压力，图 2－26（1）为封闭式水银压力计，两臂水银高度之差即为大气压力与系统中压力之差，因此蒸馏系统内的实际压力（真空度）应是大气压力（以 mmHg 表示）减去这一压力差。

图 2－26（2）为开口水银压力计，两臂液面高度之差即为蒸馏系统中的真空度。测定压力时，可将管后木座上的滑动标尺的零点调整到右臂的 Hg 顶端线上，这时左臂的 Hg 顶端线所指示的刻度即为系统的真空度。开口式压力计较笨重，读数方式也较麻烦，但正确，封闭式的比较轻巧读数方便，但常常因为有残留空气，以致不够准确，常需用开口式的来校正。使用时应避免水或其他污物进入压力计内，否则将严重影响其准确度。

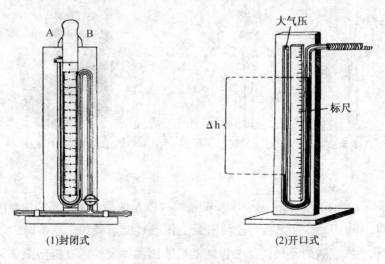

(1)封闭式　　　　　　　　(2)开口式

图 2－26　水银压力计

（二）减压蒸馏操作

当被蒸馏物中含有低沸点的物质时，应先进行普通蒸馏，然后用水泵减压蒸去低沸点物，最后再用油泵减压蒸馏。

在克氏蒸馏瓶中，放置待蒸馏的液体（不超过容积的1/2），按图2－30装配好仪器，旋紧毛细管上的螺旋夹D，打开安全瓶上的二通活塞G，然后开泵抽气（如用水泵，这时应开至最大流量）。逐渐关闭G，从压力计上F上观察系统所能达到的真空度。如果是因为漏气（而不是因为水泵、油泵本身效率的限制）而不能达到所需的真空度，可检查各部分塞子和橡皮管的连接是否紧密等。必要时可用熔融的固体石蜡密封，密封应在解除真空后才能进行。如果超过所需的真空度，可小心地旋转活塞G，使慢慢地引进少量空气以调节至所需的真空度。调节螺旋夹D，使液体中有连续平衡的小气泡通过（如无气泡，可能因毛细管已堵塞，应予更换）。开启冷凝水，选用合适的热浴加热蒸馏。加热时，克氏瓶的圆球部位至少应有2/3浸入浴液中。在浴中放一温度计，控制浴温比待蒸馏液体的沸点高20℃～30℃，使馏出速度为1～2滴/秒。在整个蒸馏过程中，都要密切注意瓶颈上的温度计和压力的读数。经常注意蒸馏情况，及时记录压力、沸点等数据。

纯物质的沸点范围一般不超过1℃～2℃，假如起始蒸出的馏液比要收集物质的沸点低，则在蒸至接近预期的温度时需要调换接收器。可采用如图2－27所示多尾接液管实现这种调换。

图2－27　多尾接液管

如果没有多尾接液管，也可先移去热源，取下热浴，待稍冷后，渐渐打开二通活塞G，使系统与大气相通。一定要慢慢地旋开活塞，使压力计中的Hg缓缓地回复原状，否则，Hg急速上升，有冲破压力计的危险。为此，可将G的上端拉成毛细管，即可避免。然后松开毛细管上的螺旋夹D，防止液体吸入毛细管。切断油泵电源卸下接收瓶，装上另一洁净的接收瓶，再重复前述操作：开泵抽气，调节毛细管空气流量，加热收集所需产物。

蒸馏完毕与蒸馏过程中需要中断时（例如调换毛细管，接收瓶）一样，移去火源，撤去热浴，待稍冷后缓缓解除真空，使系统内外压力平衡后方可关闭油泵。否则，由于系统中的压力较低，油泵中的油就有吸入干燥塔的可能。

四、注意事项

1. 减压蒸馏不能直接加热，应按照实际情况选择某种热浴。

2. 毛细管的制法有二：可选取长度较克氏蒸馏瓶高度略长的厚壁毛细管，在其中一端用灯焰加热软化后拉细，抽细的程度视需要的毛细管孔径而定。另法可用一玻璃管，先将其一端用灯焰加热软化后拉成直径为 2mm 左右的毛细管，用小火将毛细管烧软，迅速地向两面拉伸，使呈细发状，截取所需长度而可，检查毛细管是否合适，可用小试管盛少许丙酮或乙醚，将毛细管插入其中，吹入空气，若毛细管口冒出一连串细小的气泡即合适。

3. 蒸馏部分若采用磁力搅拌加热装置，则省去拉制和安装毛细管的麻烦。

4. 油泵的保护非常重要，为此，一定要接上保护系统。

五、思考题

1. 减压蒸馏的意义是什么？

2. 减压蒸馏装置应注意什么问题？

3. 使用油泵要注意哪些事项？如何保护油泵？

4. 在减压蒸馏中为什么要有保护吸收装置，各种吸收装置的作用是什么？

实验十　水蒸气蒸馏

一、实验目的

1. 了解水蒸气蒸馏的原理及其应用。

2. 熟悉水蒸气蒸馏的主要仪器，掌握水蒸气蒸馏的装置及其操作方法。

二、基本原理

水蒸气蒸馏就是以水作为混合液的一种组分，将在水中基本不溶的物质以其与水的混合态在低于 100℃时蒸馏出来的一种操作过程，简称汽馏。

（一）水蒸气蒸馏应用范围

（1）某些沸点较高的有机化合物，在常压蒸馏虽可与副产品分离，但被分离的物质易被破坏，如高温水解。

（2）混合物中含有大量树脂状杂质或不挥发杂质，采用蒸馏、萃取等方法都难以分离。

（3）从较多固体反应物中分离被吸附的液体。

（二）水蒸气蒸馏应用条件

（1）被提纯物质不溶或难溶于水。

（2）在共沸腾下被提纯物质与水不发生化学反应。

（3）在100℃左右时，被提纯物质必须具有一定的蒸气压，一般不小于10mmHg。

（三）水蒸气蒸馏原理

当有机物与水一起共热时，整个系统的蒸气压，根据分压定律，应为各组分蒸气压之和。

即

$$P = P_{H_2O} + P_A$$

式中 P 为总气压，P_{H_2O} 为水蒸气压，P_A 为与水不相溶物或难溶物质的蒸气压。

当总蒸气压（P）与大气压力相等时，则液体沸腾。显然，混合物的沸点低于任何一个组分的沸点。有机物可在比其沸点低得多的温度下，安全地蒸馏分出，见表2－6。

表2－6　某些物质水蒸气蒸馏时的分压

有机物	沸点，℃	P_{H_2O}（水），mmHg	P_A（有机物），mmHg	混合物沸点，℃
乙苯	136.2	557	193.2	92
苯胺	184.4	717.5	42.5	98.4
硝基苯	210.9	738.5	20.1	99.2

伴随水蒸气馏出的有机物和水，两者的重量（W_A 和 W_{H_2O}）比等于两者的分压（P_A 和 P_{H_2O}）分别和两者的分子量（M_A 和 M_{18}）的乘积之比，因此，在馏出液中有机物质同水的重量比可按下式计算：

$$W_A / W_{H_2O} = M_A P_A / 18 P_{H_2O}$$

例如，用水蒸气蒸馏1－辛醇和水的混合物，1－辛醇的沸点为195.0℃，1－辛醇与水的混合物在99.4℃沸腾，纯水在99.4℃时的蒸气压为744mmHg，在此温度下1－辛醇的蒸气压为760－744＝16mmHg，1－辛醇的分子量为130，在馏液中1－辛醇与水的重量比等于

$$W_A / W_{H_2O} = （16）（130）/（744）（18）= 0.155（g/g）$$

每蒸出0.155g正辛醇，伴随蒸出1g水，即馏液中水占87%，1－辛醇占13%。

又如，苯胺和水的混合物用水蒸气蒸馏时的有关数据如表2－6所列。苯胺的分子量为98，馏液中苯胺与水的重量比为0.322。

由于苯胺略溶于水，计算值仅为近似值。

水蒸气蒸馏法的优点在于使所需要分离的组分，可在较低的温度下从混合物中蒸馏出来，从而避免在常压下蒸馏时所造成的损失，提高分离提纯的效率。同时在操作和装置方面也较减压蒸馏简便，所以水蒸气蒸馏可以应用于分离和提纯有机物。

三、实验步骤

（一）实验装置

水蒸气蒸馏装置包括水蒸气发生器、蒸馏部分、冷凝部分和接收器四个部分。图 2-28 所示的装置是实验室常用的水蒸气蒸馏装置。

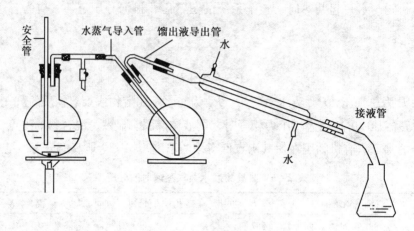

图 2-28　水蒸气蒸馏装置

水蒸气发生器一般使用金属制成，如图 2-29 所示。也可用短颈圆底烧瓶代替。例如，1000ml 短颈圆底烧瓶作为水蒸气发生器，瓶口配一双孔软木塞或橡皮塞，一孔插入长 30cm、直径约为 5mm 的玻璃管作为安全管，另一孔插入内径约为 8mm 的水蒸气导出管。导出管与一个 T 形管相连，T 形管的支管套上一短橡皮管，橡皮管上用螺旋夹夹住，T 形管的另一端与蒸馏部分的导管相连。这段水蒸气导管应尽可能短些，以减少水蒸气的冷凝。T 形管用来除去水蒸气中冷凝下来的水，有时在不正常操作的情况时，可使水蒸气发生器与大气相通。

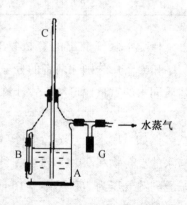

图 2-29　金属制水蒸气发生器

蒸馏部分通常采用长颈圆底烧瓶，被蒸馏的液体量不能超过其容积的 1/3，斜放在桌面成 45°，这样可以避免由于蒸馏时液体跳动十分剧烈引起液体从导出管冲出，以至沾污馏液。蒸气管的末端应弯曲，使其垂直并正对烧瓶中央，如图 2-30 所示。如果不斜放，则必须采用克氏蒸馏头。

为了减少由于反复移换容器而引起的产物损失，常直接利用原来的反应器（即非长颈圆底烧瓶）。按图 2-31 装置，进行水蒸气蒸馏。

通过水蒸气发生器安全管中水面的高低，可以观察到整个水蒸气蒸馏系统是否畅通，若水面上升很高，则说明有某一部分被阻塞，这时应立即旋开螺旋夹，移去热源，拆下装置进行检查和处理。一般多数是水蒸气导入管下管被树脂状物质或者焦油堵塞。否则，就有发生塞子冲出和液体飞溅的危险。

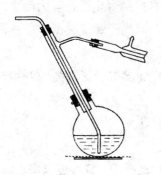
图2-30　水蒸气蒸馏的蒸馏部分

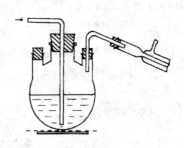
图2-31　利用原反应容器进行汽馏

　　上述水蒸气蒸馏装置可根据处理量的不同，用不同容量规格的仪器装配，但装拆时间长，热利用率低，常常要用两个热源，使用不方便。图2-32所示装置是一种改进型的装置。这种装置采用水蒸气发生瓶与蒸馏瓶熔接在一起的专用玻璃瓶，使用方便，热利用率高，省时省事，有着显著的优越性。

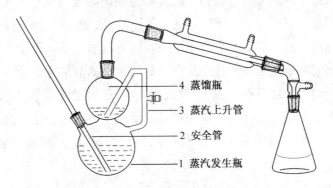

4 蒸馏瓶
3 蒸汽上升管
2 安全管
1 蒸汽发生瓶

图2-32　一种改进型水蒸气蒸馏装置

（二）实验步骤

　　本实验分离不纯冬青油，用量5ml。

　　在水蒸气发生瓶中，加入约占容器3/4的开水，并加入1片素烧瓷。待检查整个装置不漏气（怎样检查?）后，旋开T形管的螺旋夹，加热至沸腾。当有大量水蒸气从T形管的支管冲出时，立即旋紧螺旋夹，水蒸气便进入蒸馏部分，开始蒸馏。在蒸馏过程中，如果由于水蒸气的冷凝而使烧瓶内液体量增加，以至超过烧瓶容积的2/3时，或者水蒸气蒸馏速度较慢时，则将蒸馏部分隔石棉网加热之，但要注意瓶内崩跳现象，如果崩跳剧烈，则不应加热，以免发生意外。蒸馏速度为2~3滴/秒。

　　馏出物转移到分液漏斗中，如图2-16（2）所示。静置，待两层液体完全分清后再分液。

四、注意事项

（1）在蒸馏过程中，必须经常检查安全管中的水位是否正常，有无倒吸现象，蒸馏部分混合物溅飞是否厉害。一旦发生不正常，应立即旋开螺旋夹，移去热源，找原因排除故障，当故障排除后，才能继续蒸馏。

（2）当馏出液无明显油珠，澄清透明时，便可停止蒸馏，必须先旋开螺旋夹，然后移开热源，以免发生倒吸现象。

五、思考题

1. 进行水蒸气蒸馏时，水蒸气导入管的末端为什么要插入到接近容器底部？
2. 水蒸气蒸馏可以分离哪些有机化合物？
3. 水蒸气蒸馏装置中，T形管起什么作用？

第五节　固体化合物的分离与提纯

有机化学实验中，固体化合物的分离与提纯根据原理和操作不同有各种方法。利用物质状态不同而有常压过滤、减压过滤、加压过滤、加热过滤、离心过滤等过滤方法；利用不同物质在同一溶剂中溶解度不同和同一物质在不同温度溶解度不同而有单溶剂重结晶、多元溶剂重结晶和分步冷冻结晶等重结晶分离方法；利用物质在不同溶剂中溶解度不同而有加压萃取、减压萃取、超临界萃取和液固萃取等萃取方法；利用物质吸附或溶解性能不同而有柱色谱法和高效液相色谱法等色谱方法；利用物质的升华性质而有常压升华和减压升华等升华方法。重结晶方法是有机化学中的基本技术。本节安排2个实验。

实验十一　重结晶和抽气过滤

一、实验目的

1. 了解有机物重结晶提纯的原理和应用。
2. 掌握有机物重结晶提纯的基本步骤和操作方法。

二、基本原理

将欲提纯的物质在较高温度下溶于合适的溶剂中制成饱和溶液，趁热将不溶物滤去，在较低温度下结晶析出，而可溶性杂质留在母液中，这一过程称为重结晶。其原理就是利用物质中各组分在同一溶剂中的溶解性能不同而将杂质除去。

从有机反应中分离出的固体有机化合物往往是不纯的，必须经过重结晶等方法提纯才能得到纯品。根据物质的熔程可判断物质的纯度。

（一）重结晶操作的一般过程

（1）选择适当的溶剂。

（2）将粗产品溶于热溶剂中制成饱和溶液。

（3）趁热过滤除去不溶性杂质，如溶液颜色较深，则应先脱色，再趁热过滤。

（4）将此滤液冷却，或蒸发溶剂，使结晶慢慢析出，而杂质则留在母液中，或者杂质析出，而欲提纯的化合物则溶在溶液中。

（5）抽气过滤分离母液，洗涤并分出结晶或杂质。

（二）溶剂选择的基本原则

作为合适的溶剂，要符合下列几个条件。

（1）与欲提纯的物质不起化学反应。

（2）对欲提纯的有机物质必须具备溶解度在热时较大，而在较低温度时则较小的特性。

（3）对杂质的溶解度非常大或非常小，溶解度大者使杂质留在母液中，不与被提纯物一道析出结晶；溶解度小者使杂质在热过滤时被除去。

（4）对欲提纯的物质能生成较整齐的晶体。

（5）溶剂的沸点，不宜太低，也不宜太高，当过低时，溶解度改变不大，操作又不易，过高时，附着于晶体表面的溶剂不易除去。

在几种溶剂同时可供选择时，则应根据结晶的回收率、操作的难易、易燃性和价格等因素来选择。

重结晶常用溶剂见表2-7。

表2-7　常用的重结晶溶剂

溶剂	沸点,℃	冰点,℃	相对密度	与水的混溶性	易燃性
水	100	0	1.00	+	0
甲醇	64.96	<0	0.79	+	+
95%乙醇	78.1	<0	0.80	+	+ +
冰醋酸	117.9	16.7	1.05	+	+
丙酮	56.2	<0	0.79	+	+ + +
乙醚	34.51	<0	0.71	−	+ + + +
石油醚	30 ~ 60	<0	0.64	−	+ + + +
乙酸乙酯	77.06	<0	0.90	−	+ +
苯	80.1	5	0.88	−	+ + + +
三氯甲烷	61.7	<0	1.48	−	0
四氯化碳	76.54	<0	1.59	−	0

三、实验步骤

（一）溶剂的选择

在重结晶时需要知道用何种溶剂最合适及欲提纯物质在该溶剂中的溶解情况。一般化合物可以查阅手册或辞典中的溶解度数据或通过试验来决定采用什么溶剂。

选择溶剂时，必须考虑到被溶物质的成分与结构。因为溶质往往易溶于结构与其近似的溶剂中。极性物质较易溶于极性溶剂，而难溶于非极性溶剂中。例如含羟基的化合物，在大多数情况下或多或少能溶于水中；碳链增长，如高级醇，在水中的溶解度显著降低，但在碳氢化合物中，其溶解度却会增加。

溶剂的最后选择，只能用实验方法决定。其方法是，取 0.1g 待结晶的固体粉末于一小试管中，用滴管逐滴加入溶剂，并不断振荡。若加入的溶剂量达 1ml 仍未见全溶，可小心加热混合物至沸腾（必须严防溶剂着火）。若此物质在 1ml 冷的或温热的溶剂中已全溶，则此溶剂不适用。如果该物质不溶于 1ml 沸腾溶剂中，则继续加热，并分批加入溶剂，每次加入 0.5ml 并加热使沸。若加入溶剂量达到 4ml，而物质仍然不能溶解，则必须寻求其他溶剂。如果该物质能溶解在 1 ~ 4ml 的沸腾的溶剂中，则将试管进行冷却观察结晶析出情况，如果结晶不能自行析出，可用玻璃摩擦溶液面下的试管壁，或再辅以冰水冷却，以使结晶析出。若结晶仍不能析出，则此溶剂也不适用。如果结晶能正常析出，要注意析出的量，在几个溶剂用同法比较后可以选用结晶收率最好的溶剂来进行重结晶。

（二）溶解及趁热过滤

通常将待结晶物质置于锥形瓶中，加入较需要量稍少的适宜溶剂，加热到微微沸腾。溶剂需要量是根据所查的溶解度数据或通过溶解度试验得到的结果，经计算得到。若未完全溶解，再适当补加，要注意判断是否有不溶性杂质存在，以免误加过多的溶剂。要使重结晶得到的产品纯净且回收率高，溶剂的用量是个关键。虽然从减少溶解损失来考虑，溶剂应尽可能避免过量；但这样在热过滤时会引起很大的麻烦和损失，特别是当待结晶物质的溶解度随温度变化很大时更是如此。因而要根据这两方面的损失来权衡溶剂的用量，一般可比需要量多加 20% 左右的溶剂。

为了避免溶剂挥发、可燃溶剂着火或有毒溶剂中毒，应在锥形瓶上装置回流冷凝管，添加溶剂可由冷凝管上端加入。根据溶剂的沸点和易燃性，选择适当的热浴加热。当物质全部溶解后，即可趁热过滤。若溶液中含有色杂质，则要加活性炭脱色，这时应移去热源，使溶液冷却后，再加入活性炭，继续煮沸 5 ~ 10min，再趁热过滤。过滤易燃溶液时，附近的火源必须熄灭。为了较快过滤，可选用一颈短而粗的玻璃漏斗，这样可避免晶体在颈部析出而造成阻塞。而且在过滤前，要把漏斗放在烘箱中预先烘热，待过滤时才将漏斗取出放在铁架上的铁圈中，或放在盛滤液的锥形瓶上，如图 2 - 33（1）为用水作溶剂的一种热过滤装置，盛滤液的锥形瓶用小火加热，产生的热蒸气可使玻璃漏斗保温。但要特别注意，在过滤有易燃溶剂的溶液时，切不可用明火加热。在漏斗中放一折叠滤纸，折叠滤纸向外突出的棱边，应紧贴于漏斗壁上。在过滤即将开始前，先用少量热的溶剂湿润，以免干滤纸吸收溶液中的溶剂使结晶析出而堵塞滤纸孔。过滤时，漏斗上应盖上表面皿（凹面向下），减少溶剂的挥发。盛滤液的容器一般用锥形瓶，只有水溶液才可收集在烧杯中。如过滤进行得很顺利，常只有很少的结晶在滤纸上析出。如果结晶在热溶剂中溶解度很大，则可用少量热溶剂洗下，否则还是弃之为好，以免得不偿失。若结晶较多时必须用刮刀刮下加到原来的瓶中，再加适量的溶剂溶解并过滤。滤毕后，装有滤液的锥形瓶用洁净的木塞或橡皮塞塞住，也可用塑料膜严密遮掩，放置一旁缓慢冷却析晶。

如果溶液稍冷却就会析出结晶，或过滤的溶液量较多，则最好使用热水漏斗，如图 2－33（2）。热水漏斗要用铁夹固定好并预先将开水或其他热溶剂注入夹套中，再用酒精灯加热保温。在过滤易燃有机溶剂时一定要熄灭火焰！

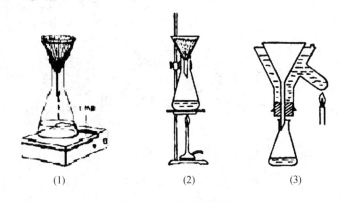

(1)　　　　　　　(2)　　　　　　　(3)

图 2－33　热过滤装置

活性炭的使用：粗制的有机化合物常含有色杂质。在重结晶时杂质虽可溶于沸腾的溶剂中，但当冷却析出结晶时，部分杂质又会被结晶吸收，使得产物有色。有时在溶液中存在着某些树脂状物质或不溶性杂质的均匀悬浮体，使得溶液有些浑浊，常常不能用一般的过滤方法除去。如果在溶液中加入少量活性炭，并煮沸 5～10min，要注意活性炭不能加到已沸腾的溶液中，以免溶液暴沸而自容器冲出。活性炭可吸附有色杂质、树脂状物质以及均匀分散的物质。趁热过滤除去活性炭，冷却溶液便能得到较好的结晶。活性炭在水溶液中进行脱色的效果较好，它也可在任何有机溶液中使用，但在烃类非极性溶剂中效果较差。除用活性炭脱色外也可采用柱色谱来除去杂质。

使用活性炭时，必须避免用量太多，因为它也能吸附一部分纯化的物质。所以活性炭的用量应视杂质的多少而定。一般为干燥粗产品重量的 1%～5%，假如这个比例的活性炭不能使溶液完全脱色，则可再用 1%～5% 的活性炭重复上述操作。过滤时选用的滤纸要紧密贴在布氏漏斗上，以免活性炭透过滤纸进入溶液中。

折叠滤纸的方法：将选定的圆滤纸［方滤纸可在折好后再剪，按图 2－34（1）先一折为二，再沿2、4折成四分之一。然后将1、2的边沿折至4、2，2、3的边沿折至2、4，分别在2、5和2、6处产生新的折纹，如图2－34（1）。继续将1、2折向2、6，2、3折向2、5，分别得到2、7和2、8的折纹，如图2－17（2）。同样，在2、3对2、6，1、2对2、5分别折出2、9和2、10的折纹，如图2－34（3）。最后在八个等分的每一小格中间以相反方向折成16等分，如图2－34（4），结果得到折扇一样的排列。再在1、2和2、3处各向内折一小折面，展开后即得到折叠滤纸，或称扇形滤纸，如图2－17（5）。在折纹集中的圆心处折时切勿重压，否则滤纸的中央在过滤时容易破裂。在使用前，应将折好的滤纸翻转并整理好后再放入漏斗中，这样可避免被手指弄脏的一面接触滤过的滤液。

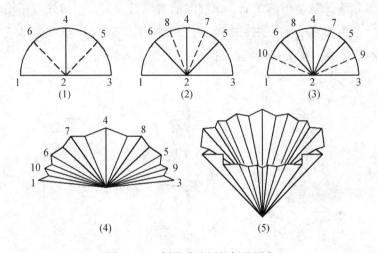

图2－34　折叠式滤纸的折叠顺序

（三）冷却析晶

将滤液在冷水浴中迅速冷却并剧烈搅动时，只能得到颗粒很小的晶体。小晶体包含杂质较少，但其表面积较大，吸附于其表面的杂质较多。若希望得到均匀而较大的晶体，可将滤液（如在滤液中已析出结晶，可加热使之溶解）在室温或保温下静置使之缓慢冷却析晶。

有时由于滤液中有焦油状物质或胶状物存在，使结晶体不易析出，或有时因形成过饱和溶液也不析出结晶。在这种情况下，可用玻璃摩擦器壁以形成粗糙面，使溶质分子呈定向排列而形成结晶的过程较在平滑面上迅速和容易；或者投入晶种（同一物质的晶体，若无此物质的晶体，可用玻璃蘸一些溶液稍干后即会析出结晶）。供给定型晶核，使晶体迅速形成。

有时被纯化的物质呈油状析出，油状物长时间静置或足够冷却后虽也可以固化，但这样的固体往往含有较多杂质（杂质在油状物中溶解度常在溶剂中溶解度大；其次，析出的固体中还会包含一部分母液），纯度不高，用溶剂大量稀释，虽可防止油状物生成，但将使产物大量损失。这时可将析出油状物的溶液加热重新溶解，然后慢慢冷却，当油状物析出时便剧烈搅拌混合物，使油状物在均匀分散的状况下固化，这样包含的母液就大大减少，但最好还是重新选择溶剂，使之能得到晶形的产物。

（四）抽气过滤

为了把结晶从母液中分离出来，必须抽气过滤。一般抽气过滤装置由装有布氏漏斗的过滤瓶、缓冲安全瓶及真空源组成，如图2-35所示。抽滤瓶的侧管用耐压橡皮管和安全瓶相连，安全瓶再与水泵等真空源相连。真空源可以是抽气泵、水泵、油泵或其他能产生真空的装置。

布氏漏斗中铺的圆形滤纸要剪得比漏斗内径略小，使紧贴于漏斗的底壁。在抽滤前先用少量溶剂把滤纸润湿，然后打开水泵将滤纸吸紧，防止固体在抽滤时自滤纸边沿吸入瓶中。借玻棒之助，将容器中液体和晶体分批倒入漏斗中，并用少量滤液洗出黏附于容器壁上的晶体，关闭水泵前，先将抽滤瓶与水泵间连接的橡皮管拆开，或将安全瓶上的活塞打开接通大气，以免水倒流入吸滤瓶内。

布氏漏斗中的晶体要用溶剂洗涤，以除去存在于结晶表面的母液，否则干燥后结晶仍不纯。用重结晶的同一溶剂进行洗涤，用量应尽量少，以减少溶解损失。洗涤的过程是将抽气暂时停止，在晶体上加少量溶剂，用刮刀或玻棒小心搅动，使所有晶体润湿，注意不要使滤纸松动。静置一会儿，待晶体均匀地被浸湿后再进行抽气，为了使溶剂和结晶更好地分开，最好在进行抽气的同时用清洁的玻璃塞倒置在结晶表面上用力挤压，以尽量抽除溶剂，一般重复洗涤1~2次即可。

如重结晶溶剂的沸点较高，在用原溶剂至少洗涤一次后，可用低沸点的溶剂洗涤，使最后的结晶产物易于干燥，但要注意所用溶剂必须是能和第一种溶剂互溶而对晶体是不溶或微溶的。

抽滤后所得的母液可移置其他容器中统一收集。较大量的有机溶剂，一般应用蒸馏法回收。如母液中溶解的物质不容忽视，可将母液适当浓缩。回收得到一部分纯度较低的晶体，测定它的熔点，以决定是否可供直接使用，或需进一步提纯。

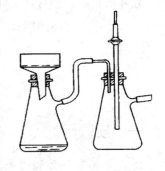

图2-35　抽滤装置

（五）结晶的干燥

抽滤和洗涤后的结晶，表面上还附有少量溶剂。因此尚需要用适当的方法进行干燥。重结晶后的产物需要测熔点来检验其纯度。在测定熔点前，晶体必须充分干燥，否则熔点会下降。固体的干燥方法很多，可根据重结晶所用的溶剂及结晶的性质来选择。常用的干燥方法见实验五。

判断干燥与否通常采用恒重法，即相隔一定干燥时间的两次称重之差不大于所用天平或台秤的允许误差。

四、乙酰苯胺重结晶

称取 4g 不纯的乙酰苯胺，放置于 250ml 锥形瓶中，加入 110ml 水和 1 颗沸石，在加热包中或电炉的石棉网上加热至沸，使乙酰苯胺完全溶解。

停止加热，待稍冷后加入 0.2g 活性炭。再加热至微沸 5~10min。将短颈漏斗置入保温漏斗中，安放在铁环上，将折叠滤纸放入漏斗上，并用少量热水润湿。将上述溶液趁热过滤到锥形瓶或烧杯中，每次倒入漏斗的液体不要太满。过滤过程中，热水漏斗和溶液分别保持小火加热，以免冷却。滤液在室温时缓慢冷却，乙酰苯胺结晶析出。抽气过滤，用玻璃塞挤压晶体，继续抽滤，尽量把母液抽干，然后从吸滤瓶上拔去橡皮管，并关闭水泵，在布氏漏斗上加少量冷水，用玻璃棒均匀翻动，使晶体全部润湿，再打开水泵接上橡皮管抽滤至干，如此重复 2 次，取出晶体，放在表面皿上晾干或烘干，称量，计算回收率。

五、思考题

1. 重结晶要经过哪些步骤？
2. 重结晶如何选择溶剂，应注意什么？
3. 如何证明经重结晶之后的产品是否纯净？
4. 在使用布氏漏斗过滤之后洗涤产品的操作中，要注意哪些问题？如果滤纸大于布氏漏斗底面时，会有什么问题？
5. 如何判断有机物是否干燥完全？

实验十二　升华

一、实验目的

1. 了解升华操作的原理和意义。
2. 熟悉实验室常用的升华方法。

二、实验原理

某些物质在固态时具有相当高的蒸气压，当加热时，不经过液态而直接气化，蒸气受到冷却又直接冷凝成固体，这一过程叫升华。升华有常压升华、减压升华和低温升华等。

升华是提纯固体有机化合物的重要方法，如咖啡因、樟脑、蒽醌、苯甲酸、糖精等有机物的提纯，以及单质碘、金属镁、金属钐、三氯化钛等无机物的提纯。表 2-8 列出了樟脑和蒽醌的温度和蒸气压关系，它们在熔点之前，蒸气压已相当高，可以进行升华。

表 2 – 8 樟脑、蒽醌的温度和蒸气压的关系

樟脑 （mp176℃）		蒽醌 （mp285℃）	
温度/℃	蒸气压/Pa	温度/℃	蒸气压/Pa
20	19. 9	200	239. 4
60	73. 2	220	585. 2
80	1216. 9	230	944. 3
100	2666. 6	240	1635. 9
120	6397. 3	250	2660
160	29100. 4	270	6995. 8

若固态混合物具有不同的挥发度，则可应用升华方法提纯。升华得到的产品一般具有较高的纯度。此法特别适用于纯化易潮解的物质。

升华法只能用于在不太高的温度下有足够大的蒸气压力（在熔点前高于 266. 69 Pa）的固态物质，因此有一定的局限性。在常压下能升华的有机物不多。

三、实验步骤

图 2 – 36 是常压下简单的升华装置，在瓷蒸发皿中盛装粉碎了的样品，上面用一个直径小于蒸发皿的漏斗覆盖，漏斗颈用棉花塞住，防止蒸气溢出，两者用一张穿有许多小孔（孔刺向上）的滤纸隔开，以免升华上来的物质再落到蒸发皿内。操作时，可用沙浴或其他热浴加热，小心调节火焰，控制浴温低于被升华物质的熔点，而让其慢慢升华。蒸气通过滤纸小孔，冷却后凝结在滤纸上或漏斗壁上。

若物质具有较高的蒸气压，可采用图 2 – 37 的装置。

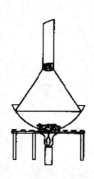

图 2 – 36 升华少量物质的装置

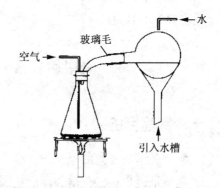

图 2 – 37 在空气或惰性气流中物质的升华装置

为了加快升华速度，可在减压下进行升华，减压升华法特别适用于常压下其蒸气压不大或受热易分解的物质，图 2 – 38 用于少量物质的减压升华。通常用油浴加热，并视其具体情况而采用油泵或水泵抽气。

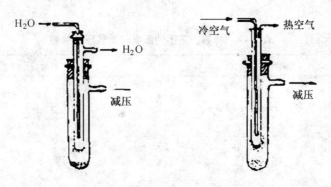

图 2 - 38　减压升华少量物质的装置

四、注意事项

1. 可在石棉网上铺一层厚约 1cm 的细砂代替沙浴。

2. 用小火加热必须留心观察，当发觉开始升华时，小心调节火焰，让其慢慢升华。

五、思考题

1. 哪些物质适合用升华法提纯?

2. 减压升华如何操作?

第六节　色谱分离与分析技术

色谱法从 20 世纪初发明以来，到今天已经成为最重要的分离分析技术，已广泛应用于石油化工、有机合成、生理生化、医药卫生、环境保护和空间探索等许多领域。有机化学实验中，色谱分离与分析是一门最基本的技术。本节安排纸色谱、柱色谱和薄层色谱等 3 个实验。

实验十三　色谱分离与分析

一、实验目的

1. 掌握色谱法分离的原理和类型。

2. 熟悉纸色谱、柱色谱和薄层色谱的操作方法。

二、实验原理

色谱法是利用混合物中各组分在同一物质中的吸附、溶解或者分配性能的不同，使混合物溶液流经该物质，经反复地吸附或分配等作用将各组分分离的一种操作方法。

色谱法不仅可以分离、检测和定量各种分子结构不同的混合物，而且还可以分离、检测和定量各种结构类似物、同分异构体、对映异构体和非对映异构体混合物等，具有灵敏、准确和高效等特点。

根据分离原理，色谱法有吸附色谱、分配色谱、离子交换色谱与排阻色谱等。

根据操作条件，色谱法有柱色谱法、纸色谱法、薄层色谱法、气相色谱法和高效液相色谱法等。

三、实验步骤

（一）纸色谱法分离氨基酸

纸色谱法是一种用特制的滤纸作固定相（水为支持剂），将含有一定比例的水 – 有机溶剂（展开剂）作流动相，应用于如糖或氨基酸等强极性化合物的分离鉴定技术。

纸色谱法操作简单、便宜，所得色谱图可长期保存，但展开时间长，一般需要几小时。

圆形纸层析是纸层析的一种。方法是用一张圆滤纸，如新华一号滤纸，将样品点在圆心的位置或距圆心而作的同心圆的圆周上，在滤纸中心插一纸芯，使溶剂沿滤纸芯从圆心向滤纸的四周展开，由于样品组分在固定相和流动相之间的分配不同，使得易溶于流动相中的组分，随着溶剂的展开在滤纸上移动得快一些，而在固定相中溶解度大的组分移动就慢一些，因此得到分离，如图 2 – 39（1）所示。

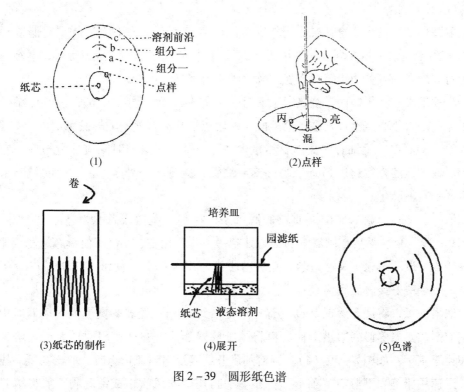

图 2 – 39　圆形纸色谱

R_f 值：R_f 值是表示被分离的物质在层析图谱上的相对位置。

R_f = 原点到层析斑点中心距离／原点到溶剂前沿的距离

原点：为点样点的位置。

溶剂前沿：展开结束时溶剂达到的位置。

层析斑点：展开后，组分所达到的位置。

如图 2－39（1），样品中组分一的 R_f = OA／OC，组分二的 R_f = OB／OC。

R_f 值取决于被分离物质在两相间的分配系数和两相间的体积比。在同一实验条件下同一物质 R_f 值是一常数。所以 R_f 值也是判断物质的主要物理常数之一。但影响 R_f 的因素很多，因此在进行纸层析的操作过程中，必须严格控制条件，否则 R_f 值不易重现。

在圆形纸层析中层析图谱显色后为弧形色带。R_f 值最大的样品，其弧形色带距原点最远，最小的距原点最近，其余的便按序介于这二者之间。

要注意的是，滤纸本身是纤维素，纤维素分子上有许多羟基，羟基具有吸附水分的作用，纤维素的羟基能够和 6% ~7% 的水以氢键结合，即使把滤纸烘干，也很难把水分除去，所以滤纸外观上是干的，但实际上是含有水的，把干滤纸放在饱和的湿气之中，能吸附 20% 左右的水分。

本实验用纸色谱法分离和鉴别甘氨酸、酪氨酸和苯丙氨酸混合物中各组分。

准备 4 个洁净的样品瓶，分别移取浓度为 1% 溶液的甘氨酸、酪氨酸、苯丙氨酸及三酸混合样品。

取圆形滤纸一张，直径要比用作层析的培养皿大 2cm 左右。用圆规自滤纸圆心处以 1cm 为半径划一圆（划圆时不可折叠滤纸）。将此圆之圆周分成三等分，并在滤纸边缘上对应地每一等分用铅笔标上谷、酪、苯、混字样。

将滤纸平放在干净而干燥的接着皿上。在圆周上每等分之中部，按所标字样分别用干净毛细管小心点上谷氨酸、酪氨酸、苯丙氨酸和混合氨基酸样品水溶液，如图 2－39（2）。点样时，毛细管中液体要尽量少些，与纸面接触的时间应尽量短些，勿使滤纸上所成圆点的直径超过 5mm，每一支毛细管只能蘸取一种溶液。用电吹风吹干，或在空气中自然晾干。

取一长 2cm、宽 1cm 的同质料的滤纸条，将其一端剪成条状，卷起来即得纸芯，如图 2－39（3）。然后在圆滤纸的圆心处穿一小孔。孔之大小恰好使纸芯从滤纸无字的一面插入，既不过松，又不过紧，然后剪去纸芯多余部分，使纸芯之上端尽量从纸面相齐。下端刚好接触皿底为宜。

取下滤纸，将展开溶剂 10ml（皿中央溶液约 2mm）经玻棒慢慢倒入培养皿中。切勿使溶剂沾到培养皿的边沿上面。再将滤纸放置如前。并迅速用同样大小之培养皿严密覆盖于其上，如图 2－39（4）。当溶剂展开到接近培养皿边缘时，取出滤纸。拔去纸芯，迅速用铅笔划下溶剂"前沿"的位置。再用电吹风吹干或室温阴干。将培养皿中溶剂经漏斗倒回原瓶。为维护温度恒定在展开时不能在皿旁做加热操作。喷雾器装茚三酮溶液至半满。把茚三酮溶液均匀地喷到滤纸上，用电吹风烘干到显出各氨基酸的弧形色带，如图 2-39（5）。

量出每个斑点中心到原点中心的距离，计算每种氨基酸的 R_f 值。

（二）柱色谱法分离甲基橙与亚甲基蓝

柱色谱法是在玻璃管中填入固定相，以流动相溶剂浸润后在上方倒入待分离的溶液，再滴加流动相，由于待分离物质对固定相的吸附力不同，吸附力大的固着不动或移动缓慢，吸附力小的被流动相溶剂洗下来随流动相向下流动，从而实现分离的一种操作。

柱色谱法分离混合物应该考虑到吸附剂性质、溶剂极性、柱子大小尺寸、吸附剂用量以及洗脱速度等因素。

吸附剂的选择一般要根据待分离化合物的类型而定。例如酸性氧化铝适合于分离羧酸或氨基酸等酸性化合物；碱性氧化铝适合于分离胺；中性氧化铝则可用于分离中性化合物。硅胶的性能比较温和，属无定形多孔物质，略具酸性，适合于极性较大的物质分离。例如醇、羧酸、酯、酮、胺等。

溶剂的选择一般根据待分离化合物的极性、溶解度等因素而定。有时，使用一种单纯溶剂就能使混合物中各组分分离开来；有时，则需要采用混合溶剂；有时，则使用不同的溶剂交替洗脱。例如，先采用一种非极性溶剂将待分离混合物中的非极性组分从柱中洗脱出来，然后再选用极性溶剂以洗脱具有极性的组分。常用的溶剂有（按极性递增）：石油醚、四氧化碳、甲苯、二氯甲烷、三氯甲烷、乙酸、乙酸乙酯、丙酮、乙醇、甲醇、水、乙酸等。

色谱柱的尺寸以及吸附剂的用量要视待分离样品的量和分离难易程度而定。一般来说，色谱柱的柱长与柱径之比约为 8:1；吸附剂的用量约为待分离样品质量的 30 倍左右。吸附剂装入柱中以后，色谱柱应留有约四分之一的容量以容纳溶剂。当然，如果样品分离较困难，可以选用更长一些的色谱柱，吸附剂的用量也可适当多一些。

溶剂的流速对柱层析分离效果具有显著影响。如果溶剂流速较慢，则样品在色谱柱中保留的时间就长，那么各组分在固定相和流动相之间就能得到充分的吸附或分配作用，从而使混合物，尤其是结构、性质相似的组分得以分离。但是，如果混合物在柱中保留的时间太长，则可能由于各组分在溶剂中的扩散速度大于其流出的速度，从而导致色谱带变宽，且相互重叠影响分离效果。因此，层析时洗脱速度要适中。

层析时，各组分随溶剂按一定顺序从色谱柱下端流出，可用容器分别收集。

本实验以柱色谱分离甲基橙与亚甲基蓝的混合物。

取 25cm×1.5cm 色谱柱 1 根，洗净干燥后垂直固定在铁架台上，色谱柱下端置一锥形瓶如图 2-40。如果色谱柱下端没有砂芯横隔，就应取一小团脱脂棉或玻璃棉，用玻璃棒将其推至柱底，然后再铺上一层约 1cm 厚的砂。关闭层析底端的活塞，向柱内

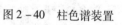

倒入95%乙醇至柱高的3/4处。通过玻璃漏斗或一匙一匙地向柱内慢慢加入95%乙醇与中性氧化铝调成的糊状物，同时打开色谱柱下端的活塞，使溶剂慢慢流入锥形瓶。用木棒或带橡皮的玻璃棒敲打柱身下部，使填装紧密，促使吸附剂均匀沉降。添加完毕，在吸附剂上面覆盖约1cm厚的砂层。整个添加过程中，应保持溶剂乙醇液面始终高出吸附剂氧化铝层面。

当柱内的溶剂乙醇液面降至吸附剂氧化铝表层时，关闭色谱柱下端活塞。用滴管将事先准备好的2ml 95%乙醇（内含1mg甲基橙和5mg亚甲基蓝）样品溶液滴加到柱内吸附剂表层。用滴管取少量乙醇洗涤色谱柱内壁上沾有的样品溶液。然后打开活塞，使溶剂慢慢流出。当溶液液面降至吸附剂层面时，便可再加入95%乙醇洗脱剂进行洗脱。随着层析的进行，亚甲基蓝的谱带与被牢固吸附的甲基橙谱带分离。继续加入95%乙醇洗脱剂，使亚甲基蓝的谱带全部从柱子里洗脱下来。待流出液呈无色时，换水作洗脱剂，这时甲基橙向柱子下部移动流出，换瓶接收。分别蒸除溶剂，即得亚甲基蓝和甲基橙。

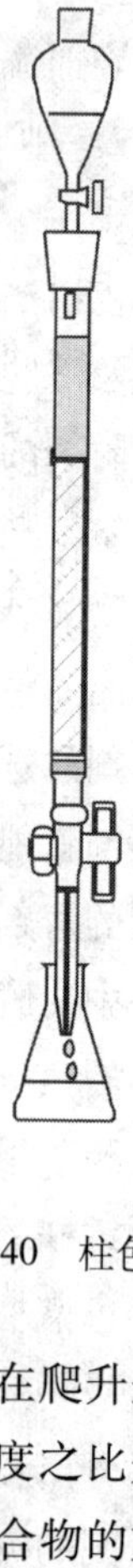

（三）薄层色谱法分离对硝基苯胺和邻硝基苯胺

薄层色谱法是以涂布于玻璃板、铝基片或硬质塑料膜等支持板上的支持物为固定相，以合适的溶剂为流动相，对混合样品进行分离、鉴定和定量的一种层析分离技术。它是快速分离和定性分析少量物质的一种很重要的实验技术，在有机合成中，常用于跟踪反应进程和寻找柱层析分离条件。

图2-40　柱色谱装置

薄层色谱法分离原理是，利用薄层板上的吸附剂在展开剂中所具有的毛细作用，使样品混合物随展开剂向上爬升。由于各组分在吸附剂上受吸附的程度不同，以及在展开剂中溶解度的差异，使其在爬升过程中得到分离。一种化合物在一定层析条件下，其上升高度与展开剂上升高度之比是一个定值，称为该化合物的比移值，记为R_f值。它是用来比较和鉴别不同化合物的重要依据。应该指出，在实际工作中，R_f值的重现性较差。因此，在鉴定过程中，常将已知物和未知物在同一块薄层板上点样，在相同展开剂中同时展开，通过比较它们的R_f值，即可作出判断。

薄层色谱法常用的吸附剂有硅胶和氧化铝，不含黏合剂的硅胶称硅胶H；掺有黏合剂如煅石膏称为硅胶G；含有荧光物质的硅胶称为硅胶HF_{254}，可在波长为254nm的紫外光下观察荧光，而附着在光亮的荧光薄板上的有机化合物却呈暗色斑点，这样就可以观察到那些无色组分；既含煅石膏又含荧光物质的硅胶称为硅胶GF_{254}。氧化铝也类似地分为氧化铝G、氧化铝HF_{254}及氧化铝GF_{254}。除了煅石膏外，羧甲基纤维素钠也是常用的黏合剂。由于氧化铝的极性较强，对于极性物质具有较强的吸附作用，因而它适合于分离极性较弱的化合物（如烃、醚、卤代烃等）。而硅胶的极性相对较小，它适合于分离极性较大的化合物（如羧酸、醇、胺等）。

展开剂的极性差异对混合物的分离有显著影响。当被分离物各组分极性较强，经过层析后，如果混合物中各组分的斑点全部随溶剂爬升至最前沿，那么该溶剂的极性太强；相反，如果混合物中各组分的斑点完全不随溶剂的展开而移动，则该溶剂的极性太弱。应该指出，有时用单一溶剂不易使混合物分离，这就需要采用混合溶剂作展开剂。这种混合展开剂的极性常介于几种纯溶剂的极性之间。快捷寻找合适的展开剂可以按如下方法操作：先在一块薄展板上点上待分离样品的几个斑点，斑点间留有1cm以上的间距。用滴管将不同溶剂分别点在不同的斑点上，这些斑点将随溶剂向周边扩展形成大小不一的同心圆环。通过观察这些圆环的层次间距，即可大致判断溶剂的适宜性。

薄层色谱法有固定相涂布活化、点样、展开、显色和对照等几个操作环节。

薄层板固定相的涂布与活化。将5g硅胶G在搅拌下慢慢加入到12ml 1%的羧甲基纤维素钠（CMC）水溶液中，调成糊状。然后将糊状浆液倒在已洁净的载玻片上，用手轻轻振动，使涂层均匀平整，大约可铺8cm×3cm载玻片6~8块。室温下晾干，然后在110℃烘箱内活化0.5h。

薄板层析中的点样。用低沸点溶剂（如乙醚、丙酮或三氯甲烷等）将样品配成1%左右的溶液，然后用内径小于1mm的毛细管点样。点样前，先用铅笔在层析板上距末端1cm处轻轻画一横线，然后用毛细管吸取样液在横线上轻轻点样，如果要重新点样，一定要等前一次点样残余的溶剂挥发后再点样，以免点样斑点过大。一般斑点直径不大于2mm。如果在同一块薄层板上点两个样，两斑点间距应保持1.0~1.5cm为宜。干燥后就可以进行层析展开。

薄板层析中的展开。以层析缸作展开器，加入展开剂，其量以液面高度0.5cm为宜。在展开器中靠瓶壁放入一张滤纸，使器皿内易于达到气液平衡。滤纸全部被溶剂润湿后，将点过样的薄展板斜置于其中，使点样一端朝下，保持点样斑点在展开剂液面之上，盖上盖子，如图2-41。当展开剂上升至离薄展板上端约1cm处时，将薄展板取出，并用铅笔标出展开剂的前沿位置。待薄层板干燥后，便可观察斑点的位置。如果斑点无颜色，可将薄层板置放在装有几粒碘晶的广口瓶内盖上瓶盖。当薄层板上出现明显的暗棕色斑点后，即可将其取出，并马上用铅笔标出斑点的位置。然后计算各斑点的R_f值。

薄板层析中的显色。碘熏显色法是观察无色物质斑点的一种有效方法。因为碘可以与除烷烃和卤代烃以外的大多数有机物形成有色配合物。不过，由于碘会升华，当薄层板在空气中放置一段时间后，显色斑点就会消失。因此，薄层板经碘熏显色后，应马上用铅笔将显色斑点圈出。如果薄层板上掺有荧光

图2-41　薄层色谱装置

物质,则可直接在紫外灯下观察,化合物会因吸收紫外光而呈黑色斑点。

本实验用薄层色谱法分析对硝基苯胺和邻硝基苯胺。

样品分别用乙醇溶解;吸附剂用硅胶 G;展开剂用甲苯与乙酸乙酯二元溶剂,体积比 4:1。R_f 值,对硝基苯胺约 0.66,邻硝基苯胺约 0.44。

五、注意事项

(1)纸色谱法可检出微克级的痕迹量氨基酸,由于手指印含有一定量的氨基酸,可以被检出。因此,不能用手直接触摸分析用的纸,要用镊子钳夹滤纸边。

(2)氨基酸与显色剂茚三酮溶液在一定的温度(约 105℃)下能发生作用,所以必须充分加热烘干,显色才明显。

(3)柱色谱法中装柱时要轻轻不断地敲击柱子,以除尽气泡,不留裂缝,否则会影响分离效果。

(4)柱色谱法中装柱完毕后,在向柱中添加溶剂时,应沿柱壁缓缓加入,以免将表层吸附剂和样品冲溅泛起,覆盖在吸附剂表层的砂子也是起这个作用。

(5)薄板层析制板时,一定要将吸附剂逐渐加入到溶剂中,边加边搅拌。如果颠倒添加秩序,把溶剂加到吸附剂中,容易产生结块。

(6)薄板层析点样时,所用毛细管管口要平整,点样动作要轻快敏捷。否则易使斑点过大,产生拖尾、扩散等现象,影响分离效果。

五、思考题

1. 色谱法分离的原理是什么?

2. 哪些因素影响 R_f 的大小?

3. 什么是 R_f 值?为什么说 R_f 值是物质的特性常数?

4. 柱色谱法中柱子中若留有空气或填装不均匀,对分离效果有什么影响?应如何避免?

5. 薄板层析中点样斑点越小,分离效果越好,为什么?

第七节　有机化合物物理性质测定

有机化合物的物理性质包括物质状态、气味、颜色、熔点、沸点、比重、折光率、溶解度和比旋光度等,还包括红外光谱、核磁共振谱、紫外光谱和质谱等波谱性质。这些性质都是物质结构的反映,也就是物质结构决定物质性质,结构确定的物质就有确定的物理性质。有机化学实验中,通过测定物理常数可以鉴定化合物,以及大致判断化合物的纯度。本节安排 3 个实验。

实验十四　熔点测定与温度计校正

一、实验目的

1. 了解玻璃温度计的种类和校正方法。
2. 掌握熔点测定的意义和操作。

二、基本原理

（一）熔点及熔点测定方法

物质的熔点是指在一定大气压下物质的固相与液相共存时的温度。

大多数有机化合物的熔点都在400℃以下，较易测定。在有机化学实验及研究工作中，多采用操作简便的毛细管法测定熔点，所得的结果虽常略高于真实的熔点，但作为一般纯度的鉴定已经足够。

纯化合物从开始熔化（始熔）至完全熔化（全熔）的温度范围叫熔程，也叫熔点范围。每种纯有机化合物都有自己独特的晶形结构和分子间力，每种晶体物质都有独特的熔点。当达到熔点时，纯化合物晶体几乎同时崩溃，熔程很小，一般为0.5℃ ~ 1℃。不纯品即使有少量杂质存在时，其熔点一般总是降低，熔程增大。因此，从测定固体物质的熔点便可鉴定其纯度。

如测定熔点的样品为两种不同有机物的混合物，例如，肉桂酸及尿素，尽管它们各自的熔点均为133℃，但把它们等量混合，再测定其熔点时，则比133℃低很多，而且熔程较大。这种现象叫混合熔点下降，这种试验叫混合熔点试验，这是用来检验两种熔点相同或相近的有机物是否为同一种物质的最简便物理方法。

熔点测定有毛细管法、电热法等几种。其中毛细管法是最经典和较准确的方法，一般国家标准和药典中测定物质熔点大多采用毛细管方法。熔点测定的关键之一是温度计是否准确。

（二）温度计与温度计的校正

实验室用得最多的是水银温度计和有机液体温度计。水银温度计测量范围广、刻度均匀、读数准确，但玻璃管破损后会造成汞污染。有机液体（如乙醇、苯等）温度计着色后读数明显，但由于膨胀系数随温度而变化，故刻度不均匀，读数误差较大。

玻璃管温度计的校正方法有以下两种。

（1）与标准温度计在同一状况下比较：实验室内将被校验的玻璃管温度计与标准温度计插入恒温槽中，待恒温槽的温度稳定后，比较被校验温度计与标准温度计的示值。示值误差的校验应采用升温校验，因为对于有机液体来说它与毛细管壁有附着力，在降温时，液柱下降会有部分液体停留在毛细管壁上，影响读数准确。水银玻璃管温度计在降温时也会因摩擦发生滞后现象。

（2）利用纯质相变点进行校正：①用水和冰的混合液校正0℃；②用水和水蒸气校正100℃。

三、实验步骤

本实验采用毛细管法测定2～3个不同熔点的样品，每个样测定3次。

样品：乙酰苯胺（mp. 116℃）、不纯乙酰苯胺；尿素（mp. 132℃）、苯甲酸（mp. 122℃），尿素与苯甲酸的1∶1混合物；萘（mp. 80℃）、樟脑（mp. 179℃）。

1. 毛细管的选用 通常是用直径1.0～1.5mm，长约60～70mm一端封闭的毛细管作为熔点管。毛细管的拉制见实验一。

2. 样品的填装 取0.1～0.2g样品，置于干净的表面皿或玻片上，用玻棒或清洁小刀研成粉末，聚成小堆。将毛细管开口一端倒插入粉末堆中，样品便被挤入管中，再把开口一端向上，轻轻在桌面上敲击，使粉末落入管底。也可将装有样品的毛细管，反复通过一根长约40cm直立于玻板上的玻璃管，均匀地自由落下，重复操作，直至样品高约2～3mm。操作要迅速，以免样品受潮。样品应干燥，装填要紧密，如有空隙，不易传热。

3. 仪器装置 毛细管法测定熔点的装置有好几种，本实验介绍两种最常用的装置。

第一种装置，如图2-42（1）所示。首先，取一个100ml的高型烧杯，置于放有铁丝网的铁环上；在烧杯中放入一根玻璃搅拌棒，最好在玻棒底端烧一个环，使其上下搅拌，放入约60ml浓硫酸作为热浴液体。其次，将毛细管中下部用浓硫酸润湿后，将其紧附在温度计旁，样品部分应靠在温度计水银球的中部，并用橡皮圈将毛细管紧固在温度计上，如图2-42（2）。最后，在温度计上端套一软木塞或橡皮塞，并用铁夹挂住，将其垂直固定在离烧杯底约1cm的中心处。

第二种装置，如图2-43所示。利用Thiele管，又叫b形管、熔点测定管。将熔点测定管夹在铁座架上，装入浴液于熔点测定管中至高出上侧管约1cm为度，熔点测定管口配一缺口单孔软木塞或橡皮塞，温度计插入孔中，刻度应向软木塞或橡皮塞缺口。毛细管如同前法附着在温度计旁。温度计插入熔点测定管中的深度以水银球恰在熔点测定管的两侧管的中部为准。加热时，火焰须与熔点测定管的倾斜部分接触。这种装置测定熔点的好处是管内液体因温度差而发生对流作用，省去人工搅拌的麻烦，但常因温度计的位置和加热部位的

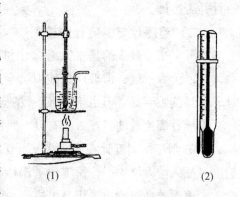

（1）　　　　　　　　（2）

图2-42　毛细管法测定熔点

变化而影响测定的准确度。

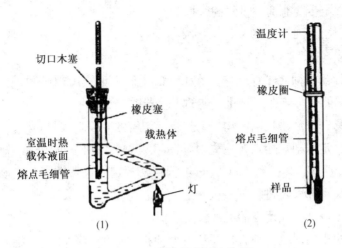

图 2-43 b 形管熔点测定装置

浴液：样品熔点在 220℃ 以下的可用液状石蜡或浓硫酸作为浴液。液状石蜡较为安全，但易变黄。浓硫酸价廉，易传热，但腐蚀性强，有机物与它接触易变黑，影响观察。白矿油是碳数比液状石蜡多的烷烃，可加热到 280℃ 不变色。其他还可用植物油、硫酸与硫酸钾混合物、磷酸、甘油、硅油等。

4. 熔点的测定 将提勒管垂夹于铁架上，按前述方法装配完毕，开始加热。

（1）升温速度的控制：开始时升温速度可较快，在距离熔点 15℃～20℃ 时，应减慢加热速度，距熔点 10℃ 时，控制在 1℃/min～2℃/min，掌握升温速度是准确测定熔点的关键，如加热速度太快，则误差较大，结果可能偏高，熔程增宽。因为升温太快，不能保证有充分时间让热量由管外传至管内，使固体融化。另一方面，观察者不能同时观察温度计所示度数和样品的变化情况而造成误差。

（2）始熔与全熔的判断：加热过程中，注意观察毛细管内样品的状态变化，将依次出现"发毛"、"收缩"、"液滴"、"澄清"等现象，发毛和收缩以及形成软质柱状物而无液化现象都不是"始熔"，只有当出现液滴（塌落，有液相产生）时才是"始熔"，全部样品变成透明澄清液体时为"全熔"，如图 2-44 所示。记录"始熔"与

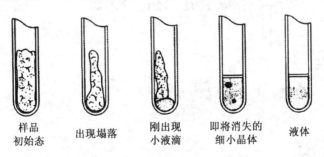

| 样品 | 出现塌落 | 刚出现 | 即将消失的 | 液体 |
| 初始态 | | 小液滴 | 细小晶体 | |

图 2-44 毛细管内样品状态变化过程

"全熔"时温度计上所示的温度，即为该化合物的熔程。

熔点测定，至少要有两次重复的数据。

四、注意事项

（1）被测样品应彻底干燥，熔点在135℃以上者可在105℃下干燥；熔点在135℃以下或受热分解的，可装在五氧化二磷的干燥器中干燥12h。

（2）测定易升华或易吸潮的物质，应将毛细管的开口端熔封。

（3）如果测定未知物熔点，应先对样品粗测一次，加热可稍快，知道大致熔点范围后，待浴温冷至熔点以下约30℃，再进行精密测定，连续进行几次测定时，也要待浴温降至熔点以下30℃再进行下一次测定。

（4）每次测定都必须用新的毛细管另装样品。

（5）若用橡皮圈固定毛细管，要注意勿使橡皮圈触及浴液，以免浴液被污染和橡皮圈被浴液所溶胀。

（6）浴液要待冷后方可倒回收瓶中，温度计不能马上用冷水冲洗，否则易破裂，可用废纸擦净。

（7）用浓硫酸作浴液时，应特别小心，不仅要防止灼伤皮肤，还要注意不要将样品或其他有机物触及硫酸，所以装样品时，沾在管外的样品需拭去。否则，硫酸的颜色变成棕黑色，妨碍观察。如已变黑，可酌加少许硝酸钠（或硝酸钾）晶体，加热后便可退色。

五、思考题

1. 加热快慢为什么会影响熔点？

2. 纯物质的熔点和不纯物质的熔点有何区别？两种熔点相同的物质等量混合熔点有什么变化？

3. 如何检验两种熔点相同或相近的有机物是否为同一种物质？

4. 普通玻璃温度计如何校正？

实验十五　折光率测定

一、实验目的

1. 了解折光仪的构造和折光率测定的原理。

2. 熟悉有机化合物折光率的测定方法。

二、实验原理

由于光在不同介质中的传播速度不同，所以光线从一个介质进入另一个介质，当它的传播方向与两个介质的界面不垂直时，则在界面处的传播方向发生改变。这种现象称光的折射现象，如图 2-45 所示。

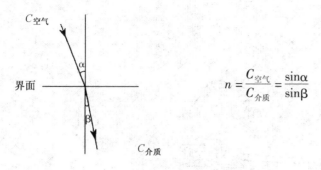

$$n = \frac{C_{空气}}{C_{介质}} = \frac{\sin\alpha}{\sin\beta}$$

图 2-45　光线从空气进入液体时向垂线偏折

光线在空气中的速度（$v_{空}$）与它在液体中的速度（$v_{速}$）之比定义为该液体的折光率（n）：

$$n = v_{空} / v_{速}$$

根据折射定律，波长一定的单色光，在确定的外界条件下，从一个介质进入另一个介质时，入射角 α 的正弦与折射角 β 的正弦之比和这两个介质的折光率成反比，若介质为真空，则其折光率为1，于是

$$n = \sin\alpha / \sin\beta$$

由此可见，一个介质的折光率就是光线从真空进入这个介质时的入射角的正弦与折射角的正弦之比，这种折光率成为该介质的绝对折光率。通常是以空气作为标准的。

折光率是化合物的特性常数，固体、液体和气体都有折光率，尤其是液体记载更为普遍。不仅作为化合物纯度的标志，也可用来鉴定未知物。如分馏时配合沸点，作为划分馏分的依据。化合物的折光率随入射光波长不同而改变，也随测定时温度不同而改变。通常温度升高 1℃，液态化合物折光率降低 $(3.5 \sim 5.5) \times 10^4$，所以折光率（$n$）的表示需要注出所用光线的波长和测定的温度，常用 n_D^t 来表示，D 表示钠光。

三、实验步骤

测定液态化合物折光率的仪器常使用 Abbe 折光仪。

（一）Abbe 折光仪的构造

Abbe 折光仪的主要组成部分是两块直角棱镜，上面一块是光滑的，下面的表面是磨砂的，可以开启。Abbe 折光仪的构造见图 2-46，左面有一个镜筒和刻度盘，上面刻有 1.3000 ~ 1.7000 的格子；右面也有一个镜筒，是测量望远镜用来观察折光情况的，筒内装消色散镜。光线由反射镜反射入下面的棱镜，以不同入射角射入两个棱镜之间的液层，然后再射到上面棱镜光滑的表面上，由于它的折射率很高，一部分光线可以再经折射进入空气而达到测量望远镜1，另一部分光线则发生全反射。调解螺旋以使测

量望远镜中的视野，如图 2 - 44 所示，即使明暗面的界线恰好落在"十"字交叉点上，记下读数，再让明暗界线由上到下移动，直至如图 2 - 47 所示，记下读数，如此重复5 次。

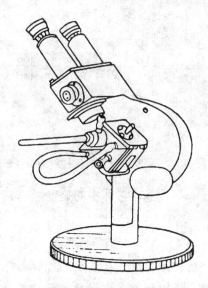

图 2 - 46　阿贝折光仪

（二）Abbe 折光仪的使用

1. 校正　Abbe 折光仪经校正后才能作测定用，校正的方法是：从仪器盒中取出仪器，置于清洁干净的台面上，在棱镜外套上装好温度计，用超级恒温水浴相连，通入恒温水，一般为 20℃ 或 25℃。当恒温后，松开锁钮，开启下面棱镜，使其镜面处于水平位置，滴入 1 ~ 2 滴丙酮于镜面上，合上棱镜，促使难挥发的污物溢走，再打开棱镜，用丝巾或擦镜纸轻轻揩拭镜面。但不能用滤纸！待镜面干后，进行校正标尺刻度。操作时严禁油手或汗手触及光学零件。

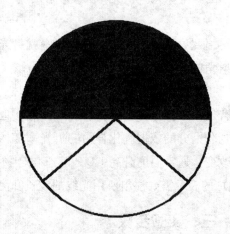

图 2 - 47　Abbe 折光仪在临界角时目镜视野图

（1）用重蒸馏水校正　打开棱镜，滴 1 ~ 2 滴重蒸馏水于镜面上，关紧棱镜，转动左面刻度盘，使读数镜内标尺读数等于重蒸馏水的折光率（$n_D^{20} = 1.33299$，$n_D^{25} = 1.3325$），调节反射镜，使入射光进入棱镜组，从测量望远镜重观察，使视场最亮，调节测量镜，使视场最清晰。转动消色散镜调节器，消除色散，再用一特制的小螺丝刀旋动右面镜筒下方的方形螺旋，使明暗界线和"十"字交叉重合，校正工作就告结束。

（2）用标准折光玻璃块校正　将棱镜安全打开使成水平，用少许 1 – 溴代萘（$n =$ 1.66）置光滑棱镜上，玻璃块就黏附于镜面上，使玻璃块直接对准反射镜，然后按上述步骤进行。

2. 测定　准备工作做好后，打开棱镜，用滴管把待测液体 2 ~ 3 滴均匀地滴在磨砂面棱镜上，要求液体无气泡并充满视场，关紧棱镜。转动反射棱镜使视场最亮。

轻轻转动左面的刻度盘，并在右镜筒内找到明暗分界线或彩色光带，再转动消色调节器，至看到一个明晰分界线。转动左面刻度盘，使分界线对准"十"字交叉点上，并读折光率，重复 2 ~ 3 次。

如果在目镜中看不到半明半暗，而是畸形的，这是因为棱镜间未充满液体；若出现弧形光环，则可能是有光线未经过棱镜面而直接照射在聚光透镜上；若液体折光率不在 1.3 ~ 1.7 范围内，则 Abbe 折光仪不能测定，也调不到明暗界线。

四、注意事项

（1）Abbe 折光仪在使用前后，棱镜均需用丙酮或乙醚洗净，并干燥之，滴管或其他硬物均不得接触镜面；擦洗镜面时只能用丝巾或擦镜纸吸干液体，不能用力擦，以防将毛玻璃擦花。

（2）用完后，要放尽金属套中的恒温水，拆下温度计并放在纸套筒中，将仪器擦净，放入盒中。

（3）折光仪不能放在日光直射或靠近热源的地方，以免样品迅速蒸发。仪器应避免强烈震动或撞击，以防光学零件损伤及影响精度。

（4）酸、碱等腐蚀性液体不得使用 Abbe 折光仪测其折光率，可用浸入式折光仪测定。

（5）折光仪不用时应放在木箱内，箱内需放入干燥剂；木箱应放在干燥空气流通的室内。

五、思考题

1. 物质的折光率与物质结构有什么关系？
2. 折光仪有哪几种校正方法？

实验十六　旋光度测定

一、实验目的

1. 了解旋光仪的构造。
2. 掌握物质旋光度的测定方法和比旋光度的计算。

二、实验原理

某些有机物因是手性分子，能使平面偏振光振动平面旋转而显旋光性。

比旋光度是物质特性常数之一，测定旋光度，可以检测旋光性物质的纯度和含量。测定旋光度的仪器叫旋光仪，市售的旋光仪有两种类型，一种是直接目测的，另一种是自动显示数值的。直接目测的旋光仪的基本结构如图 2 - 48 所示。

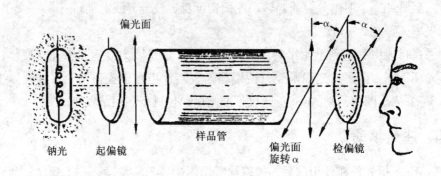

偏光面　　　　　　　　　　　　　　　　　　　α　　α

样品管

钠光　　起偏镜　　　　　　　　　　　偏光面　　检偏镜
　　　　　　　　　　　　　　　　　　　旋转 α

图 2 - 48　旋光仪示意图

光线从光源经过起偏镜，再经过盛有旋光性物质的旋光管时，因物质的旋光性致使偏振光不能通过第二个棱镜，必须转动检偏镜，才能通过。因此，要调节检偏镜进行配光，由标尺盘上转动的角度，可以指示出检偏镜的转动角度，即为该物质在此浓度时的旋光度。

物质的旋光度与溶液的质量浓度、溶剂种类、温度高低、旋光管长度和所用光源的波长等都有关系。因此常用比旋光度 $[\alpha]_\lambda^t$ 来表示物质的旋光性。

$$\text{纯液体的比旋光度} = [\alpha]_\lambda^t = \alpha / (\iota \times \rho)$$

$$\text{溶液的比旋光度} = [\alpha]_\lambda^t = \alpha / (\iota \times \rho_{样品}) \times 100$$

式中 $[\alpha]_\lambda^t$ 表示旋光性物质在 t℃、光源波长为 λ 时的比旋光度；t 为测定时的温度；λ 为光源的光波长；α 为标尺盘转动角度的读数（即旋光度）；ρ 为纯液体的密度；ι 为旋光管的长度（单位：dm）；$\rho_{样品}$ 为样品的质量浓度（即 100ml 溶液中所含样品的质量），单位为 g/ml。

三、实验步骤

1. 旋光仪零点的校正　在测定样品前，需要先校正旋光仪的零点。将盛液管洗净，左手拿住管子把它竖立，装上蒸馏水，使液面凸出管口，将玻璃盖沿管口边缘轻轻平推盖好，不能带入气泡，然后旋上螺丝帽盖，不漏水，不要过紧，过紧时会使玻璃盖产生扭力，如管内有空隙，影响测定结果。将样品管擦干，放入旋光仪内，罩上盖子，开启钠光灯，将标尺盘调至零点左右，旋转粗动、微动手轮，使视场内Ⅰ和Ⅱ

部分的亮度均一，记下读数。重复操作至少 5 次，取平均值，若零点相差太大时，应对仪器重新校正。

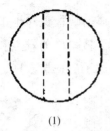 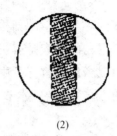 

(1)   (2)   (3)

图 2 - 49   三分视界式旋光仪中旋光的观察

为了准确判断旋光度的大小，通常在视野中分出三分视界，如图 2 - 49 所示。当检偏镜的偏振面与通过棱镜的光的偏振面平行时，通过母镜可看到图 2 - 49（3）所示（当中明亮，两旁较暗）；当检偏镜的偏振面与起偏镜的偏振面平行时，可看到图 2 - 49（2）所示（当中较暗，两旁明亮）；只有当检偏镜的偏振面处于 $1/2\varphi$（半暗角）的角度时，可看到图 2 - 49（1）所示，这一位置作为零度。

2. 旋光度的测定   准确称取 2.5g 样品（如葡萄糖）放在 10ml 容量瓶中配成溶液，依上法测定其旋光度（测定之前必须用溶液洗旋光管 2 次，以免受污物影响）。这时所得的读数与零点之间的差值即为该物质的旋光度。记下样品管的长度及测定时溶液的温度，然后按公式计算其比旋光度。

四、注意事项

（1）对观察者来说偏振面顺时针的旋转为向右（+），这样测得的 $+\alpha$，既符合右旋 α，也可能是 $\alpha \pm n \times 180°$ 的所有值，因为偏振光面在旋光仪中旋转 α 度后，它所在的平面和从这个角度向左或向右旋转 n 个 180° 后所在平面完全重合。所以观察值在为 α 时，实际角度可以是 $\alpha \pm n \times 180°$。例如读数为 $+38°$，实际读数为 218°、398° 或 −142° 等。因此，在测定一个未知物时，至少要作改变浓度或盛液管长度的测定。如观察值为 38°，在稀释 5 倍后，读数为 $+7.6°$，则此未知物的 α 应为 $7.6° \times 5 = 38°$。

（2）实验室内也用自动旋光仪，该仪器系采用光电检测器及晶体管自动显示数值装置，灵敏度高，对目测旋光仪难于分析的低旋光度样品也可测定，但仅适用于比较法。

五、思考题

1. 如何校正旋光仪零点?
2. 旋光度为 0 的物质可能是什么物质?

第八节 有机化合物分子模型搭建

有机化学中的手性分子、分子对称性、对映异构、环己烷构象和正丁烷构象等涉及分子构象异构和构型异构等立体异构的内容是有机化学教学中的难点和重点，理论较为抽象。通过搭建分子模型，可以帮助理解分子中各原子的连接次序、方式和在空间的伸展情况，了解结构对性质的影响关系等。本节安排 1 个实验。

实验十七 分子模型搭建

一、实验目的

1. 通过搭建有机分子的球棒模型加深对有机分子立体结构的理解。
2. 了解球棒模型搭建的技巧。

二、搭建分子模型的意义

搭建有机化合物的分子模型，不仅对理解与掌握有机化合物的结构有很大帮助，而且可以进一步明确有机化合物分子中各原子的空间伸展情况，这对于了解有机化合物结构与性质之间的关系有重要的意义。

通常采用的分子模型是克库勒（Kekule）分子模型。构成这种分子模型时，常利用各种颜色的球代表各种原子，例如黑球代表碳原子，白球代表氢原子，红球代表氧原子等；各种球（原子）之间用木棒相连。因为在各种球上根据它们所代表的原子与其他原子成键时的键角加以钻孔，所以当各种原子相连时便能把有机物分子中原子在空间的位置表示出来。

三、实验内容

1. 构成甲烷和二氯甲烷的球棒模型。它们有对称中心吗？有对称面吗？各有多少？
2. 构成乙烷分子的两种构象：重叠式和交叉式，画出它们的纽曼投影式。乙烷分子的交叉构象有对称中心吗？有对称面吗？如有，各有多少？乙烷分子的重叠构象有对称中心吗？有对称面吗？如有，各有多少？
3. 构成正丁烷的构象。首先使所有 C—C 键都成重叠构象（C_2—C_3 键为全重叠构象），沿 C_2—C_3 键轴观察：画出其纽曼投影式，此时分子有对称面或对称中心吗？如有，有几个？

再使所有 C—C 键都成交叉式构象（C_2—C_3 键为对位交叉构象）。沿 C_2—C_3 键轴观察：画出其纽曼投影式，此时分子有对称面或对称中心吗？如有，有几个？比较这两种现象，哪一种更稳定？

4. 构成环己烷分子的船式和椅式两种构象。

（1）首先观察椅式环己烷：

a. 六个碳原子是否在同一平面上？

b. 相邻碳原子之间的构象是交叉型还是重叠型？

c. 画出它的立体透视图，标出哪些是平伏键（e 键），哪些是直立键（a 键）。

d. 将此椅式构象翻转为另一椅式构象，观察原来的 e 键是否都变为 a 键，原来的 a 键是否变为 e 键。

（2）其次观察船式环己烷：

a. 画出其立体透视图，把碳环编号。

b. 分别指出相邻碳原子之间属什么构象。

（3）船式和椅式两种构象，哪种稳定，为什么？

5. 构成 1，2 - 二氯环己烷椅式构象。

d. 先使两个 C—Cl 键都成 e 键，此时分子是否有对称面？

b. 再把此种椅式翻转为另一椅式，此时 C—Cl 键变为 a 键，观察此分子有否对称面？并注意氯原子对于假想的分子平面的相对位置是否改变。

c. 再使两个 C—Cl 键，一个为 a 键，一个为 e 键，此时分子是否有对称面？

6. 构成乳酸分子的对映体分子模型，两模型能重合吗？调换任一模型两基团的位置，所得的两模型能重合吗？它们是否具有对称因素？

7. 组成一对外消旋酒石酸及内消旋酒石酸的分子模型，表面看来有对映关系的两个内消旋酒石酸能否重合？分别写出它们的费歇尔投影式，用 R、S 构型标示法标明手性碳原子的构型；它们是否有对称中心？是否有对称面？有几个？

8. 组成顺 - 2 - 丁烯和反 - 2 - 丁烯的分子模型，体会产生顺反异构现象的原因，它们是否有对称中心？是否有对称面？有几个？它们能否重合？并写出它们的投影式。

以表格形式完成以上作业。

化合物	结构式	对称中心	对称面	旋光性	回答问题

第三章

基本有机合成实验

第一节 烃

烃类化合物分为脂肪烃和芳香烃，脂肪烃又分为烷烃、烯烃和炔烃。烷烃主要来自于天然气和石油。芳香烃主要来源于煤焦油和石油。烯烃在工业上主要由石油裂解和催化脱氢制取。实验室中烯烃主要由醇的脱水及卤代烃的脱卤化氢来制备。

醇的脱水可以用氧化铝等在350℃~500℃进行催化脱水，也可用硫酸、无水氯化锌、磷酸、对甲苯磺酸、三氯化铁、分子筛等来催化脱水。大多数脱水是按照 Saytzeff 规则进行的。结构不同的醇脱水的难易程度不同，其相对反应速率是：叔醇＞仲醇＞伯醇。此反应是可逆反应，为了提高产率，需不断将反应生成的低沸点烯烃从反应体系中蒸馏出来。由于高浓度的硫酸还会导致烯烃的聚合和分子间脱水，以及碳架的重排。因此，脱水反应中的主要副产物是烯烃的聚合物和醚。

$$CH_3CH_2OH \xrightarrow[350\sim360℃]{Al_2O_3} CH_2 = CH_2 + H_2O$$

电石法是实验室制备乙炔的主要方法。为使乙炔平稳而均匀地产生，使用饱和食盐水代替水效果更好。

$$CaC_2 + 2H_2O \longrightarrow C_2H_2 + Ca(OH)_2$$

本节安排1个实验。

实验十八 环己烯

一、实验目的

1. 掌握以浓硫酸催化环己醇脱水制取环己烯的原理和方法。

2. 了解分馏的原理，熟悉分馏和水浴蒸馏的基本操作技能。

二、实验提要

环己烯常用在医药、农药和高聚物的合成中，如合成赖氨酸、环己酮、苯酚、聚环烯树脂、氯代环己烷、橡胶助剂、环己醇原料等，另外还可作为溶剂、石油萃取剂、高辛烷值汽油稳定剂，是一种重要的有机化合物。目前工业上采用硫酸或磷酸催化的液相脱水法或苯的部分氢化来制备。对甲苯磺酸是固体有机酸，相对无机酸而言，具有经济、环保、使用安全、对设备腐蚀小和副反应少的优点，是替代硫酸的良好催化剂。

反应历程经过一个二级碳正离子，该碳正离子可以失去质子而成烯，也可与酸的共轭碱反应或与醇反应生成醚。环己烯沸点较低，可采取一边反应一边蒸出产物的方法，提高产率，抑制副反应的发生。

$$\text{OH} \xrightarrow{H^-} \text{OH}_2^+ \rightleftharpoons [\quad]^+ + H_2O \rightleftharpoons \quad + H_3O^+$$

三、反应式

$$\text{OH} \xrightarrow[\Delta]{H_2SO_4} \quad + H_2O$$

四、仪器与试剂

仪器：圆底烧瓶（100ml、50ml）各一个；分馏装置1套；常压蒸馏装置1套；0℃~100℃玻璃温度计1支；烧杯；量筒（5ml、50ml）各一个；分液漏斗；三角漏斗。

试剂：环己醇21ml（20g，0.2mol）；浓硫酸1ml；粗盐；5%碳酸钠溶液；无水氯化钙。

五、操作步骤

在100ml干燥的圆底烧瓶中，放入21ml环己醇（20g，0.2mol）、1ml浓硫酸充分振摇使之摇匀后，再加入2~3粒沸石。烧瓶连上分馏柱作分馏装置（图2–22），用50ml锥形瓶作接收器，外用冰水冷却。将烧瓶在电热套或石棉网上用小火慢慢加热，控制加热速度，使分馏柱上端的温度不要超过90℃。当圆底烧瓶中只剩下很少量的残渣并出现阵阵白雾时，即可停止蒸馏。蒸馏时间约需1h。

将馏出液用粗盐饱和，然后加入 3~4ml 5% 碳酸钠溶液中和微量的酸。将此液体倒入分液漏斗中，振摇后静置（图 2-16）。等两层液体分层清晰后，将下层水溶液自漏斗活塞放出，上层的粗产物自漏斗的上口倒入干燥的小锥形瓶中，加入无水氯化钙干燥。用塞子塞好，放置 0.5h（时时振摇）。将干燥后的粗环己烯通过置有一小块棉花的小漏斗（滤去氯化钙），直接滤入干燥的蒸馏瓶中，加入沸石后用加热包或水浴加热蒸馏［如图 2-20 (2)］。收集 80℃~85℃ 的馏分于一已称重的干燥小锥形瓶中。若在 80℃ 以下已有多量液体馏出，可能是由于干燥不够完全所致（氯化钙用量过少或放置时间不够），应将这部分产物重新干燥并蒸馏之。称重，计算收率。

六、附注与注意事项

1. 也可用磷酸作为催化剂，其用量必须是硫酸的 1 倍以上。它比硫酸的反应活性低很多，对于反应物的破坏要小得多，且不产生难闻气体（用硫酸易生成 SO_2 副产物）。

2. 环己醇在常温下是黏稠液体（熔点 24℃），因而若用量筒量取（约 21ml）时应注意转移中的损失。环己醇与硫酸应充分混合，否则在加热过程中可能会局部炭化。

3. 最好用油浴加热，使蒸馏瓶受热均匀。由于反应中环己烯与水形成共沸物（沸点 70.8℃，含水 10%），环己醇与环己烯形成共沸物（沸点 64.9℃，含环己醇 30.5%），环己醇与水形成共沸物（沸点 97.8℃，含水 80%）。因此，在加热时温度不可过高，蒸馏速度不宜太快。以减少未作用的环己醇蒸出。

4. 分液时，水层应尽可能分离完全，否则将增加无水氯化钙的用量，使产物更多地被干燥剂吸附而招致损失。这里用无水氯化钙干燥较适宜，因它还可除去少量环己醇。

5. 在蒸馏已干燥的产物时，蒸馏所用仪器都应充分干燥。

6. 浓硫酸是一种腐蚀性很强的酸，使用时必须小心。如万一不慎溅在皮肤上，应立即用大量冷水冲洗。

主要原料及产品的物理常数见表 3-1。

表 3-1　主要原料及产品的物理常数

名称	分子量	物态	密度	熔点，℃	沸点，℃	折光率	溶解度		
							水	乙醇	乙醚
环己醇	100.16	黏稠液体	$0.9624^{20/4}$	25.5	161.1	1.4641^{20}	溶	溶	溶
环己烯	82.15	无色液体	$0.8102^{20/4}$	-103.5	83	1.4465^{20}	不溶	溶	溶

七、思考题

1. 在粗制的环己烯中，加入精盐使水层饱和的目的何在？

2. 在制备过程中为什么要控制分馏柱顶部的温度？

3. 无水氯化钙作为干燥剂，除了除去水分，还有其他作用吗？

4. 下列醇用浓硫酸进行脱水反应时，主要产物是什么？

(1) 3 - 甲基 - 1 - 丁醇 (2) 3 - 甲基 - 2 - 丁醇 (3) 3，3 - 二甲基 - 2 - 丁醇。

第二节　卤　代　烃

卤代烃一般很少存在于自然界中，主要靠化学合成制备。

在实验室中一般以醇为原料，通过亲核取代反应来制备饱和烃的一卤代物。在一般情况下，醇中羟基不能直接被卤素取代。这是由于取代后生成强碱性的氢氧根离子，这种取代反应在能量上是不利的。因此，用醇为作用物的亲核取代反应是在酸性介质中进行，在这样的反应条件下，醇首先快速质子化，然后非常稳定的水分子通过 S_N1 或 S_N2 机理被取代。这种取代在能量上极为有利，一般有较高的产量。

醇和氢卤酸的反应是一个可逆反应。为了使反应平衡向右方移动，可增加醇或氢卤酸的浓度，也可设法不断除去生成的卤代烷或水，或者两者并用。此方法常用于制备溴代烷，一般不适于氯代烷和碘代烷。制备氯代烷时，叔醇可以直接与浓盐酸在室温下作用，但伯醇或仲醇则需在无水氯化锌存在下与浓盐酸作用。也可用三氯化磷或氯化亚砜与伯醇作用来制备氯代烷。碘代烷则通常用赤磷和碘（在反应时相当于三碘化磷）与醇作用制备。

邻二卤代烷烃（卤素为 Cl，Br）最常用的制法就是由烯烃与氯或溴直接加成。而卤代芳香烃可由芳香烃直接卤化或者由重氮盐卤代制备。

本节安排 3 个实验。

实验十九　正溴丁烷

一、实验目的

1. 掌握制备正溴丁烷的原理和方法。

2. 熟悉带有吸收有害气体的回流装置及分液漏斗的洗涤操作。

3. 掌握阿贝折光仪的使用方法。

二、实验提要

正溴丁烷的制备是将相应的醇在浓硫酸存在下与浓氢溴酸共热制得，对于伯醇，这类反应是按 S_N2 机理进行的。

$$CH_3CH_2CH_2CH_2OH + H^+ \rightleftharpoons CH_3CH_2CH_2CH_2-\overset{+}{O}\overset{H}{\underset{H}{}}$$

$$CH_3CH_2CH_2CH_2-\overset{+}{O}\overset{H}{\underset{H}{}} + Br^- \rightleftharpoons CH_3CH_2CH_2CH_2Br + H_2O$$

本实验主反应为可逆反应，提高收率的方法是让氢溴酸过量，并用溴化物（常用溴化钠或溴化钾）与过量浓硫酸代替氢溴酸，边生成氢溴酸边参与反应。这样可以提高氢溴酸的利用率。

$$NaBr + H_2SO_4 \longrightarrow HBr + NaHSO_4$$

浓硫酸在此反应中除与溴化钠作用生成氢溴酸外，还作为脱水剂使平衡向右移动，同时又作为氢离子的来源以增加质子化醇的浓度。但硫酸的存在往往会导致两个重要的副反应。它可与醇反应生成硫酸氢酯。

$$CH_3CH_2CH_2CH_2OH + H_2SO_4 \rightleftharpoons CH_3CH_2CH_2CH_2OSO_3H + H_2O$$

此反应是可逆的，当溴代烷生成时醇的浓度降低，平衡向左移动生成醇，因此硫酸氢酯的生成不会直接影响产量。但当加热时，硫酸氢酯会发生消除反应生成烯烃，同时还可以与另一分子醇反应生成醚。这两个副反应都会消耗醇而使溴代烷的产量降低。

$$CH_3CH_2CH_2CH_2OSO_3H \xrightarrow{\Delta} CH_3CH_2CH=CH_2 + H_2SO_4$$

$$CH_3CH_2CH_2CH_2OSO_3H + CH_3CH_2CH_2CH_2OH \longrightarrow (CH_3CH_2CH_2CH_2)_2O$$

反应中，为防止反应物醇被蒸出，需采用回流装置；为防止 HBr 逸出污染环境，需安装气体吸收装置。反应结束后进行粗蒸馏，一方面可分离生成的产品正溴丁烷，便于后面的洗涤操作；另一方面，粗蒸过程可进一步使反应趋于完全。

三、反应式

主反应：

$$NaBr + H_2SO_4 \longrightarrow HBr + NaHSO_4$$

$$CH_3CH_2CH_2CH_2OH + HBr \rightleftharpoons CH_3CH_2CH_2CH_2Br + H_2O$$

副反应：

$$2n\text{-}C_4H_9OH \longrightarrow (n\text{-}C_4H_9)_2O + H_2O$$

$$CH_3CH_2CH_2CH_2OH \longrightarrow CH_3CH_2CH=CH_2 + H_2O$$

四、仪器与试剂

仪器：100ml 圆底烧瓶；回流装置 1 套；气体吸收装置 1 套；常压蒸馏装置 1 套；0℃ ~100℃玻璃温度计 1 支；烧杯；20ml 量筒 2 个；分液漏斗；三角漏斗。

试剂：正丁醇 2ml（9.7g，0.13mol）；溴化钠 16.5g（0.16mol）；浓硫酸；饱和碳酸氢钠溶液；2%氢氧化钠溶液；5%碳酸钠溶液；无水氯化钙。

五、操作步骤

在 100ml 圆底烧瓶上安装回流冷凝管，冷凝管的上口接一气体吸收装置 ［图 2 - 10 (3)］，用 2%的氢氧化钠溶液作吸收液（注意：勿使漏斗全部埋入水中，以免倒吸）。

在圆底烧瓶中加入 14ml 水，小心分批加入 19ml 浓硫酸，混合均匀后冷至室温。再依次加入 12ml 正丁醇（9.7g，0.13mol）和 16.5g（0.16mol）研细的溴化钠，充分振摇后加入几粒沸石，连上气体吸收装置。将烧瓶置于加热套加热至沸，使反应物保持沸腾而又平稳地回流。由于无机盐水溶液有较大的相对密度，不久会产生分层，上层液体即是正溴丁烷。回流约需 45min，待反应液稍冷后，拆去回流装置，再加入 2 粒沸石，改成蒸馏装置 ［图 2 - 20 (2)］，蒸出粗产物正溴丁烷。

将馏出液移至分液漏斗中（图 2 - 16），加入 10ml 水洗涤（产物在下层）。产物转入另一干燥的分液漏斗中，用 8ml 的浓硫酸洗涤。尽量分去硫酸层（下层）。有机层再依次用水、饱和碳酸氢钠溶液和水各 10ml 洗涤，洗涤至有机层显中性为止。将粗产物盛于干燥的 50ml 锥形瓶中，加入适量的黄豆颗粒大小的无水氯化钙，间歇振摇锥形瓶，直至液体清亮为止（干燥约 1h）。

将干燥好的粗产物滤入蒸馏瓶中 ［图 2 - 20 (2)］，加入沸石装上蒸馏头后，加热蒸馏，收集 99℃ ~103℃的馏分。称重，计算收率。测定折光率。

六、附注与注意事项

1. 加料时，先加水再加浓硫酸，待酸液冷却后再依次加入正丁醇、溴化钠。加完物料后要充分摇匀，防止硫酸局部过浓，加热时发生氧化副反应，使溶液颜色变深。

2. 正溴丁烷是否蒸完，可从下列几方面判断：馏出液是否由浑浊变为澄清；反应瓶上层油层是否消失；取一试管收集几滴馏出液，加水摇动，观察有无油珠出现，如无，表示馏出液中已无有机物，蒸馏完成。蒸馏不溶于水的有机物时，常用此法检验。

3. 如水洗后产物尚呈红色，是由于浓硫酸的氧化作用生成游离溴的缘故，可加入适量饱和亚硫酸氢钠溶液洗涤除去。

$$2NaBr + 3H_2SO_4(浓) \longrightarrow Br_2 + SO_2 + 2H_2O + 2NaHSO_4$$

$$Br_2 + 3NaHSO_3 \longrightarrow 2NaBr + NaHSO_4 + 2SO_2 + H_2O$$

4. 粗的正溴丁烷中含有少量的副产物正丁醚及未反应的正丁醇等杂质，它们都能溶于浓硫酸而被除去。

5. 各步洗涤，必须注意何层是有机层，可根据水溶性判断。

主要原料及产品的物理常数见表3－2。

表3－2　主要原料及产品的物理常数

| 名称 | 分子量 | 物态 | 密度 | 熔点（℃） | 沸点（℃） | 折光率 | 溶解度 | | |
							水	乙醇	乙醚
正丁醇	74.12	无色液体	$0.8098^{20/4}$	-89.2	117.7	1.3993^{20}	7.9^{20}	∞	∞
正溴丁烷	137.03	无色液体	$1.2758^{20/4}$	-112	101.6	1.4401^{20}	不溶	∞	∞

七、思考题

1. 加料时，是否可以先使溴化钠与浓硫酸混合，然后加正丁醇及水？为什么？

2. 反应后的粗产物可能含有哪些杂质？如何除去？

3. 用分液漏斗洗涤产物时，正溴丁烷时而在上层，时而在下层，如不知道产物的密度时可用什么简便的方法加以判别？

4. 用分液漏斗洗涤产物时，为什么振摇后要及时放气？应如何操作？

5. 用无水氯化钙干燥脱水，二次蒸馏时为什么要先除去氯化钙？

实验二十　溴苯

一、实验目的

1. 熟悉溴苯的制备原理和方法。
2. 掌握回流和蒸馏实验操作技术。

二、实验提要

芳香族卤代物的制备常用卤素（氯或溴）在催化剂（如三卤化铁或铁屑）的作用下与芳香烃通过亲电取代反应将卤原子引入苯环。

在路易斯酸的催化下，溴可以和苯或取代苯发生亲电取代反应。苯环上的氢被溴取代，生成溴苯和溴化氢：

常用的催化剂有三溴化铁，三溴化铝等。本实验用铁屑作催化剂，但实际起催化作用的是三溴化铁。反应如下：

$$2Fe + 3Br_2 \longrightarrow 2FeBr_3$$

$$FeBr_3 + Br_2 \longrightarrow \ddot{B}r : \ddot{B}r : FeBr_3 \longrightarrow Br^+ + [FeBr_4]^-$$

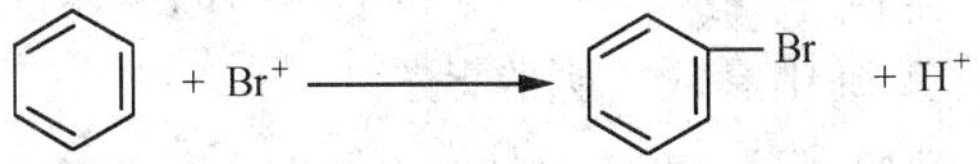

$$H^+ + [FeBr_4]^- \longrightarrow FeBr_3 + HBr$$

溴苯可以进一步被取代，生成二溴苯（以对位产物为主）和多溴苯。根据不同的目的，控制反应物的比例及反应条件，可以得到某一产物。如增大苯的用量，有利于溴苯的形成，增大溴的用量则有利于多元取代。本实验溴苯的制备是一个放热反应。在操作中，为了避免反应温度过高导致反应过于剧烈，同时抑制副产物二溴苯的生成，一般使用过量的苯和控制溴的滴加速度的方法。水的存在会使反应难于进行，甚至不能进行，故所用的原料必须是无水的，所用的仪器必须是干燥的。

苯（b. p. 80℃）、溴苯（b. p. 156℃）和对二溴苯（b. p. 220℃），三者的沸点相差甚大，但使用普通蒸馏法蒸馏一次仍很难完全分开。因此，实验所得溴苯的沸点范围较宽。蒸去溴苯后的残液经95%乙醇重结晶得对二溴苯。

溴苯和对二溴苯都用作有机合成原料。

三、反应式

主反应：

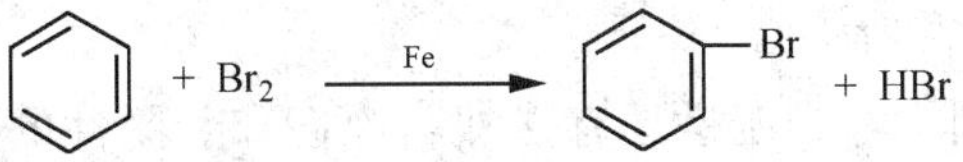

副反应：

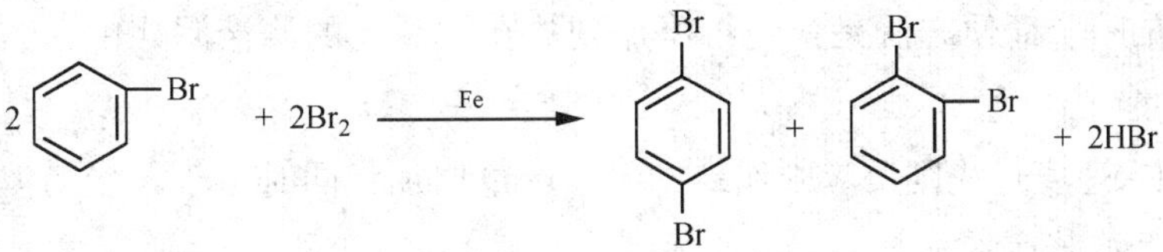

四、仪器与试剂

仪器：250ml 三口烧瓶；回流装置 1 套；气体吸收装置 1 套；常压蒸馏装置 1 套；玻璃温度计，0℃~100℃和0℃~200℃各1支；烧杯；量筒，10ml 和20ml 各1个；分液漏斗；三角漏斗；抽滤装置 1 套；锥形瓶。

试剂：无水苯 11.5ml（10g，0.13mol）；铁粉 0.3g；溴 5.2ml（16g，0.1mol）；10% 氢氧化钠溶液；2% 氢氧化钠溶液；无水氯化钙。

五、操作步骤

在 250ml 三口烧瓶上，分别装上温度计和干燥的滴液漏斗，中间口装干燥的球形冷凝管。冷凝管顶端连接溴化氢气体吸收装置［图 2 – 11（2）］。在三口烧瓶内加入 11.5ml 无水苯（10g，0.13mol）和 0.3g 铁屑，滴液漏斗中加入 5.2ml 溴（16g，约 0.1mol）。

在三口烧瓶中先滴入约 1ml 溴，不摇动，片刻后反应即开始（必要时可用水浴温热），可观察到有溴化氢气体逸出。启动搅拌，慢慢滴入余下的溴，使溶液保持微沸（约 30min 加完）。加完溴后，再用水浴（70℃ ~ 80℃）加热回流 15min，直到无溴化氢气体逸出为止。向反应瓶内加入 30ml 水，振摇后，抽滤除去少量铁屑。粗产物转入分液漏斗分去水层，再依次用 20ml 水、10ml 10% 氢氧化钠溶液、20ml 水洗涤。转到干燥的锥形瓶中，无水氯化钙干燥（最好过夜）。滤去氯化钙，先蒸去未反应完的苯［图 2 – 20（2）］，然后再加热，当温度上升至 135℃ 时，换成空气冷凝管［图 2 – 20（4）］（为什么？）。收集 140℃ ~ 170℃ 的馏分。将此馏分再蒸一次，收集 150℃ ~ 160℃ 的馏分。称重，计算收率。

纯粹溴苯的沸点为 156℃，折光率 1.5597。

六、附注与注意事项

1. 实验仪器必须干燥，否则反应开始很慢，甚至不起反应。实验开始前应检查仪器装置是否严密，滴液漏斗必须重新涂好凡士林。

2. 苯需用无水氯化钙干燥。

3. 量取溴时要特别小心。溴是具有强烈腐蚀性和刺激性的物质，因此在量取时必须在通风橱中进行，并带上防护手套。如不慎触及皮肤时，应立即用水冲洗，再用甘油按摩后涂上油膏。

量取溴的一个简便方法是：先将溴加到放在铁圈上的滴液漏斗中，然后再根据需要的量滴到量筒中。

4. 溴加入速度过快则反应剧烈，二溴苯产量增加，同时由于较多的溴和苯随溴化氢逸出而降低溴苯产量。

5. 滴加溴时，可间歇停止搅拌，以观察反应液是否微沸。

6. 本实验也可用水蒸气蒸馏法纯化。反应混合物改用水汽蒸馏，收集最初蒸出的油状物（含苯、溴苯及水），直到冷凝管中有对二溴苯结晶出现为止。再换另一个接收器，至不再有二溴苯蒸出为止。此法的优点是：溴苯与二溴苯的分离比较彻底；溶于溴苯的溴在水蒸气馏时大部分进入水层，因此溴苯层就不必再用稀碱液洗涤。其缺点是：操作时间较长。

7. 水洗涤主要是除去三溴化铁、溴化氢及部分溴，如未洗涤完全，则用氢氧化钠溶液洗涤时，会产生胶状的氢氧化铁沉淀，难以分层清楚。

8. 由于溴在水中溶解度不大，需用氢氧化钠溶液将其洗去，其反应式如下：

$$3Br_2 + 6NaOH \longrightarrow 5NaBr + NaBrO_3 + 3H_2O$$

9. 蒸馏残液中含有邻二溴苯与对二溴苯。将残液趁热倒在表面皿上，凝固后用滤纸吸去邻二溴苯。固体用乙醇重结晶：即将固体置于 25ml 锥形瓶中，在热水浴加热下滴入乙醇，直至固体全部溶解后，再多加乙醇 0.5～1ml，稍冷后，加少许活性炭，在水浴上微热半分钟，然后用置有折叠滤纸的小漏斗过滤。滤液冷却后即析出白色片状结晶，用玻璃钉漏斗和吸滤管抽气过滤，产物干燥后测熔点。纯粹对二溴苯的熔点为 87.33℃。

10. 二次蒸馏可除去夹杂的少量苯，得较纯的溴苯。

主要原料及产品的物理常数见表 3－3。

表 3－3 主要原料及产品的物理常数

名称	分子量	物态	密度	熔点,℃	沸点,℃	折光率	溶解度		
							水	乙醇	乙醚
苯	78.12	无色液体	$0.8765^{20/4}$	5.5	80.1	1.5011^{20}	不溶	溶	溶
溴	159.82	棕红色发烟液体	$3.12^{20/4}$	-7.3	58.8		稍溶	溶	溶
溴苯	157.01	无色液体	$1.4950^{20/4}$	-30.8	156.43	1.5597^{10}	不溶	可溶	可溶

七、思考题

1. 在本实验中，哪种试剂过量？为什么？如何尽量减少二溴化物的生成？在本实验中如果生成 5g 二溴化物，那么溴苯的最高产量是多少？

2. 在实验室中操作类似溴这样一些具有腐蚀和刺激性的药品时，应注意什么事项？一旦皮肤沾到溴后应如何处理？

3. 氯、溴、碘同苯反应的速度快慢次序如何？为什么？

实验二十一 对氯甲苯

一、实验目的

1. 熟悉重氮化法制备对氯甲苯的原理和方法。

2. 掌握萃取的原理和操作技术。

3. 巩固水蒸气蒸馏及折光率测定等基本操作。

二、实验提要

芳香族伯胺在强酸性介质中与亚硝酸作用生成重氮盐的反应，称为重氮化反应。

$$ArNH_2 + NaNO_2 + 2HX \xrightarrow{0 \sim 5℃} ArN \equiv N : X^- + 2H_2O + NaX$$

这是芳香伯胺特有的性质，生成的化合物 $ArN_2^+ X^-$ 称为重氮盐。与脂肪重氮盐不同，芳香重氮盐中，重氮基上的 π 电子可以同苯环上的 π 电子重叠，共轭作用使稳定性增加。因此，芳香重氮盐可在冰浴温度下制备和进行反应，作为中间体用来合成多种有机化合物，无论在工业上或实验室制备中都具有很重要的价值。

重氮盐的用途很广，其反应可分为两类。一类是失氮反应，重氮基被—H，—OH，—F，—Cl，—Br，—CN，—NO$_2$ 等基团取代，制备相应的芳香族化合物；另一类是留氮反应，即重氮盐与相应的芳香胺或酚类起偶联反应，生成偶氮染料，在染料工业中占有重要的地位。甲基橙、对位红就是通过偶联反应来制备的。

本实验利用对甲苯胺，通过重氮化反应生成对甲基氯化重氮苯，再通过 Sandmeyer 反应，即在氯化亚铜的催化下与盐酸作用生成对氯甲苯。采用这种方法制备对氯甲苯比用甲苯直接氯代产量好、纯度高，而且设备要求不高。

该反应的关键在于相应的重氮盐与氯化亚铜能否形成良好的复合物。在实验中，重氮盐与氯化亚铜以等物质的量混合。由于氯化亚铜在空气中易被氧化，故氯化亚铜以新鲜制备为宜。重氮盐久置易分解，因此制备反应应尽可能地在较短时间内完成，然后再立即混合。在操作上是将冷的重氮盐溶液慢慢倒入较低温度的氯化亚铜溶液中。

三、反应式

$$2CuSO_4 + 2NaCl + NaHSO_3 + NaOH \longrightarrow 2CuCl \downarrow + 2Na_2SO_4 + NaHSO_4 + H_2O$$

四、仪器与试剂

仪器：250ml 圆底烧瓶；加热装置 1 套；搅拌装置 1 套；常压蒸馏装置 1 套；

0℃ ~100℃ 玻璃温度计 1 支；150ml 三口烧瓶；滴液漏斗；烧杯；量筒，10ml 和 20ml 各 1 个；分液漏斗；三角漏斗；抽滤装置 1 套；锥形瓶。

试剂：结晶硫酸铜 15g（0.06mol）；氯化钠 4.5g（0.08mol）；亚硫酸氢钠 3.5g（0.033mol）；氢氧化钠 2.3g（0.058mol）；浓盐酸 15ml（0.18mol）；对甲苯胺 5.4g（0.05mol）；亚硝酸钠 3.8g（0.055mol）；苯 10ml；10% 氢氧化钠溶液；浓硫酸；无水氯化钙。

五、操作步骤

1. 氯化亚铜的制备　在 250ml 圆底烧瓶中加入 15g 结晶硫酸铜（$CuSO_4 \cdot 5H_2O$）、4.5g 氯化钠及 50ml 水，加热使固体溶解。在搅拌下，趁热（60℃ ~70℃）加入由 3.5g 亚硫酸氢钠与 2.3g 氢氧化钠及 25ml 水配成的溶液。溶液由原来的蓝绿色变成浅绿色或无色，并析出白色粉状固体，置于冷水浴中冷却。用倾泻法尽量倒去上层溶液，再用水洗涤 2 次，得到白色粉末的氯化亚铜。倒入 25ml 冷的浓盐酸，使沉淀溶解，塞紧瓶塞，置于冰水浴中冷却备用。

2. 重氮盐溶液的制备　在 150ml 三口烧瓶中加入 15ml 浓盐酸、15ml 水及 5.4g 对甲苯胺，加热使对甲苯胺溶解（图 2-14）。稍冷后，置冰盐浴中并不断搅拌成糊状。控制在 5℃ 以下，再在搅拌下，由滴液漏斗加入 3.8g 亚硝酸钠溶于 10ml 水的溶液，控制滴加速度，使温度始终保持在 5℃ 以下。必要时可在反应液中加一小块冰，防止温度上升。当大部分（90% 左右）亚硝酸钠溶液加入后，取 1~2 滴反应液在淀粉-碘化钾试纸上检验。若立即出现深蓝色，表示亚硝酸钠已足够量，不必再加，搅拌片刻。重氮化反应越近终点时越慢，最后每加一滴亚硝酸钠溶液后，须搅拌几分钟再检验。

3. 对氯甲苯的制备　把制好的重氮盐溶液，慢慢倒入冷的氯化亚铜盐酸溶液中，边加边搅拌。不久析出重氮盐-氯化亚铜橙红色复合物，加完后，在室温下放置 15min~0.5h。然后用水浴慢慢加热到 50℃ ~60℃，分解复合物，直至不再有氮气逸出。将产物进行水蒸气蒸馏（图 2-28），蒸出对氯甲苯粗品。分出油层，水层每次用 10ml 苯萃取 2 次，苯萃取液与油层合并，依次用 10% 氢氧化钠溶液、水、浓硫酸、水各 10ml 洗涤。苯层经无水氯化钙干燥后蒸去苯 [图 2-20（2）]，再收集 158℃ ~162℃ 的馏分，称重，计算收率。测折光率。

六、附注与注意事项

1. 在 60℃ ~70℃ 下操作得到的氯化亚铜颗粒较粗，便于处理，且质量较好。温度较低时则颗粒较细，难以洗涤。

2. 亚硫酸氢钠的纯度，最好在 90% 以上。如果纯度不高，按此比例配方时，则还原不完全。且由于碱性偏高，生成部分氢氧化亚铜，使沉淀呈土黄色，此时可根据具体情况，酌加亚硫酸氢钠的用量，或适当减少氢氧化钠的用量。在实验中如发现氯化亚铜沉淀中有少量黄色沉淀时，应立即加几滴盐酸，稍加振荡即可除去。

3. 氯化亚铜在空气中遇热或光易被氧化，重氮盐久置易于分解。为此，二者的制备应同时进行，在较短的时间内进行混合，氯化亚铜用量偏少会降低对氯甲苯的产量（因氯化亚铜与重氮盐的摩尔比是 1:1）。

4. 在滴加亚硝酸钠溶液时，如反应温度超过 5℃，则重氮盐会分解使产率降低。

5. 分解温度过高会产生副反应，生成部分焦油状物质。若时间许可，可将混合后生成的复合物在室温放置过夜，然后再加热分解。在水浴上加热分解时，有大量氮气逸出，应不断搅拌，以免反应液外溢。

主要原料及产品的物理常数见表 3 - 4。

表 3 - 4　主要原料及产品的物理常数

名称	分子量	物态	密度	熔点,℃	沸点,℃	折光率	溶解度		
							水	乙醇	乙醚
对甲苯胺	107.16	白色固体	$0.9619^{20/4}$	44 ~ 45	200.55	1.5636^{20}	微溶	溶	溶
对氯甲苯	126.59	无色液体	1.0697	7.5	162	1.5150	不溶	溶	∞

七、思考题

1. 为什么重氮化反应必须在低温下进行？如果温度过高或溶液酸度不够会产生什么副反应？

2. 为什么不直接用甲苯氯化而用 Sandmeyer 反应来制备对氯甲苯？

第三节　醇　和　醚

醇和醚都是烃的含氧衍生物，也可看作水的烃基衍生物。

醇是有机化学中应用极广的一类化合物，不仅可用作溶剂，还可作为底物合成许多其他化合物。醇的制备方法很多。工业上，有由合成气制备甲醇，以烯烃为原料制备低级饱和醇，由淀粉或糖发酵制取甘油等多种方法。在实验室，常用格氏反应（Grignard Reaction）来合成结构复杂的醇。除此之外，卤代烃和稀氢氧化钠水溶液进行亲核取代反应，可以得到相应的醇；醛、酮经催化氢化，或在氢化铝锂、硼氢化钠、乙硼烷、异丙醇铝和活泼金属等还原剂的作用下可生成醇；羧酸衍生物经催化氢化或用氢化铝锂、硼氢化钠、乙硼烷、活泼金属等还原剂还原也能生成醇。

醚的制备方法大致有：在酸催化下两分子醇发生分子间脱水；Williamson 合成法；烷氧汞化 - 去汞法。

脂肪族低级单醚通常由两分子醇在酸性催化剂脱水制备。但是醇类在较高温度下还能被浓硫酸脱水生成烯烃，为了减少这个副反应，在操作时必须特别控制好反应温度。

　　混醚常用 Williamson 合成法制备。Williamson 合成法还常用于制备多氧大环醚——冠醚。这种方法是利用醇或酚的钠盐与卤代烷烃作用合成醚，其反应机理是烷氧（或酚氧）负离子对卤代烷或硫酸酯进行亲核取代反应，即 S_N2 反应。由于烷氧负离子是一个较强的碱，在与卤代烷反应时总伴随有卤代烷的消除反应生成烯烃，随着所用卤代烷结构的不同，E2 的竞争反应影响加大。尤其在使用三级卤代烷时，主要产物是消除产物烯烃。因此，用 Williamson 合成法制备醚，不能使用三级卤代烷，主要用一级卤代烷。烷氧负离子的亲核能力随烷基的结构不同也有所差异，即三级 > 二级 > 一级。芳基烷基醚一般由卤代烷和酚钠在乙醇或丙酮溶液中反应制得。

　　烷氧汞化 - 去汞法是相当于烯烃加醇制备醚的方法。反应遵循马氏加成规则，但是中间要经过一个先加汞盐（三氟乙酸汞），再还原去汞的过程。此方法不会发生消除反应，因此，是一个比 Williamson 合成法制备醚更有用的方法。但是，由于反应中使用了汞，在学生实验中一般不安排这类实验。

　　本节安排 5 个实验。

实验二十二　2 - 甲基 - 2 - 己醇

一、实验目的

1. 掌握用格氏反应制备 2 - 甲基 - 2 - 己醇的原理和方法。
2. 巩固用分液漏斗萃取的操作。
3. 掌握易燃物质的蒸馏及高沸物蒸馏的操作技术。

二、实验提要

　　卤代烃或溴代芳香烃在无水乙醚等溶剂中与金属镁反应生成的烃基卤化镁 RMgX，称为格氏试剂。

$$RX + Mg \xrightarrow{\text{无水乙醚}} RMgX$$

　　用格氏试剂所进行的反应为格氏反应（Grignard Reaction）。人们对这类反应进行了广泛深入的研究，发现格氏试剂是一种极为有用的试剂，它可以进行许多反应，在有机合成上极有价值，它的主要反应如下：

$$RMgX + \begin{matrix} R_1 \\ C=O \\ R_2 \end{matrix} \longrightarrow R-\underset{R_2}{\overset{R_1}{\underset{|}{\overset{|}{C}}}}-OMgX \xrightarrow{H_3O^+} R-\underset{R_2}{\overset{R_1}{\underset{|}{\overset{|}{C}}}}-OH$$

R_1，R_2 = 氢或烷基

$$RMgX + R_1-\overset{O}{\overset{\|}{C}}-Z \longrightarrow R-\underset{R_2}{\overset{R_1}{\underset{|}{\overset{|}{C}}}}-OMgX \xrightarrow{H_3O^+} R-\underset{R}{\overset{R_1}{\underset{|}{\overset{|}{C}}}}-OH$$

Z = 烷基氧基或卤素

$$RMgX + \underset{\underset{O}{\diagdown\diagup}}{CH_2-CH_2} \longrightarrow RCH_2CH_2OMgX \xrightarrow{H_3O^+} RCH_2CH_2OH$$

$$RMgX + CO_2 \longrightarrow RCOOMgX \xrightarrow{H_3O^+} RCOOH$$

$$RMgX + R_1C\equiv N \longrightarrow \underset{\underset{R_1}{|}}{R-C=NMgX} \xrightarrow{H_3O^+} \underset{\underset{R_1}{|}}{\overset{\overset{O}{\parallel}}{R-C}-R_1}$$

各种卤代烃都能和镁在乙醚溶液中起反应制得格氏试剂。卤代烃的活性次序为：

$$碘代烃 > 溴代烃 > 氯代烃$$

$$苄基卤、烯丙基卤 > 叔卤代烃 > 仲卤代烃 > 伯卤代烃 > 乙烯基卤$$

芳香型和乙烯型氯化物因活性差，需要在四氢呋喃等沸点较高的溶剂中才能生成格氏试剂。

用于制备格氏试剂的卤代烃和溶剂都必须经过严格的干燥处理，且不能含有—COOH、—OH、—NH$_2$等含有活泼氢的官能团。因为微量的水既会阻碍卤代烃和镁之间的反应，还会破坏格氏试剂。此外，格氏试剂还能与空气中的O$_2$、CO$_2$发生反应，同时存在偶联反应等副反应。因此格氏反应必须在无水无氧的条件下进行，格氏试剂也不宜长期保存。

$$RMgX + H_2O \longrightarrow RH + Mg（OH）X$$

$$RMgX + CO_2 \longrightarrow RCOOMgX \xrightarrow{H_2O} RCOOH$$

$$2RMgX + O_2 \longrightarrow 2ROMgX \xrightarrow{H_2O} ROH + Mg（OH）X$$

$$2RX + Mg \longrightarrow R-R + MgX_2$$

$$RMgX + RX \longrightarrow R-R + MgX_2$$

用苄基卤、烯丙基卤等较活泼的卤代烃时，偶联产物会增多。这时，可以采取搅拌、控制卤代烃的滴加速度、降低溶液浓度和低温反应条件等措施减少副反应的发生。

格氏反应是一个放热反应，所以卤代烷的滴加速度不宜过快，必要时反应瓶可用冷水冷却。当反应开始后，应调节滴加速度，使反应物保持微沸为宜。对于活性较差的卤代烃，以及在反应不易进行时，可以采取轻微加热或加入少许碘粒促进反应发生。

格氏试剂中，由于碳原子的电负性比镁原子的大，碳－金属键是极性共价键，带部分负电荷的碳亲核性显著，是增长碳链的重要方法，在有机合成中用途广泛。其中，格氏试剂与醛或酮的反应是合成结构复杂醇的最有效方法，通常包括加成和水解两步反应。首先，格氏试剂与醛或酮发生加成反应，再经水解生成相应的醇。第二步水解时，常用稀盐酸或稀硫酸。由于水解时放热，对于酸性条件下极易脱水的醇，最好用氯化铵溶液进行水解，同时需要冷水浴冷却。

由于乙醚溶剂中的氧具有未共享电子对，格氏试剂可以与两分子醚配位结合使它溶于其中。若使用了烷烃等做溶剂，则生成的格氏试剂覆盖在镁表面，使反应不能继续进行。

$$\begin{array}{c} C_2H_5 \quad C_2H_5 \\ \backslash \quad / \\ O \\ | \\ R-Mg-X \\ | \\ O \\ / \quad \backslash \\ C_2H_5 \quad C_2H_5 \end{array}$$

本实验采用无水乙醚作为溶剂。由于乙醚具有很大的蒸气压，因此格氏试剂与空气中的 O_2、CO_2 发生的副反应并不显著。因此，本实验没有采用氮气保护。若要得到高产率的格氏试剂，应在氮气气氛中进行反应。

三、反应式

$$n-C_4H_9Br + Mg \xrightarrow{\text{无水乙醚}} n-C_4H_9MgBr$$

$$n-C_4H_9MgBr + CH_3COCH_3 \xrightarrow{\text{无水乙醚}} n-C_4H_9\overset{OMgBr}{\underset{}{C}}(CH_3)_2$$

$$n-C_4H_9\overset{OMgBr}{\underset{}{C}}(CH_3)_2 + H_2O \xrightarrow{H^+} CH_3CH_2CH_2CH_2\overset{OH}{\underset{CH_3}{C}}CH_3$$

四、仪器与试剂

仪器：250ml 三口烧瓶；回流装置 1 套；干燥管；滴液漏斗；常压蒸馏装置 1 套；0℃～200℃ 玻璃温度计 1 支；烧杯；量筒，20ml 和 50ml 各 1 个；分液漏斗；三角漏斗；锥形瓶。

试剂：金属镁 3.1g（0.13mol）；无水乙醚 65ml；正溴丁烷（干燥）13.5ml（17g，0.13mol）；丙酮（干燥）9.5ml（0.13mol）；10% 硫酸 100ml；5% 碳酸钠溶液 30ml；无水碳酸钾。

五、操作步骤

在 250ml 三口烧瓶上分别装置搅拌器、冷凝管和滴液漏斗［图 2-14（2）］，在冷凝管及滴液漏斗的上口装置氯化钙干燥管［图 2-10（2）］。瓶内放置 3.1g（0.13mol）镁屑、15ml 无水乙醚及 1 小粒碘。在滴液漏斗中加入 13.5ml（17g，0.13mol）正溴丁烷和 15ml 无水乙醚，混合均匀。先往三口烧瓶中滴入 3～4ml 混合液，数分钟后反应开始，碘的颜色消失，镁表面有明显的气泡形成，溶液呈微沸状态，出现轻微混浊，乙醚自行回流。若不发生反应，可用温水浴温热。反应开始比较剧烈，待反应缓和后，自冷凝管上端加入 25ml 无水乙醚。开始搅拌，并滴入其余的正溴丁烷溶液，控制滴加速度，维持乙醚溶液呈微沸状态。加完后，用温水浴加热回流 15min。此时如镁屑已作用完全，则可在冷水浴冷却下自滴液漏斗加入 9.5ml（7.5g，0.13mol）丙酮和 10ml 无水乙醚的混合溶液，加入速度仍维持乙醚微沸。加完后，在室温继续搅拌 15min。有时溶液中可能有白色黏稠状固体析出。

将反应瓶在冰水浴冷却和搅拌下，自滴液漏斗分批加入 100ml 10% 硫酸溶液以分解产物（开始滴入宜慢，以后可逐渐加快）。加酸后搅拌一定要充分，直至反应物由白色黏稠状完全转变为无色透明液体。待分解完全后，将溶液倒入分液漏斗，分出醚层，并转入干燥的锥形瓶中。水层每次用 25ml 乙醚萃取 2 次，合并醚层，用 30ml 5% 碳酸钠溶液洗涤 1 次，用无水碳酸钾干燥。

将干燥后的粗产物乙醚溶液滤入干燥的蒸馏瓶中〔图 2-20（2）〕，用温水浴蒸馏，回收乙醚后〔装置如图 2-20（2）〕，再在电热套上加热蒸馏，收集 137℃~141℃ 的馏分，称量，计算收率。

六、附注与注意事项

1. 所有的反应仪器及试剂必须充分干燥（正溴丁烷用无水氯化钙干燥后重蒸；丙酮用无水碳酸钾干燥，并重蒸馏纯化）。

所用仪器，在烘箱中烘干后，取出稍冷即放入干燥器中冷却。或将仪器取出后，在开口处用塞子塞紧，以防止在冷却过程中玻璃壁吸附空气中的水分。

2. 整个实验都用乙醚，所以严禁明火！

3. 安装搅拌器时应注意：搅拌棒应保持垂直，其末端不要触及瓶底；装好后应先用手旋动搅拌棒，试验装置无阻滞后，方可开动搅拌器。

4. 本实验采用表面光亮的镁条。镁条使用前用细砂纸将其表面擦亮，剪成 2mm 左右的镁屑。

5. 为了使开始时正溴丁烷局部浓度较大，易于发生反应，故搅拌应在反应开始后进行。若 5min 后反应仍不开始，可用温水浴或用电吹风温热。

6. 2-甲基-2-己醇与水能形成共沸物，因此必须很好地干燥，否则前馏分将大大地增加。

主要原料及产品的物理常数见表 3-5。

表 3-5 主要原料及产品的物理常数

名称	分子量	物态	密度	熔点，℃	沸点，℃	折光率	溶解度		
							水	乙醇	乙醚
1-溴丁烷	137.03	无色液体	$1.2758^{20/4}$	-112	101.6	1.4401^{20}	不溶	∞	∞
丙酮	58.08	无色液体	$0.7899^{20/4}$	-95.3	56.5	1.3588^{20}	∞	∞	∞
2-甲基-2-己醇	116.2	无色液体	$0.8119^{20/4}$		143	1.4175^{20}	微溶	∞	∞

七、思考题

1. 本实验在将格氏试剂与丙酮加成物水解前的各步中，为什么使用的药品仪器均必须绝对干燥？为此可采取什么措施？

2. 如反应未开始前，加入大量正溴丁烷有什么不好？

3. 本实验有哪些可能的副反应，如何避免？

4. 为什么本实验得到的粗产物不能用无水氯化钙干燥？你在实验中用过哪几种干燥剂？试述它们的应用范围。

实验二十三　三苯甲醇

一、实验目的

1. 熟悉用格氏反应制备三苯甲醇的原理。
2. 掌握格氏反应的操作技术。
3. 巩固水蒸气蒸馏、乙醚的蒸馏和重结晶等操作技术。

二、实验提要

三苯甲醇既可以由苯基溴化镁与二苯甲酮反应制得，也可以由苯基溴化镁与苯甲酸乙酯反应制得。这两种方法本质上是一致的，只是后者比前者要多消耗 1mol 的苯基溴化镁。三苯甲醇是叔醇，在酸性条件下极易脱水，故在水解时需用氯化铵溶液进行水解，同时需要冷水浴冷却。

三、反应式

四、仪器与试剂

仪器：250ml 三口烧瓶；回流装置 1 套；干燥管；滴液漏斗；常压蒸馏装置 1 套；0℃～200℃玻璃温度计 1 支；烧杯；量筒（20ml 和 50ml）各 1 个；分液漏斗；三角漏斗；锥形瓶。

试剂：金属镁 1.5g（0.062mol）；溴苯（干燥）6.7ml（10g，0.064mol）；无水乙醚 35ml；苯甲酸乙酯 3.8ml（4g，0.026mol）；氯化铵 7.5g；80%乙醇。

五、操作步骤

在 250ml 三口烧瓶上分别装置搅拌器、冷凝管及滴液漏斗［图 2－14（2）］，在冷凝管及滴液漏斗的上口装置氯化钙干燥管。瓶内放置 1.5g（0.062mol）镁屑及一小粒碘片，在滴液漏斗中加入 6.7ml（10g，0.064mol）溴苯及 25ml 无水乙醚，混合均匀。先将 1/3 的混合液滴入烧瓶中，数分钟后即见镁屑表面有气泡产生，溶液轻微混浊，碘的颜色开始消失。若不发生反应，可用水浴温热。反应开始后开动搅拌，缓缓滴入其余的溴苯醚溶液，滴加速度保持溶液呈微沸状态。加毕后，在水浴继续回流 0.5h，使镁屑作用完全。

将已制好的苯基溴化镁试剂置于冷水浴中，在搅拌下由滴液漏斗加 3.8ml（4g，0.026mol）苯甲酸乙酯和 10ml 无水乙醚的混合液，控制滴加速度保持反应平稳地进行。滴加完毕后，将反应混合物在水浴回流 0.5h，使反应进行完全，这时可以观察到反应物明显地分为两层。将反应物改为冰水浴冷却，在搅拌下由滴液漏斗慢慢滴加由 7.5g 氯化铵配成的饱和水溶液（约需 28ml 水），分解加成产物。

将反应装置改为蒸馏装置［图 2－20（2）］，在水浴上蒸馏回收乙醚，再将残余物进行水蒸气蒸馏（图 2－28），以除去未反应的溴苯及联苯等副产物。瓶中剩余物冷却后凝为固体，抽滤收集。粗产物用 80%的乙醇进行重结晶，干燥后称重，计算收率。

六、附注与注意事项

1. 所有的反应仪器及试剂必须充分干燥。整个实验都用乙醚，所以严禁明火！

2. 安装搅拌器时应注意：搅拌棒应保持垂直，其末端不要触及瓶底；装好后应先用手旋动搅拌棒，试验装置无阻滞后，方可开动搅拌器。

3. 本实验采用表面光亮的镁条。镁条使用前用细砂纸将其表面擦亮，剪成 2mm 左右的镁屑。

4. 卤代芳香烃或卤代烃与镁的作用较难发生时，通常微微加热或用一小粒碘作催化剂，所用碘的量不能太大，并且在引发过程中不要开动搅拌，以确保局部碘浓度较大，保证反应能较快引发。若碘的红棕色不能褪去，可以用温水浴或用电吹风温热。

5. 滴加饱和氯化铵溶液是淬灭反应，使加成物水解得三苯甲醇，与此同时生成的氢氧化镁在此可转变为可溶性的氯化镁，若出现絮状氢氧化镁未完全溶解或未反应的金属镁，则可以加入少许稀盐酸使之溶解。

6. 副产物易溶于石油醚而被除去。本实验也可以不经分液、萃取等操作，直接将水解产物蒸去乙醚，再将残余物进行水蒸气蒸馏，以除去未反应的溴苯及联苯等副产物。

7. 重结晶是先加入适量的 95% 乙醇，加热回流使三苯甲醇粗产品溶解，慢慢加入热的石油醚（90℃ ~ 120℃）至刚好出现混浊，加热搅拌混浊不消失时，再小心滴加 95% 乙醇直至溶液刚好变清，放置缓慢降温结晶。如果已知两种溶剂的比例，也可事先配好混合溶剂，按照单一溶剂重结晶的方法进行。本实验中石油醚与 95% 乙醇的比例约为 2∶3。

主要原料及产品的物理常数见表 3 – 6。

表 3 – 6 主要原料及产品的物理常数

名称	分子量	物态	密度	熔点,℃	沸点,℃	折光率	溶解度		
							水	乙醇	乙醚
溴苯	157.01	无色液体	$1.4950^{20/4}$	– 30.8	156.43	1.5597	不溶	溶	溶
苯甲酸乙酯	150.18	无色液体	$1.0468^{20/4}$	– 34.6	213.87	1.5007	不溶	溶	溶
三苯甲醇	260.34	棱晶体	$1.199^{20/4}$	164.2	380		不溶	溶	溶

七、思考题

1. 本实验在将格氏试剂的加成物水解前的各步中，为什么仪器、药品要充分干燥？为此你采用了哪些措施？

2. 本实验中溴苯加入太快或一次加入，有什么不好？

3. 如苯甲酸乙酯和乙醚中含有乙醇，对反应有何影响？

4. 本实验中是否可以直接用稀盐酸淬灭格氏反应？

实验二十四　苯甲酸和苯甲醇

一、实验目的

1. 熟悉 Cannizzaro 反应及利用苯甲醛制备苯甲醇和苯甲酸的原理和方法。
2. 掌握乙醚蒸馏的安全操作方法。
3. 学习固体化合物的分离方法。

二、实验提要

无 α-氢的醛（如芳香醛、甲醛或三甲基乙醛等）在强碱的作用下发生自身氧化还原反应（歧化反应），生成相应的醇和羧酸盐。这种反应称为 Cannizzaro 反应。如：

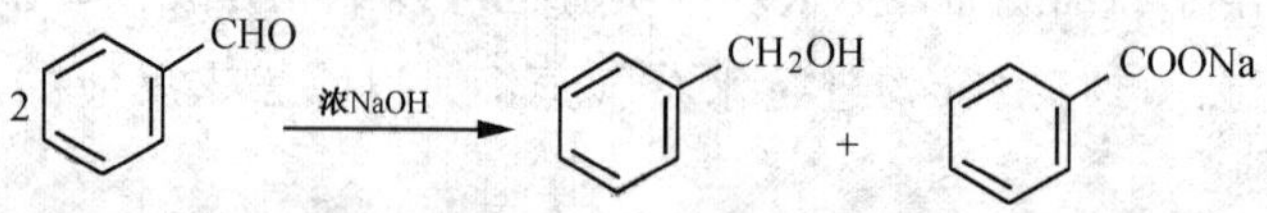

Cannizzaro 反应的实质是羰基的亲核加成反应。反应时，首先是 OH⁻ 对一个醛分子的羰基进行亲核进攻，生成负离子，然后由这个负离子转移一个负氢到另一个醛分子的羰基碳上。接着进行质子的转移产生了相应的醇和羧酸盐，反应机理如下。

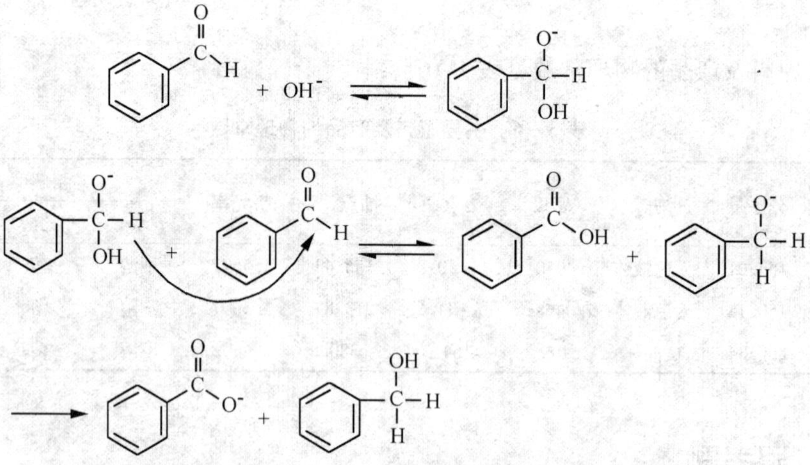

在 Cannizzaro 反应中，通常使用 50% 的浓碱，其中碱的摩尔数比醛的摩尔数常常多一倍以上，否则反应不易完全，未反应的醛与生成的醇混在一起，通过一般蒸馏难以分离。

按照上面的情况进行反应，只能得到一半的醇。如应用稍过量的甲醛水溶液与醛

（摩尔比为 1.3 : 1）反应，则可使所有的醛还原成醇，而甲醛则氧化成甲酸，这称为交叉的 Cannizzaro 反应。如：

$$ArCHO + HCHO \xrightarrow{NaOH} ArCH_2OH + HCOONa$$

三、反应式

$$2ArCHO \xrightarrow{浓 NaOH} ArCH_2OH + ArCOONa$$
$$ArCOONa + HCl \longrightarrow ArCOOH + NaCl$$

四、仪器与试剂

仪器：100ml 锥形瓶；分液漏斗；常压蒸馏装置 1 套；抽滤装置 1 套；烧杯；量筒；三角漏斗；锥形瓶。

试剂：氢氧化钠 10g（0.25mol）；苯甲醛（新蒸）10ml（10.6g，0.1mol）；乙醚；饱和亚硫酸氢钠溶液；10% 碳酸钠溶液；无水硫酸镁；浓盐酸。

五、操作步骤

在 100ml 的锥形瓶中，加入 10g（0.25mol）氢氧化钠和 10ml 水，振摇使其溶解，冷却至室温。然后边摇边慢慢加入 10ml（10.6g，0.1mol）苯甲醛。加完后用橡皮塞塞紧瓶口，剧烈振摇，使其充分混合，直至反应混合物变成黏稠糊状物为止，放置 24h，或至下次实验时使用。

次日，加适量水使固体全部溶解。水溶液用乙醚萃取 3 次，每次 25ml，合并乙醚萃取液，依次用 10ml 饱和亚硫酸氢钠溶液、20ml 10% 碳酸钠溶液及 20ml 水洗涤。醚层用无水硫酸镁干燥。干燥后的醚溶液先用水浴蒸去乙醚［图 2 - 20（2）］，然后在电热套上蒸馏，收集 202℃ ~ 206℃ 的馏分，称重，计算收率。纯净苯甲醇的沸点为 205.35℃，折光率 1.5396。

水层用浓盐酸酸化至刚果红试纸变蓝。充分冷却使沉淀析出完全，抽滤，粗产物用水重结晶，得苯甲酸，称重，计算收率。苯甲酸熔点 121℃ ~ 122℃。

六、附注与注意事项

1. 苯甲醛容易被空气氧化成苯甲酸，故使用前应重新蒸馏，收集 179℃ 的馏分。最好采用减压蒸馏，收集 62℃，1.333kPa（10mmHg）或 90.1℃，5.332kPa（40mmHg）的馏分。

2. 苯甲醛加入氢氧化钠溶液中充分振摇是反应成功的关键。如混合充分，放置 24h 后，混合物通常在瓶中固化，苯甲醛气味消失。

主要原料及产品的物理常数见表 3 - 7。

表 3–7　主要原料及产品的物理常数

名称	分子量	物态	密度	熔点,℃	沸点,℃	溶解度		
						水	乙醇	乙醚
苯甲醛	106.2	无色液体	1.0504	−26	179.5	0.33	∞	∞
苯甲酸	122.12	无色针状结晶	$1.2650^{15/4}$	122	249	0.18^4 0.27^{18}	47.1^{15}	∞
苯甲醇	108.13	无色液体	$1.050^{15/15}$	−15	205.2	4^{17}	66.7	∞

七、思考题

1. 参与 Cannizzaro 反应与醇醛缩合反应的醛在结构上有何不同？
2. 本实验根据什么原理来分离和提纯苯甲酸和苯甲醇这两种产物？
3. 饱和亚硫酸氢钠及 10% 碳酸钠溶液可洗去何种杂质？

实验二十五　正丁醚

一、实验目的

1. 熟悉用浓硫酸脱水制备正丁醚的原理和方法。
2. 掌握使用分水器的操作方法。

二、实验提要

醚的制法主要有两种，一种是醇的脱水：

$$ROH + HOR \xrightarrow{\text{催化剂、加热}} R\text{—}O\text{—}R + H_2O$$

另一种方法是醇（酚）钠与卤代烃作用：

$$RONa + R'X \longrightarrow ROR' + NaX$$

前一种方法是由醇制取单醚的方法，所用的催化剂可以是硫酸或氧化铝。此反应为可逆反应，通常采用蒸出反应产物（水或醚）的方法，使反应向有利于生成醚的方向进行。

在制取正丁醚时，由于原料正丁醇（沸点 117.7℃）和产物正丁醚（沸点 142℃）的沸点都较高，故可以在装有分水器的回流装置中进行，控制加热温度，并将生成的共沸物不断蒸出。虽然蒸出的水分中会夹有正丁醇等有机物，但是由于正丁醇等在水中溶解度较小，密度也较小，它浮于水层之上，因此借助分水器可使绝大部分的正丁醇等自动连续地返回反应瓶中，而水则沉于分水器的下部，静置后可随时弃去。

三、反应式

主反应：

$$2CH_3CH_2CH_2CH_2OH \xrightarrow[135℃]{浓 H_2SO_4} (CH_3CH_2CH_2CH_2)_2O + H_2O$$

副反应：

$$CH_3CH_2CH_2CH_2OH \xrightarrow[>140℃]{浓 H_2SO_4} CH_3CH_2CH=CH_2 + H_2O$$

四、仪器与试剂

仪器：150ml 三口烧瓶；分水装置 1 套；分液漏斗；常压蒸馏装置 1 套；0℃ ~ 200℃玻璃温度计 1 支；烧杯；量筒；三角漏斗；锥形瓶。

试剂：正丁醇 37ml（约 29.7g，0.4mol）；浓硫酸 6ml（0.11mol）；10% 氢氧化钠溶液 20ml；饱和氯化钙溶液 20ml；无水氯化钙。

五、操作步骤

在 150ml 三口烧瓶中，加入 37ml 正丁醇及 6ml 浓硫酸，摇动使混合均匀，再加入几粒沸石，瓶中分别装置温度计和分水器及空心塞，分水器的上端装一回流冷凝管 [图 2 - 12（1）]。先在分水器中放置（V - 4）ml 水，然后将烧瓶在石棉网上用小火加热（或在电热套上加热），使瓶内液体微沸至回流。回流液经冷凝管收集于分水器内，水沉于下层，有机液体浮于上层，积至支管时，即可返回烧瓶中。继续加热，当烧瓶中反应液温度升高至 134℃ ~135℃左右（约 1h），分水器全部被水充满时可停止加热。若继续加热，则溶液变黑并有大量副产物丁烯生成。

反应物冷却后倒入盛有 60ml 水的分液漏斗中，充分振摇，经静置后分去下层液体。上层粗产品依次用 30ml 水、20ml 10% 氢氧化钠溶液、20ml 水和 20ml 饱和氯化钙溶液洗涤，然后用无水氯化钙干燥。干燥后的粗产物滤入 50ml 蒸馏瓶中 [图 2 - 20 （2）]，蒸馏收集 140℃ ~144℃的馏分，称重，计算收率。

六、附注与注意事项

1. 本实验根据理论计算脱水的体积约为 3.6ml。V 为分水器的容积，为使未反应的原料返回反应瓶，故应先加（V - 4）ml 水。当反应生成的水充满分水器时，可认为反应基本结束。

2. 制备正丁醚较宜的温度是 130℃ ~140℃，但这一温度在开始回流时是很难达到的。因为正丁醚可与水形成共沸物（沸点 94.1℃，含水 33.4%）；另外正丁醚与水及正丁醇形成三元共沸物（沸点 90.6℃，含水 29.9%，正丁醇 34.6%），正丁醇与水也可形成共沸物（沸点 93.0℃，含水 44.5%）。故应控制温度在 90℃ ~100℃之间比较合适，而实际操作是在 100℃ ~115℃之间。

3. 在碱洗过程中，不要太剧烈摇动分液漏斗，否则生成的乳浊液很难破坏。

4. 上层粗产物的洗涤也可采用下法进行：先每次用冷的 20ml 50% 硫酸洗 2 次，再每次用 25ml 水洗 2 次。因 50% 硫酸可洗去粗产物中的正丁醇。但正丁醚也能微溶，所以产率略有降低。

表 3-8 主要原料及产品的物理常数

名称	分子量	物态	密度	熔点,℃	沸点,℃	折光率	溶解度		
							水	乙醇	乙醚
正丁醇	74.122	无色液体	$0.8098^{20/4}$	-89.2	117.7	1.3993^{20}	7.9	∞	∞
正丁醚	130.23	无色液体	$0.7689^{20/4}$	-97.9	142.4	1.3992^{20}	<0.05	∞	∞

七、思考题

1. 如果正丁醇的用量为 80g，试计算在反应生成多少体积的水？

2. 如何判断反应已经比较完全？

3. 反应物冷却后为什么要倒入水中？各步洗涤目的何在？

4. 能否用本实验的方法由乙醇和 2-丁醇制备乙基仲丁基醚？你认为应用什么方法比较合适？

实验二十六　苯乙醚

一、实验目的

1. 熟悉 Williamson 法合成苯乙醚的原理和方法。

2. 掌握易燃物质的蒸馏及高沸物蒸馏的操作技术。

二、实验提要

由卤代烷或硫酸酯（如硫酸二甲酯、硫酸二乙酯）与醇钠或酚钠反应制备醚的方法称为 Williamson 合成法。它既可以合成单醚，也可以合成混合醚。反应机理是烷氧（酚氧）负离子对卤代烷或硫酸酯进行双分子亲核取代（S_N2）。本法是合成芳香族混醚的较好方法之一。

三、反应式

四、仪器与试剂

仪器：100ml 三口烧瓶；回流装置 1 套；分液漏斗；常压蒸馏装置 1 套；0℃ ~ 200℃玻璃温度计 1 支；烧杯；量筒；三角漏斗；锥形瓶。

试剂：苯酚 7.5g（0.08mol）；氢氧化钠 5g（0.125mol）；溴乙烷 8.5ml（0.114mol）；饱和食盐水；乙醚 15ml；乙醚；无水氯化钙。

五、操作步骤

在 100ml 三口烧瓶装上回流冷凝管、滴液漏斗和搅拌器 [图 2 - 14 (3)]，或用磁力搅拌器（图 2 - 13），加入 7.5g 苯酚，5g 氢氧化钠和 4ml 水，开动搅拌，水浴加热使固体全部溶解，调节水浴温度在 80℃ ~ 90℃之间，开始慢慢滴加 8.5ml 溴乙烷，约1h 滴加完毕，继续保温搅拌 2h，然后降至室温。加适量水（10 ~ 20ml）使固体全部溶解。把液体转入分液漏斗中，分出水相，有机相用等体积饱和食盐水洗 2 次（若出现乳化现象时，可减压抽滤），分出有机相，合并两次的洗涤液，用 15ml 乙醚提取 1 次，提取液和有机相合并，用无水氯化钙干燥。干燥后的粗产物乙醚液先用水浴回收乙醚 [图 2 - 20 (2)]，再改用电热套加热蒸馏 [图 2 - 20 (4)]，收集 171℃ ~ 183℃馏分，产品为无色透明液体，称重，计算收率。

六、附注与注意事项

1. 苯酚具有较强的腐蚀性，若触及皮肤，立即用肥皂水洗，再用水冲洗后涂上甘油。

2. 溴乙烷的沸点为 38.4℃，易挥发，因此反应前水浴温度不能太高，回流冷却水流量要适当加大些，保证有足够的溴乙烷参加反应。主要原料及产品的物理常数见表 3 - 9。

表 3 - 9　主要原料及产品的物理常数

名称	分子量	物态	密度	熔点,℃	沸点,℃	折光率	溶解度		
							水	乙醇	乙醚
苯酚	94.11	无色针状	$1.0576^{20/4}$	43	181.7	1.5408^{41}	8.215	溶	∞
溴乙烷	108.97	无色液体	$1.4604^{20/4}$	-118.6	38.4	1.4239^{20}	不溶	溶	溶
苯乙醚	122.17	无色液体	$0.9666^{20/4}$	-29.5	170.609	1.5076^{20}	不溶	溶	溶

七、思考题

1. 反应过程中，回流的液体是什么？出现的固体是什么？为什么保温到后期回流不太明显？

2. 用饱和食盐水洗涤的目的何在？

3. 若制备乙基三级丁基醚，你认为需要什么原料？能否采用三级溴丁烷和乙醇钠？为什么？

第四节　醛　和　酮

醛和酮都是具有羰基官能团的化合物，因此又统称为羰基化合物。工业上，常用催化脱氢的方法将伯醇氧化成醛，或将仲醇氧化成酮；催化烷基苯氧化制取芳醛和芳酮。在实验室中，醇氧化常常使用铬酸（H_2CrO_4）为氧化剂。当需要时可由重铬酸钾或三氧化铬与过量的酸（硫酸或乙酸）反应制得。在氧化过程中首先形成中间体酯，随后其断裂成产物和一个还原了的无机物。

$$\underset{R}{\overset{R_1}{\underset{|}{\underset{H}{C}}}} -OH \ + H_2CrO_4 \longrightarrow \underset{R}{\overset{R_1}{\underset{|}{\underset{H}{C}}}} -O-CrO_3H \longrightarrow \underset{R}{\overset{R_1}{C}} = O + H_2CrO_3$$

铬从 +6 价还原到不稳定的 +4 价状态，+4 价铬和 +6 价铬之间迅速进行歧化作用形成 +5 价铬，同时继续氧化醇，最终生成稳定的深绿色的三价铬。由于颜色的显著变化，可以用此反应来检验伯醇和仲醇的存在。

近年来曾有报道指出铬酸和它的盐具有致癌作用，同时它的价格也较贵，治理费用又高，逐渐被淘汰，而次氯酸盐是一个好的氧化剂。在钨酸钠存在下，用硫酸氢甲基三正辛基铵为相转移催化剂，在水溶液中用 30% 过氧化氢氧化伯醇、仲醇制备相应的醛和酮获得成功。转化率、选择性都很高，是一条环保的合成路线。

本节安排两个实验。

实验二十七　环己酮

［方法一］

一、实验目的

1. 熟悉用环己醇制备环己酮的原理和方法。
2. 通过比较不同的氧化剂，优选出较好的合成方法。

二、实验提要

氧化反应是有机化学中广泛应用的一个反应。常用的氧化剂有铬酸，高锰酸钾，硝酸和过氧乙酸等。在进行反应时，只要选择适宜的氧化剂就能达到各种氧化目的。例如在温和条件下可以将醇选择性地氧化成羰基化合物，在剧烈的条件下却能使芳香族化合物的烷基侧链氧化成芳香酸。

本实验中我们将选用次氯酸钠为氧化剂使环己醇氧化为环己酮，这是仲醇氧化成酮的一个典型例子。在温和的酸性介质中酮对氧化剂比醛稳定得多，因此在氧化过程中不会发生伯醇氧化时的副反应。

为使氧化反应完全，必须考虑反应中所用氧化剂的用量，因此必须平衡氧化反应的方程式。根据化合物中氧化数的规定，每个氢原子的氧化数为 +1，每个氧原子的氧化数为 -2。由于环己醇在反应中只有 C-1 发生变化，因此在平衡反应式时可以略去 C-1 两旁的基团，只需考虑 C-1 氧化数的变化。

$$C-1\ 氧化数的变化\ 0\ \xrightarrow{+2}\ +2$$

$$氯氧化数的变化\ +1\ \xrightarrow{-1}\ -1$$

氧化数变化正好相同，因此它们的系数为 1:1。

$$\text{环己醇} + ClO^- \longrightarrow \text{环己酮} + Cl^-$$

这里正负电荷正好平衡，就可直接用水平衡 H 和 O 的数目，得到如下方程式：

$$\text{环己醇} + ClO^- \longrightarrow \text{环己酮} + Cl^- + H_2O$$

三、反应式

$$\text{环己醇} \xrightarrow[\text{HOAc}]{\text{NaClO}} \text{环己酮}$$

四、仪器与试剂

仪器：250ml 三口烧瓶；搅拌器；玻璃温度计，0℃～100℃及 0℃～200℃各 1 支；Y 形管；滴液漏斗；分液漏斗；常压蒸馏装置 1 套；烧杯；量筒；三角漏斗；锥形瓶。

试剂：环己醇 10.4ml（10.0g，0.1mol）；冰乙酸 25ml；次氯酸钠水溶液 75ml（约 1.8mol/L）；碘化钾-淀粉试纸；饱和亚硫酸氢钠溶液 5ml；碳酸钠 7.0g；氯化钠 8g；乙醚 25ml；无水硫酸镁。

五、操作步骤

在 250ml 三口烧瓶中分别装置搅拌器、温度计及 Y 形管。Y 形管的一口装置滴液漏斗，另一口接回流冷凝管 [图 2 - 14（3）]。瓶中加入 10.4ml 环己醇（10.0g，0.1mol）和 25ml 冰乙酸，在滴液漏斗内放入 75ml 次氯酸钠水溶液（约 1.8mol/L）。开动搅拌，在冰水浴冷却下，逐滴加入次氯酸钠水溶液，使瓶内温度维持在 30℃～35℃之间。当所有次氯酸钠溶液加完后，反应液从无色变为黄绿色，用碘化钾 - 淀粉试纸检验呈蓝色，否则应补加次氯酸钠溶液直至变色。在室温下继续搅拌 15min，然后加入饱和亚硫酸氢钠溶液 1～5ml，直至反应液变成无色和对碘化钾 - 淀粉试纸不显蓝色为止。

反应混合物中加入 60ml 水进行蒸馏，收集 45～50ml 馏出液（含有环己酮、水和乙酸）。在搅拌下，分批加入 6.5～7.0g 碳酸钠中和乙酸到反应液呈中性为止。然后加入约 8g 氯化钠，使之变成饱和溶液。将混合液倒入分液漏斗，分出环己酮。水层用 25ml 乙醚萃取，合并环己酮与乙醚萃取液，用无水硫酸镁干燥。干燥后的粗产物乙醚液先用水浴回收乙醚 [图 2 - 20（2）]，再改用电热套加热蒸馏 [图 2 - 20（4）]，收集 150℃～155℃馏分。称重，计算收率。

纯环己酮沸点为 155℃。

六、附注与注意事项

1. 用间接碘量法测定次氯酸钠的摩尔浓度。用移液管吸取 10ml 次氯酸钠溶液于 500ml 容量瓶中，用蒸馏水稀释至刻度，摇匀后用移液管量取 25ml 溶液，加入 50ml 0.1mol/L 盐酸和 2g 碘化钾。用 0.1mol/L 硫代硫酸钠溶液滴定析出碘，5ml 0.2% 淀粉溶液在滴定到近终点时加入，以防止较多碘被淀粉胶粒包住，经换算：

次氯酸钠的浓度 = [（0.1 / 2）×V] ×500/（25×10）

式中 V 为耗去的硫代硫酸钠溶液的体积。

2. 假如混合物用碘化钾 - 淀粉试验未显正反应，可再加入 5ml 次氯酸钠溶液，以保证有过量的次氯酸钠存在，使氧化反应完全。

3. 加水蒸馏产品实际上是一种简化了的水蒸气蒸馏。

4. 水的馏出量不宜过多，否则即使采用盐析，仍不可避免有少量环己酮溶于水中而损失掉。环己酮在水中的溶解度在 31℃时为 2.4g。

5. 次氯酸钠是具有刺激性的强氧化剂，操作时应小心，避免与皮肤接触。实验最好在通风柜内进行。

6. 环己酮易燃，应注意防火。

[方法二]

一、实验目的

同［方法一］。

二、实验提要

同［方法一］。

三、反应式

$$\text{OH} \xrightarrow[\text{H}_2\text{SO}_4]{\text{Na}_2\text{Cr}_2\text{O}_7} \text{O}$$

四、仪器与试剂

仪器：250ml 圆底烧瓶；搅拌器；玻璃温度计，0℃～100℃及0℃～200℃各1支；滴液漏斗；分液漏斗；常压蒸馏装置1套；烧杯；量筒；三角漏斗；锥形瓶。

试剂：浓硫酸 10ml；环己醇 10.5ml（10g，0.1mol）；重铬酸钠 10.5g（0.035mol）；草酸；食盐；无水碳酸钾。

五、操作步骤

在 250ml 圆底烧瓶内，加入 60ml 冰水，慢慢分批加入 10ml 浓硫酸，充分混合后，小心加入 10.5ml 环己醇（10g，0.1mol）。在上述混合液内放入一支温度计，将溶液冷至 30℃以下。

在 50ml 烧杯中将 10.5g 重铬酸钠（$\text{Na}_2\text{Cr}_2\text{O}_7 \cdot 2\text{H}_2\text{O}$，0.035mol）溶解于 6ml 水中。将此溶液分数批滴加到圆底烧瓶中，并不断振摇使充分混合。氧化反应开始后，混合物迅速变热，并且橙红色的重铬酸盐变成墨绿色的低价铬盐，控制滴加速度，保持烧瓶内反应温度在 55℃～60℃之间。如果温度过高可在冷水浴或流水下适当冷却。待前一批重铬酸盐的橙红色完全消失之后，再滴加下一批。加完后继续振摇。直至温度有自动下降的趋势为止。然后加入少量草酸（约需 0.5g），使反应液完全变成墨绿色，以破坏过量的重铬酸盐。

在反应瓶内加入 500ml 水，再加几粒沸石，装成蒸馏装置，将环己酮与水一并蒸馏出来，环己酮与水能形成沸点为 95℃的共沸混合物。直至馏出液不再浑浊后再多蒸 5～10ml（约收集馏液 40～50ml），用食盐（约需 7～10g）饱和馏液，在分液漏斗中静置后分出有机层，用无水碳酸钾干燥。思考实验装置中为何用空气冷凝管？收集150℃～156℃的馏分。称重，计算收率。

纯环己酮的沸点为155℃。

六、附注与注意事项

1. 次氯酸钠发与重铬酸钠法相比，其优点是避免使用有致癌危险的铬盐。但此法有氯气逸出，操作时应在通风橱中进行。主要原料及产品的物理常数见表3-10。

表3-10　主要原料及产品的物理常数

名称	分子量	物态	密度	熔点,℃	沸点,℃	折光率	溶解度		
							水	乙醇	乙醚
环己醇	100.16	黏稠液体	$0.9624^{20/4}$	25.5	161.1	1.4641^{20}	稍溶	溶	溶
环己酮	98	无色油状液体	$0.9478^{20/4}$	-16.4	155.7	1.4507^{20}	微溶	溶	溶

七、思考题

1. 制备环己酮时，当反应结束后，为什么要加入草酸，如果不加入草酸有什么不好？

2. 盐析的作用是什么？

3. 用高锰酸钾的水溶液氧化环己酮，应得到什么产物？

4. 如欲将乙醇化成乙醛，应采取哪些措施以避免其进一步氧化成乙酸？

实验二十八　苯乙酮

一、实验目的

1. 熟悉 Friedel - Crafts 酰基化反应的基本原理。

2. 掌握利用 Friedel - Crafts 酰基化反应法制备苯乙酮的方法。

二、实验提要

芳香烃与卤代烷在无水三氯化铝等催化剂作用下，通过亲电取代反应生成烷基芳香烃。同理芳香烃和酰卤或酸酐在相同催化剂作用下可以制得芳香酮类化合物。前者称为 Friedel - Crafts 烷基化反应，后者称为 Friedel - Crafts 酰基化反应。两者统称为 Friedel - Crafts 反应。

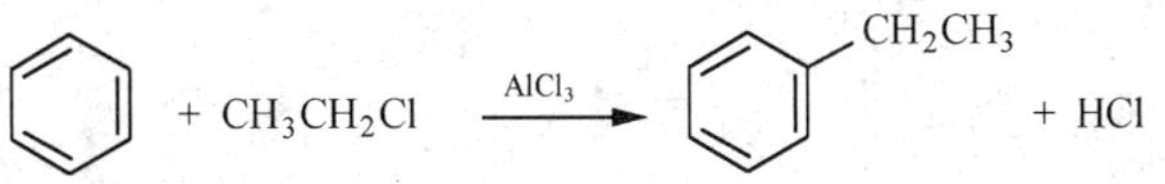

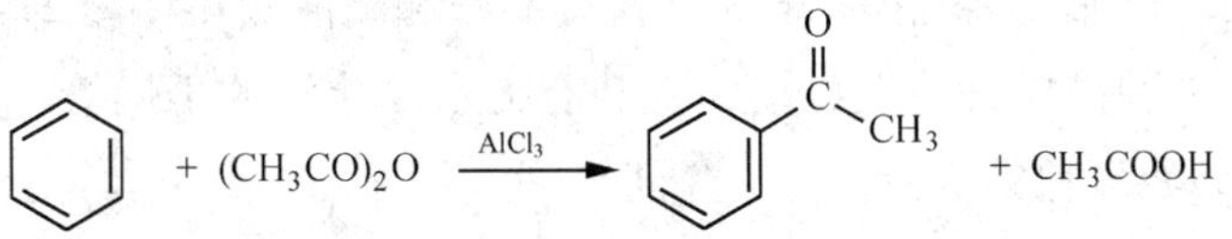

Friedel – Crafts 反应的常用催化剂除三氯化铝外，还有四氯化锡、三氟化硼和氯化锌等路易斯酸，此外也可用质子酸，如硫酸、氢氟酸、多聚磷酸等。催化剂的作用是使酰基碳原子获得最大的正电荷，有利于对芳香烃的亲电进攻。催化剂活性顺序为：三氯化铝 > 三氟化硼 > 四氯化锡 > 氯化锌。

由于 $AlCl_3$ 与羰基能生成下列配合物：

$$C=O \cdot AlCl_3$$

故用酰氯制备芳香酮时需要用相当于酰氯物质的量的三氯化铝。当使用酸酐则需要相当于酸物质质量的二倍甚至更多一些的三氯化铝，因反应中产生的有机酸也会与三氯化铝反应。

$$(RCO)_2O + 2AlCl_3 \longrightarrow [RCO]^+ [AlCl_4]^- + RCO_2AlCl_2$$

制备反应中，常用酸酐代替酰氯作酰化剂。这是由于与酰氯相比，酸酐原料易得，纯度高，操作方便，无明显的副反应或有害气体放出，符合绿色合成的要求。

在 Friedel – Crafts 反应中由于所用试剂极易发生水解，因此，反应需在无水条件下进行，要求所用仪器必须经过干燥处理。本实验反应中苯需要过量，它不仅是反应物，而且与作为反应物的溶剂。

苯乙酮是香料工业的原料和有机合成的中间体，用于合成药物、树脂和染料等。

三、反应式

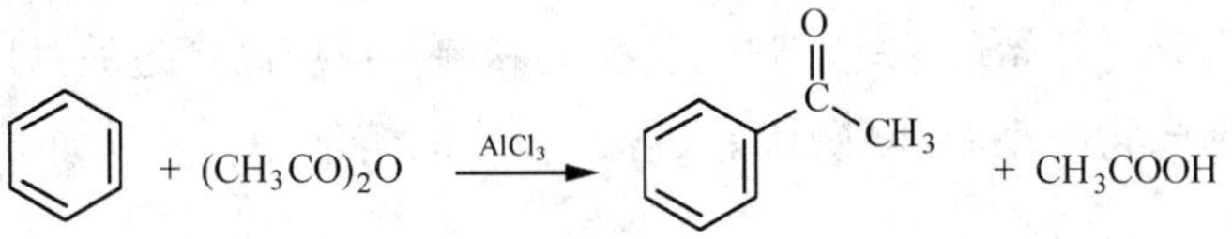

四、仪器与试剂

仪器：250ml 三口烧瓶；回流装置 1 套；气体吸收装置 1 套；干燥管；滴液漏斗；分液漏斗；常压蒸馏装置 1 套；玻璃温度计，0℃ ~ 100℃及 0℃ ~ 200℃各 1 支；烧杯；量筒；三角漏斗；锥形瓶。

试剂：无水三氯化铝 20g；无水苯 35ml；乙酸酐 6ml（6.5g，0.063mol）；浓盐酸

50ml；5％氢氧化钠溶液；无水硫酸镁。

五、操作步骤

取 250ml 三口烧瓶，装上搅拌器、回流冷凝管和滴液漏斗 [图 2－14 (3)]。仪器均需预先干燥过。在冷凝管的上口接一支装有无水氯化钙的干燥管，并连接氯化氢气体吸收装置（5％氢氧化钠溶液作为吸收剂）。

量取 25ml 无水苯倒入三口烧瓶中，迅速称取 20g 无水三氯化铝，研碎放入三口烧瓶内。在搅拌下从滴液漏斗慢慢滴入 6ml （6.5g，0.063mol）乙酸酐与 10ml 无水苯的混合液。反应开始时放热，反应物颜色变深，并有氯化氢气体逸出。

滴加完毕（约 20min），在水浴中加热回流 30min，直至无氯化氢气体逸出为止。待充分冷却后，在搅拌下将反应物倒入 50ml 浓盐酸与 50g 冰的混合液中。将分成两层的混合液移入分液漏斗，分出苯层，水层用 30ml 苯分两次萃取。合并苯层和苯提取液，依次用 5％氢氧化钠溶液、水各 20ml 洗涤，然后用无水硫酸镁或无水硫酸钠干燥。

将干燥后的粗产物先蒸去苯 [图 2－20 (2)]，再蒸馏 [图 2－20 (4)]，收集 198℃~202℃馏分，产品为无色透明液体。称重，计算收率。

六、附注与注意事项

1. 无水三氯化铝的质量是实验成败的关键之一。研磨，称量，投料都要迅速，避免长时间暴露在空气中。为此，可在带塞的锥形瓶中称取或在红外灯下称量、研磨。苯需用无水氯化钙干燥过夜后再用。放置时间较长的乙酸酐应蒸馏后再用，收集137℃~140℃馏分。

2. 无水乙酸酐的加入不宜过快，以防反应过于剧烈。

3. 三氯化铝和酸酐都是具有强烈腐蚀性和刺激性的物质。前者遇水猛烈分解，放出大量氯化氢气体，故应在通风橱中进行。

4. 反应温度不宜过高，一般控制反应液温度在60℃左右为宜。反应时间长一些，可以提高产率。

5. 加乙酸酐时，开始慢一些，过快会引起暴沸，反应高峰过后可以加快速度。

6. 反应后的产物应小心地慢慢加入盐酸和冰的溶液中，以免冲出。若冰融化完，应酌量补充。

7. 常压蒸馏在低沸点溶剂蒸馏完后，应换空气冷凝管蒸馏苯乙酮。

表 3－11　主要原料及产品的物理常数

名称	分子量	物态	密度	熔点,℃	沸点,℃	折光率	溶解度		
							水	乙醇	乙醚
苯	78.12	无色液体	$0.8765^{20/4}$	5.5	80.1	1.5011^{20}	不溶	溶	溶

续表

名称	分子量	物态	密度	熔点,℃	沸点,℃	折光率	溶解度		
							水	乙醇	乙醚
乙酸酐	102	无色液体	$1.0802^{20/4}$	-73.1	140		13.6 冷分解	∞	∞
苯乙酮	120	黄色油状液体	$1.0281^{20/4}$	19.7	202.3	1.5372^{20}	微溶		

七、思考题

1. 为何本实验所用仪器、药品皆需绝对无水？
2. 反应完成后反应液为什么要倒至浓盐酸和冰的混合液中？

第五节　羧　　酸

含有羧基（—COOH）官能团的化合物称为羧酸。除甲酸外，羧酸可以看作是烃的羧基衍生物。制备羧酸的方法很多，氧化反应是其中最常用的方法。制备脂肪族羧酸，可用伯醇或醛为原料，用催化剂催化氧化。常用的催化剂有高锰酸钾、重铬酸钾、钯、氧化银等。这种制备方法一般是在碱性条件下进行的，主要是因为在酸性条件下，反应物易与生成物羧酸发生酯化反应。仲醇、酮或烯烃的强烈氧化，也能得到羧酸，同时发生碳链断裂，如工业上用硝酸氧化环己醇或环己酮制备己二酸，同时还产生一些碳数较少的二元羧酸。

芳香族羧酸常用芳香烃的氧化制备。芳香烃的苯环比较稳定，难于氧化，而环上的支链不论长短，只要有？氢，在强烈氧化时，最后都变成羧基。

制备羧酸采取的都是比较强烈的氧化条件，而氧化反应一般都是放热反应，所以控制反应温度是非常重要的。如果反应温度失控，不但会使产率降低，有时还会发生爆炸。

除了氧化反应，利用格氏（Grignard）试剂与二氧化碳反应也可以制备相应的羧酸。羧酸衍生物的水解也是制备羧酸的重要途径，一般认为酯、酰胺、酸酐、酰卤的水解反应历程是：这些化合物与水发生了亲核加成－消除反应。其反应活性顺序为：酰卤＞酸酐＞酯＞酰胺≈腈。

本节安排 2 个实验。

实验二十九　己二酸

一、实验目的

1. 熟悉己二酸制备的原理和方法。
2. 巩固重结晶的操作。

二、实验提要

己二酸（ADA）是最重要的脂肪族二元酸，可与己二胺等多官能团的化合物进行缩合反应。目前国外大多数己二酸生产厂家都采用环己醇和环己酮混合物所组成的 KA 油为原料的硝酸氧化工艺路线。国内外实验室中也大多采用浓硝酸或高锰酸钾直接氧化法制备己二酸。用硝酸作为氧化剂反应非常剧烈，伴有大量二氧化氮毒气放出，既危险又污染环境。因而本实验采用高锰酸钾的碱性溶液将环己酮氧化成己二酸。反应按如下途径进行：

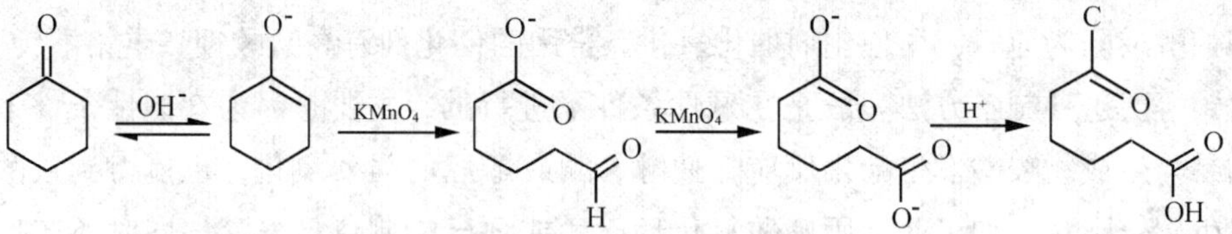

环己酮是对称酮，在碱作用下只能得到一种烯醇型离子，氧化生成单一的化合物，若为不对称酮，就会产生两种烯醇型离子。每一种烯醇型离子氧化得到不同产物，氧化后得到复杂的产物，因而在合成上用途不大。

己二酸的制备可选用不同的氧化剂、不同的介质条件，可查阅资料进行设计性实验，选择较为合理的合成路线与方法。

三、反应式

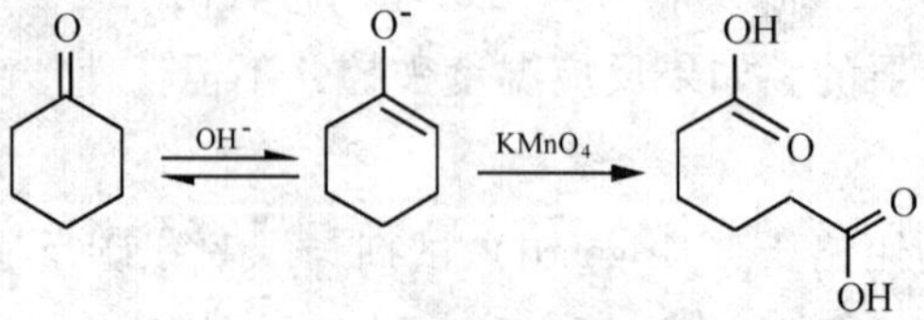

四、仪器与试剂

仪器：250ml 三口烧瓶；回流装置 1 套；抽滤装置 1 套；0℃ ~100℃ 玻璃温度计 1 支；烧杯；三角漏斗；量筒。

试剂：高锰酸钾 12.6g（0.08mol）；0.3mol/L 氢氧化钠溶液 100ml；环己酮 4ml（3.79g，0.039mol）；亚硫酸氢钠；浓盐酸；活性炭。

五、操作步骤

在 250ml 三口烧瓶中分别装置搅拌器、温度计和回流冷凝管［图 2－14（1）］。瓶内放入 12.6g 高锰酸钾（0.08mol），100ml 0.3mol/L 氢氧化钠溶液和 4ml 环己酮（3.79g，0.039mol）。注意反应温度，如反应物温度超过 45℃ 时，应用冷水浴适当冷却，然后保持 45℃ 反应 25min，再在石棉网上加热至微沸 5min 使反应完全。取一滴反应混合物放在滤纸上检查高锰酸钾是否还存在，若有未反应的高锰酸钾存在，会在棕色二氧化锰周围出现紫色环。假如有未反应的高锰酸钾存在则可加少量的固体亚硫酸氢钠直至点滴试验呈负性。抽气过滤反应混合物，用水充分洗涤滤饼，滤液置于烧杯中，在石棉网上加热浓缩到 20ml 左右，用浓盐酸酸化使溶液 pH 1～2 后，再多加 2ml 浓盐酸冷却后过滤。用水重结晶时加活性炭脱色，得白色晶体即为己二酸，烘干，称重，计算收率。

纯己二酸的熔点为 152℃。

六、附注与注意事项

1. 此反应是放热反应，反应开始后会使混合物超过 45℃，假如在室温下反应开始 5min 后，混合物温度还不能上升至 45℃，则可小心温热至 40℃，使反应开始。

2. 高锰酸钾是强氧化剂，不能将它与醇、醛等易氧化的有机化合物保存在一起。

3. 在石棉网上加热至微沸时，要不断振摇或搅拌，否则极易暴沸冲出容器。

4. 最好是将滤饼移至烧杯中，经搅拌浓缩后再抽滤。

5. 为了提高收率，最好用冰水冷却溶液以降低己二酸在水中的溶解度，己二酸于各种温度下在水中的溶解度（100g 水中溶解的克数）见表 3－12。主要原料及产品的物理常数见表 3－13。

表 3－12　己二酸在水中的溶解度

温度（℃）	15	34	50	70	87	100
溶解度	1.44	3.08	8.46	34.1	94.8	100

表 3－13　主要原料及产品的物理常数

名称	分子量	物态	密度	熔点,℃	沸点,℃	折光率	溶解度		
							水	乙醇	乙醚
环己酮	98	无色油状液体	$0.9478^{20/4}$	-16.4	155.7	1.4507^{20}	微溶	溶	溶
己二酸	146	白色结晶	1.366	152	330.5		微溶	溶	溶

七、思考题

1. 写出环己酮氧化成己二酸的平衡方程式，并计算出此反应中理论上所需高锰酸钾的用量。

2. 用碱性高锰酸钾氧化2-甲基环己酮时，预期会得到哪些产物？

3. 除了用环己酮为原料制备己二酸外，能否选用环己醇或环己烯为原料制备己二酸？如果能，请写出反应式，设计你的实验方案。

实验三十　肉桂酸

一、实验目的

1. 了解 Perkin 反应及原理。
2. 掌握制备肉桂酸的原理和方法。
3. 巩固回流、水蒸气蒸馏等操作。

二、实验提要

芳香醛和酸酐在碱性催化剂作用下，可以发生类似羟醛缩合的反应，生成α，β-不饱和芳香醛，称为 Perkin 反应。催化剂通常是相应酸酐的羧酸钾或钠盐，有时也可用碳酸钾或叔胺代替，典型的例子是肉桂酸的制备。

碱的作用是促使生成醋酸酐碳负离子，然后与芳醛发生亲核加成，接着是中间产物的氧酰基交换产生更稳定的α-酰氧基丙酸负离子，最后经β-消去产生肉桂酸盐。用碳酸钾代替醋酸钾，反应时间可明显缩短。反应过程可表示如下；

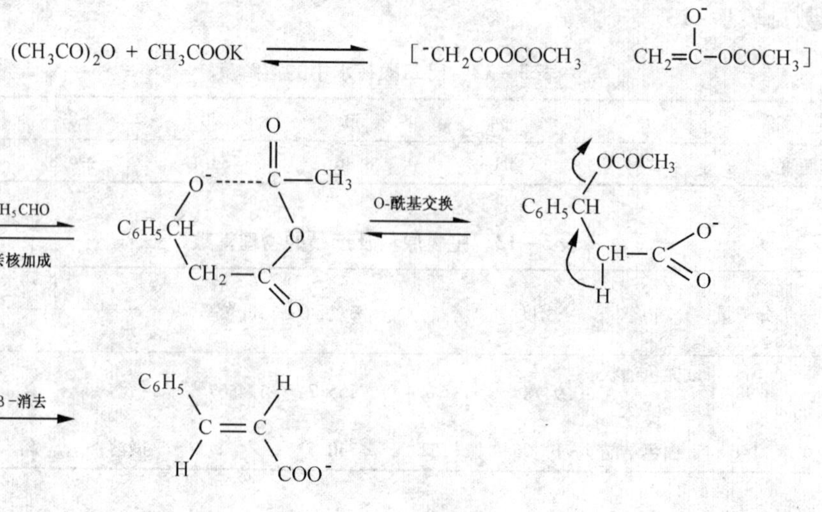

(CH3CO)2O + CH3COOK
[⁻CH2COOCOCH3
CH2=C(O⁻)-OCOCH3]
C6H5CHO
亲核加成
O-酰基交换
β-消去
COO⁻

　　有趣的是，理论上肉桂酸应存在顺反异构体，但 Perkin 反应只得到反式肉桂酸（熔点 133℃），顺式异构体（熔点 68℃）不稳定，在较高的反应温度下很容易转变为热力学更稳定的反式异构体。

三、反应式

四、仪器与试剂

　　仪器：圆底烧瓶；加热回流装置 1 套；水蒸气蒸馏装置 1 套；抽滤装置 1 套；0℃ ~ 200℃玻璃温度计 1 支；烧杯；量筒；三角漏斗；锥形瓶。

　　试剂：无水醋酸钾 3g；无水碳酸钾 7g；苯甲醛；醋酸酐；碳酸钠；活性炭；浓盐酸；乙醇；10% 氢氧化钠 40ml。

五、操作步骤

（一）方法一：用无水醋酸钾作缩合试剂

　　在 100ml 圆底烧瓶中，混合 3g 无水醋酸钾，7.5ml（8g，0.078mol）醋酸酐和 5ml（5.3g，0.05mol）苯甲醛，在电热套上加热回流反应 1.5 ~ 2h，维持反应温度在 150℃ ~ 170℃。反应完毕后，将反应物趁热倒入 500ml 圆底烧瓶中，并以少量沸水冲洗反应瓶几次，使反应物全部转移至 500ml 烧瓶中。加入适量的固体碳酸钠（约 5 ~ 7.5g），使溶液呈微碱性，进行水蒸气蒸馏（图 2 - 28）（蒸去什么？），直至馏出液无油珠为止。

　　残留液加入少量活性炭，煮沸数分钟趁热过滤。在搅拌下往热滤液中小心加入浓盐酸至呈酸性。冷却，待结晶全部析出后，抽滤收集，以少量冷水洗涤，干燥，称重，产量约 4g。可用热水或稀乙醇（乙醇：水 = 3:1）的进行重结晶。熔点 131.5℃ ~ 132℃。

　　纯的肉桂酸（反式）为白色片状结晶，熔点 133℃。

（二）方法二：用无水碳酸钾作缩合试剂

　　在 250ml 圆底烧瓶中，混合 7g 无水碳酸钾，5ml（5.3g，0.05mol）苯甲醛和 14ml（15g，0.147mol）醋酸酐，将混合物在电热套中加热至 170℃ ~ 180℃，回流反应 45min。由于有二氧化碳逸出，最初反应会出现泡沫。

　　冷却反应混合物，加入 40ml 水浸泡几分钟，用玻棒或不锈钢刮刀轻轻捣碎瓶中的固体，进行水蒸气蒸馏（图 2 - 28）（蒸去什么？），直至无油状物蒸出为止。将烧瓶冷却后，加入 40ml 10% 氢氧化钠水溶液，使生成的肉桂酸形成钠盐而溶解。再加入 90ml 水，加热煮沸后加入少量活性炭脱色，趁热过滤。待滤液冷至室温后，在搅拌下小心加入 20ml 浓盐酸和 20ml 水的混合液，至溶液呈酸性。冷却结晶，抽滤析出的晶体，并用少量冷水洗涤，干燥，称重，粗产物约 4g。可用稀乙醇（乙醇∶水 = 3∶1）重结晶。

六、附注与注意事项

1. 无水醋酸钾需新鲜熔焙。因为醋酸钾中含水易使酸酐分解影响碳负离子的生成，使反应难以进行。具体操作是：将含水醋酸钾放入蒸发皿中加热，盐先在所含的结晶水中溶解，水分挥发后又结成固体。强热使固体再熔化，并不断搅拌，使水分散发后，趁热倒在金属板上，冷后用研钵研碎，放入干燥器中待用。

2. 开始加热不要过猛，以防醋酸酐受热分解而挥发，白色烟雾不要超过空气冷凝管高度的 1/3。如果产生大量的白色烟雾，使用空气冷凝管不行时可再加一支。

3. 久置的苯甲醛会自行氧化成苯甲酸，混入产品中不易除去，会影响产品纯度，故使用前应将其去除。

4. 苯甲醛是有毒的刺激性液体；醋酐强烈腐蚀皮肤，刺激黏膜和眼睛。应在通风柜中小心取用。

主要原料及产品的物理常数见表 3 - 14。

表 3 – 14 主要原料及产品的物理常数

名称	分子量	物态	密度	熔点，℃	沸点，℃	溶解度		
						水	乙醇	乙醚
苯甲醛	106.2	无色液体	1.0504	-26	179.5	0.33	∞	∞
醋酐	102.09	无色液体	$1.0802^{20/4}$	-73.10	140	13.6 冷分解	∞	∞
肉桂酸	148.15	无色液体	$1.2475^{4/4}$	133	300	0.1^{20} 0.588^{96}	23^{20}	极易溶

七、思考题

1. 用无水醋酸钾作缩合剂，回流结束后加入固体碳酸钠使溶液呈碱性，此时溶液中有哪几种化合物，各以什么形式存在？

2. 在实验方法一中，水蒸气蒸馏前若用氢氧化钠溶液代替碳酸钠碱化时有什么不好？

3. 用丙酸酐和无水丙酸钾与苯甲醛反应，得到什么产物？写出反应式。

第六节 羧 酸 酯

酯广泛地存在于自然界中，从柳树皮中可以提取出乙酰水杨酸，在蜜蜂的叮刺液中存在着乙酸异戊酯。在人类的日常生活中，大部分酯具有广泛的用途。有些酯可作为食用油、脂肪、塑料以及油漆的溶剂。许多酯具有令人愉快的香味，是廉价的香料，下表列出部分酯的香型。更为奇特的是有的酯是某些昆虫的性引诱剂，有的酯则起着昆虫间传递信息的作用。乙酸异戊酯是蜜蜂响应信息素的成分之一。蜜蜂在叮刺侵犯者时就会分泌出乙酸异戊酯，使其他蜜蜂"闻信"前来群起而攻之。

酯	香型
乙酸异戊酯	香 蕉
乙酸辛酯	桔 子
乙酯甲酯	菠 萝
异戊酸异戊酯	苹 果
月桂酸乙酯	晚香玉

随着有机化学的发展，化学家不仅能复制出存在于植物界中许多具有香味的酯，而且能合成许多适应各种需要的酯。

一般可用羧酸和醇在催化剂存在下直接酯化反应来合成酯。

$$R-\overset{\overset{O}{\|}}{C}\boxed{-OH + H}\,O-R^1 \xrightleftharpoons{H^+} R-\overset{\overset{O}{\|}}{C}-OR^1 + H_2O$$

这是一个可逆反应。在硫酸、干燥氯化氢等催化下可较快地达到平衡。在酯化反应中，如用等摩尔的有机酸和醇，反应到达平衡后，只能得到理论产量的67%。为了得到较高产量的酯，根据质量作用定律，可用过量的酸或醇，促使平衡向产物方向移动。至于使用过量的酸还是过量的醇，取决于哪一种原料易得和价廉。有时，我们也可采取把反应生成的酯或水及时地从体系中除去的方法来促使反应趋于完成。这可以通过向反应体系中加入苯形成低沸点共沸物的方法来实现。例如在制备苯甲酸乙酯时，苯、乙醇和水组成一个三元共沸物（b. p. 64.6℃）可以从体系中蒸馏出来，这样酯化的产率就能有所提高。

伯醇和仲醇与羧酸的酯化反应一般为羧基的羟基与醇羟基的氢脱水成酯，反应的机理如下：

$$R-\overset{\overset{O}{\|}}{C}-OH \;\rightleftharpoons\; R-\overset{\overset{+OH}{\|}}{C}-OH \;\xrightarrow{HO-R^1}\; R-\overset{OH}{\underset{OH}{\overset{}{C}}}\overset{+}{\underset{H}{O}}-R^1 \;\rightleftharpoons\; R-\overset{OH}{\underset{+OH_2}{\overset{}{C}}}-O-R^1$$

$$\xrightarrow{-H_2O}\; R-\overset{\overset{+OH}{\|}}{C}-OR^1 \;\xrightarrow{-H^+}\; R-\overset{\overset{O}{\|}}{C}-OR^1$$

叔醇与羧酸的酯化反应实质为 S_N1 反应，是羧基的氢与醇羟基进行脱水。由于叔醇产生的叔碳正离子难与羧酸结合，因此收率很低。空间效应对酯化反应的影响很大，酯化速率随着与羧基相连的烷基体积的增大而降低。因此，α位上有侧链的脂肪酸和邻位取代芳香酸的酯化反应都很慢，而且收率低。

此外，酰氯或酸酐与醇反应也可制备相应的酯，而与酚则需在碱催化下反应制备酚酯；羧酸盐与伯卤代烷或活泼卤代烷反应制备酯；羧酸与重氮甲烷反应制备酯；羧酸对烯、炔的加成也可以制备酯。

例如：

$$CH_3CH_2\overset{\displaystyle O}{\overset{\|}{C}}\!-\!Cl \ + \ (CH_3)_3COH \xrightarrow[62\%]{C_6H_5N(CH_3)_2} CH_3CH_2\overset{\displaystyle O}{\overset{\|}{C}}\!-\!OC(CH_3)_3$$

$$(CH_3CO)_2O \ + \ (CH_3)_3COH \xrightarrow[60\%]{ZnCl_2} CH_3\overset{\displaystyle O}{\overset{\|}{C}}\!-\!OC(CH_3)_3$$

本节安排 4 个实验。

实验三十一 乙酸乙酯

一、实验目的

1. 熟悉从有机酸合成酯的一般原理及方法。
2. 掌握蒸馏、分液漏斗的使用等操作。

二、实验提要

羧酸与醇的直接酯化反应是制备酯的重要途径。酯化反应的特点是速度慢、历程复杂、可逆平衡、酸性催化。常用的催化剂有浓硫酸、盐酸、磺酸、强酸性阳离子交换树脂等。

本实验采用浓硫酸催化冰醋酸与乙醇反应制备乙酸乙酯。考虑到乙醇比冰醋酸成本低，可以采取乙醇过量的方法，但这样反应混合物中会有过多的乙醇，将造成后续的蒸馏分离中产生的乙酸乙酯、乙醇和水形成共沸物的情况，影响产品的纯度。若采取冰醋酸过量的方法，可以使乙醇转化比较完全，且在某种程度上能够避免乙酸乙酯、乙醇和水形成二元、三元共沸物给分离带来的困难。

三、反应式

$$CH_3COOH + CH_3CH_2OH \underset{100\sim120^{\circ}C}{\overset{H_2SO_4}{\rightleftharpoons}} CH_3COOCH_2CH_3 + H_2O$$

四、仪器与试剂

仪器：100ml 三口烧瓶；回流装置 1 套；滴液漏斗；分液漏斗；常压蒸馏装置 1

套；0℃～200℃玻璃温度计 1 支；烧杯；量筒；三角漏斗；锥形瓶。

试剂：冰醋酸 12ml（约 12.6g，0.21mol）；95% 乙醇 24ml；浓硫酸 12ml；饱和碳酸钠溶液；饱和氯化钠溶液；饱和氯化钙溶液；无水硫酸镁。

五、操作步骤

在 100ml 三口烧瓶中，放入 12ml 95% 乙醇，在振摇下分批加入 12ml 浓硫酸使混合均匀，并加入几粒沸石。旁边两口分别插入 60ml 滴液漏斗及温度计。漏斗末端及温度计的水银球浸入液面以下，距瓶底约 0.5～1cm。中间一口装一蒸馏弯管与直形冷凝管连接，冷凝管末端连一接液管，伸入 50ml 锥形瓶中。

将 12ml 95% 乙醇及 12ml 冰醋酸（约 12.6g，0.21mol）的混合液，由 60ml 滴液漏斗滴入蒸馏瓶内约 3～4ml。然后将三口烧瓶用电热套小火加热，使瓶中反应液温度升到 110℃～120℃。这时在蒸馏管口应有液体蒸出，再从滴液漏斗慢慢滴入其余的混合液。控制滴入速度和馏出速度大致相等，并维持反应液温度在 110℃～120℃，滴加完毕后，继续加热数分钟，直到温度升高到 130℃时不再有液体馏出为止。

馏出液中含有乙酸乙酯及少量乙醇、乙醚、水和醋酸。在此馏出液中慢慢加入饱和碳酸钠溶液（约 10ml），不时摇动，直到无二氧化碳气体逸出（用 pH 试纸检验，酯层应呈中性）。将混合液移入分液漏斗，充分振摇（注意活塞放气）后，静置。分去下层水溶液，酯层用 10ml 饱和食盐水洗涤后，再每次用 10ml 饱和氯化钙溶液洗涤 2 次。弃去下层液，酯层自漏斗上口倒入干燥的 50ml 锥形瓶中，用无水硫酸镁（或无水硫酸钠）干燥。

将干燥的粗乙酸乙酯滤入干燥的 50ml 蒸馏瓶中，加入沸石后在水浴上进行蒸馏。收集 73℃～78℃的馏分，称重，计算收率。

六、附注与注意事项

1. 本实验所采用的酯化方法，仅适用于合成一些沸点较低的酯类。优点是能连续进行，用较小容积的反应瓶制得较大量的产物。对于沸点较低的酯类，若采用相应的酸和醇回流加热来制备，常常不够理想。

2. 温度不宜过高，否则会增加副产物乙醚的含量。滴加速度太快会使醋酸和乙醇来不及作用而被蒸出。

3. 碳酸钠必须洗去，否则下一步用饱和氯化钙溶液洗去醇时，会产生絮状的碳酸钙沉淀，造成分离的困难。为减少酯在水中的溶解度（每 17 份水溶解 1 份乙酸乙酯），故这里用饱和食盐水洗。

4. 乙酸乙酯与水或醇能形成二元和三元共沸物，其组成及沸点如下表。

沸点,℃	组成（%）		
	乙酸乙酯	乙醇	水
70.2	82.6	8.4	9.0
70.4	91.9	—	8.1
71.8	69.0	31.0	—

由上表可知，若洗涤不净或干燥不够时，都使沸点降低，影响产率。主要原料及产品的物理常数见表3–15。

表3–15　主要原料及产品的物理常数

名称	分子量	物态	密度	熔点,℃	沸点,℃	折光率	溶解度		
							水	乙醇	乙醚
冰醋酸	60	无色液体	1.049	16.6	118.1	1.3718	∞	∞	∞
乙醇	46.07	无色液体	0.7893	−114.7	78.5	1.3622	∞	∞	∞
乙酸乙酯	88.11	无色液体	$0.9003^{20/4}$	−83	77.06	1.39006	8.62^{20}	∞	∞

七、思考题

1. 酯化反应有什么特点，本实验如何创造条件促使酯化反应尽量向生成物方向进行？

2. 本实验可能有哪些副反应？

3. 在酯化反应中，用作催化剂的硫酸量，一般只需醇重量的3%就够了，这里为何用了12ml？

4. 如果采用醋酸过量是否可以？为什么？

实验三十二　乙酸正丁酯

一、实验目的

1. 掌握制备乙酸正丁酯的原理和方法。
2. 熟悉使用分水器的实验操作。

二、实验提要

酯化反应一般进行得很慢，如果加入少量催化剂（如0.3% H_2SO_4 等），同时给反应物加热，可以大大加快酯化反应速度。通常采用这两种方法促使反应物在较短时间内达到平衡。

根据酯化是可逆反应的特点，常采取增加某一反应物的用量或不断移去生成物来破坏原有的平衡，达到提高另一原料的利用率和酯的产率。工业上生产乙酸正丁酯就是使用了过量的乙酸。

乙酸正丁酯、正丁醇和水三者形成的三元恒沸混合物（b. p. 90.7℃），其蒸气的重量百分组成为正丁醇27.4%，乙酸正丁酯35.2%，水37.3%。冷凝成液体时分为二层，上层以酯和醇为主，下层以水为主（97%）。

本实验采用乙酸过量，并不断移去反应生成的水以提高反应产率。

乙酸正丁酯有刺激性香味，是重要的有机溶剂。

三、反应式

$$CH_3COOH + CH_3CH_2CH_2CH_2OH \underset{\Delta}{\overset{H^+}{\rightleftharpoons}} CH_3COOCH_2CH_2CH_2CH_3 + H_2$$

四、仪器与试剂

仪器：150ml三口瓶；分水回流装置1套；分液漏斗；常压蒸馏装置1套；0℃~200℃玻璃温度计1支；烧杯；量筒；三角漏斗；锥形瓶。

试剂：正丁醇13.6ml（11.1g，0.15mol）；乙酸9.5ml（9.9g，0.165mol）；浓硫酸；饱和碳酸钠溶液；饱和氯化钙溶液；无水硫酸钠。

五、操作步骤

在150ml三口瓶中加入13.6ml（11.1g，0.15mol）正丁醇、9.5ml（9.9g，0.165mol）乙酸和1粒沸石。摇匀后，在三口瓶上装上分水器、温度计，分水器上装回流冷凝管，温度计必须插至液面以下［图2-12（1）］。在电热套上加热回流，10min后观察现象（分水器中液体有无分层？反应温度有无变动？），停止加热。稍冷后，打开瓶口，闻一下是什么气味？

把回流冷凝液转回三口瓶内，加入5滴浓硫酸和1粒沸石，加热回流注意观察现象并与未加浓硫酸前比较。反应温度逐渐上升，在80℃左右加热15min后，再提高温度使反应处于回流状态。当回流冷凝液不再有明显水分出时（计算一下应该生成多少水，根据收得的水量粗略地估计酯化完成的程度），且反应温度达123℃左右不再上升时（为什么？约需30~45min）则可停止加热。

冷却后，将粗产物转移到烧杯中，慢慢加入5ml饱和碳酸钠溶液，不断搅拌至不再有二氧化碳气泡产生（酯层用pH试纸检验，应呈中性，先用1滴水润湿试纸，再用1滴酯试验），转移至分液漏斗中，分去水层，酯层用15ml水（为什么？）、15ml饱和氯化钙溶液洗涤，粗产品用无水硫酸钠（或无水硫酸镁）干燥。蒸馏收集122℃~127℃馏分［图2-20（2）］，称重，计算收率。

六、附注与注意事项

1. 浓硫酸在反应中起催化作用，故只需少量。加入浓硫酸后要振荡均匀，否则易局部过浓，加热后炭化，必要时可用冷水冷却。

2. 本实验利用形成的共沸混合物将生成的水去除。共沸物的沸点：乙酸正丁酯 – 水沸点为 90.7℃，正丁醇 – 水沸点为 93℃，乙酸正丁酯 – 正丁醇沸点为 117.6℃，乙酸正丁酯 – 正丁醇 – 水沸点为 90.7℃。

3. 分水器中应预先加入一定量的水，并做好标记。由生成的水量可以判断反应进行的程度。

4. 在反应刚开始时，一定要控制好升温速度，要在 80℃左右加热 15min 后再开始加热回流，以防乙酸过早蒸出，影响收率。主要原料及产品的物理常数见表 3 – 16。

表 3 – 16　主要原料及产品的物理常数

名称	分子量	物态	密度	熔点,℃	沸点,℃	折光率	溶解度		
							水	乙醇	乙醚
乙酸	60	无色液体	1.049	16.6	118.1	1.3718	∞	∞	∞
丁醇	74.12	无色液体	0.8097	– 89.2	117.7	1.3993	7.9	∞	∞
乙酸丁酯	130	无色液体	0.883	– 77.9	126.5	1.3941	微溶	溶	溶

七、思考题

1. 本实验中，反应液在加入硫酸前后的反应现象有何不同？为什么？

2. 酯化反应有什么特点？本实验如何创造条件促使酯化反应进行？

3. 粗产品中有哪些杂质？用什么方法除去？

4. 实验中你是如何运用化合物的物理常数来指导操作和分析实验现象的？

实验三十三　乙酰水杨酸（阿司匹林）

一、实验目的

1. 熟悉酰化反应的原理和方法。
2. 进一步掌握重结晶的操作技术。

二、实验提要

水杨酸（即邻羟基苯甲酸）是一个双官能团化合物，既有羟基，又有羧基。因此它能进行两种不同的酯化反应。水杨酸与过量甲醇作用能制备水杨酸甲酯（即冬青油，其具体步骤见实验三十四）。本实验中，水杨酸与乙酸酐作用可制备乙酰水杨酸（即阿司匹林）。

为加快反应速度，通常加入少量浓硫酸或磷酸等作催化剂。浓硫酸或磷酸等能破坏水杨酸分子内羟基和羧基间形成的氢键，从而使酰化反应易于进行。

该反应若温度过高，则有利于水杨酰水杨酸酯和乙酰水杨酸酯副反应的发生，以及产生少量的高分子聚合物。

为了除去这部分杂质，可将水杨酸变成钠盐，利用高聚物不溶于水的特性将其分离除去。监测反应是否完全，可以利用水杨酸与三氯化铁水溶液的显色反应，若反应完全，应呈阴性。

三、反应式

四、仪器与试剂

仪器：100ml 锥形瓶；100ml 烧杯；磁力搅拌器；抽滤装置 1 套；0℃～100℃玻璃温度计 1 支；量筒。

试剂：水杨酸 2.76g（0.02mol）；乙酸酐 8ml（0.08mol）；浓磷酸；10% 的碳酸氢钠溶液 40ml；18% 盐酸 20ml；三氯化铁试液。

五、操作步骤

在 100ml 干燥的锥形瓶中放置 2.76g 水杨酸（0.02mol），8ml 乙酸酐（0.08mol）和 10 滴浓磷酸。

振摇使固体溶解，然后在磁力搅拌器上用水浴加热，控制浴温在 85℃～90℃，磁力搅拌维持 10min。待反应物冷却到室温后，在振摇下慢慢加入 26～28ml 水。在冰浴中冷却后，抽滤收集产物，用 50ml 冰水洗涤晶体，抽干。将粗产物转移到 100ml 烧杯中，在搅拌下加入 40ml 10% 的碳酸氢钠溶液，当不再有二氧化碳放出后，抽滤除去少量高聚物固体。滤液倒至 100ml 烧杯中，在不断搅拌下慢慢加入 20ml 18% 盐酸，这时析出大量晶体。

将混合物在冰浴中冷却，使晶体析出完全。抽滤，用少量水洗涤晶体 2～3 次。干燥后称重，计算收率。测定熔点。取少量产物进行分析，假如对三氯化铁试验为正反应（说明什么？），产物可用甲苯或乙酸乙酯重结晶提纯。

纯乙酰水杨酸的熔点为 135℃。

六、附注与注意事项

1. 乙酸酐和浓磷酸具有很强的腐蚀性，使用时须小心。如溅在皮肤上，应立即用大量水冲洗。

2. 仪器需全部干燥，药品也要干燥处理，乙酸酐需采用新蒸馏的，收集 139℃～140℃的馏分。

3. 加水分解过量乙酸酐时会产生大量的热量，甚至使反应物沸腾，因此必须小心操作。

4. 乙酰水杨酸受热后易分解，熔点不明显，测定时，可先加热至 110℃ 左右，再将待测样品置入其中测定，一般在 132℃～135℃。主要原料及产品的物理常数见表 3 - 17。

表 3 - 17　主要原料及产品的物理常数

名称	分子量	物态	密度	熔点,℃	沸点,℃	水	乙醇	乙醚
乙酸酐	102	无色液体	$1.0802^{20/4}$	-73.1	140	13.6 冷分解	∞	∞
水杨酸	138.12	白色结晶		157.9		0.22	溶	溶
乙酰水杨酸	180.16	白色结晶		135		0.33	微溶	微溶

七、思考题

1. 在水杨酸的乙酰化反应中，加入磷酸的作用是什么？

2. 用化学方程式表示在合成阿司匹林时产生少量高聚物的过程。

3. 纯净的阿司匹林对 10% 三氯化铁显示负反应，但是由 95% 乙醇重结晶得到的阿司匹林有时却显示正反应，试解释其结果。

4. 下面哪些化合物能和三氯化铁显色?

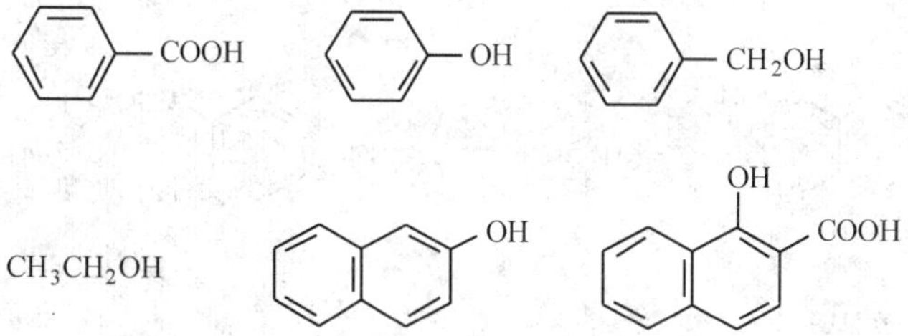

（结构式：苯甲酸 COOH、苯酚 OH、苯甲醇 CH₂OH、乙醇 CH₃CH₂OH、2-萘酚、1-羟基-2-萘甲酸）

实验三十四　水杨酸甲酯

一、实验目的

1. 掌握制备水杨酸甲酯的原理和方法。
2. 了解水杨酸甲酯的应用。

二、实验提要

水杨酸甲酯，学名邻羟基苯甲酸甲酯，又称柳酸甲酯，由于最初是从冬青类植物中提取，俗称为冬青油。它存在于鹿蹄草、小当药油等冬青类植物中，具有冬青香气，同时具有止痛退热作用。作为香料，常用作口腔药和涂剂等医药制剂中的赋香剂，以及用于口香糖、冰激凌、可乐及漱口水中。也可用作溶剂和中间体，用于制造杀虫剂、杀菌剂、香料、涂料、化妆品、油墨及纤维助染剂等。天然的水杨酸甲酯是在甜桦树中发现的，早期的水杨酸甲酯是以乙醇为溶剂从甜桦树和冬青叶中提取出来的。但因来源有限，因此人工合成它就显得尤为重要。

水杨酸甲酯的合成通常是用水杨酸和甲醇在催化剂的作用下制备，其常用的催化剂是浓硫酸。这种催化剂催化效果好，价格便宜，但其缺点也比较多：

（1）浓硫酸的酸性和氧化性都很强，在反应过程中会使有机物炭化，还伴有氧化、醇脱水、醚化等副反应的发生。

（2）硫酸在生产过程中会腐蚀设备。

（3）硫酸的工业处理比较困难。

（4）排放的废酸污染环境。

（5）硫酸作为催化剂不能重复使用。

目前，对甲苯磺酸、亚硫酸氢钠、固体酸等也可代替浓硫酸用于合成水杨酸甲酯。

其中，固体酸作为非均相催化剂具有催化活性高、酯化反应条件温和、副反应少、工艺简单、酯化率高等优点。但同时固体酸的价格较高，而且使用寿命较短，大大限制了它的使用。

三、反应式

四、仪器与试剂

仪器：100ml 三口烧瓶；回流装置 1 套；分液漏斗；常压蒸馏装置 1 套；0℃ ~ 100℃玻璃温度计 1 支；烧杯；量筒；三角漏斗；锥形瓶。

试剂：水杨酸 10g（0.072mol）；无水甲醇 60ml；浓硫酸 3ml；饱和食盐水；20% 碳酸钠溶液；乙酸乙酯；无水硫酸镁。

五、操作步骤

在 100ml 三口烧瓶中加入水杨酸 10g（0.072mol）和 60ml 无水甲醇，搅拌至水杨酸完全溶解。缓慢滴加 3ml 浓硫酸，水浴加热，回流反应 2h［图 2 – 14（2）］。反应结束后，改为冷水浴，使反应液冷却至室温。在搅拌下加入 40ml 饱和食盐水，搅拌 5min 后分液，取有机层。再用 20% 碳酸钠溶液洗至微碱性，20ml 乙酸乙酯分 2 次萃取。合并有机相，无水硫酸镁干燥，过滤至单口烧瓶中，先蒸去溶剂，再改水蒸气蒸馏［图 2 – 28］，得产品，分液，称重，计算收率。

六、附注与注意事项

1. 本反应所有仪器必须干燥，任何水的存在将降低收率。

2. 滴加浓硫酸时如果没有及时振摇均匀，有时会出现部分原料炭化现象。

3. 避免明火加热，因为甲醇为低沸点的易燃液体。

4. 加入 20% 碳酸钠溶液洗涤时，应轻轻振摇分液漏斗，使生成的二氧化碳气体及时逸出。最后塞上塞子，振摇几次，并注意随时打开下面的活塞放气，以免漏斗集聚的二氧化碳气体将上口活塞冲开，造成损失。

七、思考题

1. 反应完毕后为什么采用饱和食盐水洗涤？可以直接用水洗吗？为什么？

2. 浓硫酸的加入除了催化反应还有其他作用吗？

3. 加入碳酸钠洗涤可除去反应液中的哪些杂质？

第七节 含氮化合物

在有机化合物的主要组成元素中，除碳、氢和氧以外，氮是很重要的一种元素。含氮的有机化合物在自然界存在很广泛，并且包括许多类有机化合物。胺和酰胺是其中最重要的化合物。此外，还有许多其他类的含氮有机化合物，如芳香族硝基化合物、重氮和偶氮化合物以及腈等。

许多有机含氮化合物具有生物活性，如生物碱；有些是生命活动不可缺少的物质，如氨基酸等；不少药物、染料等也都是有机含氮化合物。各类有机含氮化合物的化学性质各不相同。一般都具有碱性，并可还原成胺类化合物。许多有机含氮化合物具有特殊气味，例如吡啶、三乙胺等。有机含氮化合物中有许多属于致癌物质，如芳香胺中的 2 – 萘胺、联苯胺，偶氮化合物中的邻氨基偶氮甲苯，脂肪胺中的乙烯亚胺、吡咯烷、氮芥，大多数亚硝基胺和亚硝基酰胺。

本节安排 4 个实验。

实验三十五 硝基苯

一、实验目的

1. 通过硝基苯的制备加深对芳香烃亲电取代反应的理解。
2. 进一步掌握洗涤、蒸馏的操作。

二、实验提要

芳香族硝基化合物一般由芳香烃直接硝化而制得。根据被硝化的芳环的反应活性，可以利用稀硝酸、浓硝酸、发烟硝酸或者浓硝酸和浓硫酸的混合酸来硝化。由于引进的第一个硝基使芳环致钝，而难以进一步硝化，故通常能得到很高产率的一硝基取代产物。

芳香族化合物的硝化反应和卤代反应一样，是一个亲电取代反应。在浓硝酸和浓硫酸存在下苯的硝化是按如下机理进行。

$$HNO_3 + 2H_2SO_4 \rightleftharpoons NO_2^+ + H_3O^+ + 2HSO_4^-$$

实际的亲电试剂为硝酰正离子（NO_2^+），混合酸中浓硫酸的作用主要是有利于硝酰正离子的生成，提高了反应速率，同时它也能除水，在硝化过程中不使浓硝酸变成稀硝酸，从而防止了稀硝酸的氧化作用。硝酰正离子的存在已经被硝酸的硫酸溶液的冰点下降实验以及该溶液的拉曼光谱所证实。

硝化试剂除使用硝酸和硫酸的混合酸外，还可以使用硝酸的冰醋酸及乙酸酐的溶液，或者单独使用硝酸。具体选用何种硝化试剂和反应条件要根据硝化对象的反应活性、硝化对象在硝化介质中的溶解度、副反应和副产物的发生以及反应后产物的分离纯化要求进行综合考虑。如对于氧化剂敏感的酚类化合物的硝化一般采用稀硝酸，易被氧化的芳香氨的硝化需要将氨基用酰化的方法保护起来再硝化等。硝化反应是强放热反应，一般在低温下进行，较高的温度会因硝酸的氧化而导致原料的损失。对于用混酸也难以硝化的化合物，可以采取发烟硫酸或发烟硝酸。

三、反应式

$$\bigcirc + HNO_3 \xrightarrow{H_2SO_4} \bigcirc NO_2 + H_2O$$

四、仪器与试剂

仪器：100ml 锥形瓶；250ml 三口烧瓶；机械搅拌器；Y 形管；滴液漏斗；回流装置 1 套；分液漏斗；常压蒸馏装置 1 套；烧杯；量筒；三角漏斗。

试剂：浓硫酸 20ml（35.3g，0.36mol）；浓硝酸 14.5ml（13.2g，0.21mol）；苯 17.7ml（15.6g，0.2mol）；10%氢氧化钠溶液；无水氯化钙。

五、操作步骤

在 100ml 锥形瓶中放置 20ml 浓硫酸（35.3g，0.36mol），用冰水浴冷却，慢慢加入 14.5ml 浓硝酸（13.2g，0.21mol）摇匀后继续置冰水浴中待用。

在 250ml 三口烧瓶中，分别装置机械搅拌器、温度计及 Y 形管，在 Y 形管一孔装滴液漏斗，另一孔装回流冷凝管［图 2-14（3）］，管口上接弯管，用橡皮管连接通入水槽。

在三口烧瓶内放置 17.7ml 苯（15.6g，0.2mol），开启搅拌器，将预先配制的冷的混酸放进滴液漏斗中，慢慢滴入反应瓶内，维持反应温度在 40℃~50℃，若超过 50℃，可用冷水浴冷却烧瓶。滴完后，在 60℃左右的热水浴中继续搅拌加热 0.5h。

反应结束后，反应液冷却至室温，将反应液倒入盛有 100ml 水的分液漏斗中。弃去酸液，有机层依次用水、10%氢氧化钠溶液及水各 15ml 洗涤，然后用无水氯化钙干燥。

粗产物滤入圆底烧瓶中，装置蒸馏头，搭好蒸馏装置，加热蒸馏［图 2-20

（4）］。收集 208℃ ~210℃ 的馏分，称重，计算收率。

纯硝基苯为黄色透明液体。沸点 210.8℃，折射率 1.5562。

六、附注与注意事项

1. 反应温度不宜超过 50℃，否则将有较多的二硝基苯生成。

2. 酸液有毒，应倒入废液缸，切忌倒入水槽。

3. 硝基化合物易爆炸，最后蒸馏温度不要超过 210℃，千万不可蒸干！

4. 苯及硝基苯都是有毒的致癌物质，处理时要谨慎小心。若触及皮肤，立即用少量乙醇擦洗后，再用肥皂洗涤。

5. 浓硝酸和浓硫酸都是腐蚀性强酸，操作要小心，切忌碰到皮肤，若触及皮肤，应立即用大量冷水冲洗。主要原料及产品的物理常数见表 3 – 18。

表 3 – 18　主要原料及产品的物理常数

名称	分子量	物态	密度	熔点,℃	沸点,℃	折光率	溶解度		
							水	乙醇	乙醚
苯	78.12	无色液体	$0.8765^{20/4}$	5.5	80.1	1.5011^{20}	不溶	溶	溶
硝基苯	123	黄色油状液体	$1.2037^{20/4}$	5.7	210.8	1.5562^{20}	不溶	∞	∞

七、思考题

1. 本实验反应温度为什么要控制在 40℃ ~50℃，温度高或滴加速度太快将产生什么副产物？

2. 硝化反应结束后，为什么要把反应液倒入大量水中？

3. 粗产物硝基苯依次用水、10% 氢氧化钠和水洗去什么杂质？

实验三十六　苯胺

一、实验目的

1. 掌握硝基苯还原为苯胺的实验方法和原理。

2. 巩固水蒸气蒸馏和简单蒸馏的基本操作。

二、实验提要

在还原剂的作用下，硝基化合物能被还原成伯胺。一般还原剂是用铁、锡、锌与盐酸。锡、锌的还原作用较快，但价格高，而且要用大量的酸和碱。工业上从硝基苯还原生产苯胺一般采用铁与盐酸，因铁的价格便宜，而且盐酸的用量仅需理论量的 1/40。铁与盐酸反应放出氢气并生成氯化亚铁，氯化亚铁水解又产生盐酸；氯化亚铁也可被硝基苯氧化成碱式氯化铁，后者再被过量的铁还原，又有盐酸产生，所生成的盐酸又可继续参与反应。

$$Fe + 2HCl \longrightarrow FeCl_2 + H_2 \uparrow$$

$$FeCl_2 + 2H_2O \longrightarrow Fe(OH)_2 + 2HCl$$

$$2FeCl_2 + [O] + H_2O \longrightarrow 2Fe(OH)Cl_2$$

$$6Fe(OH)Cl_2 + Fe + 2H_2O \longrightarrow 2Fe_3O_4 + FeCl_2 + 10HCl$$

实际上是水提供质子，而铁则提供电子使硝基苯还原。

这个方法的缺点是反应时间较长。本实验改用乙酸代替盐酸，还原时间能显著缩短，其反应过程与铁加盐酸相似。

采用水蒸气蒸馏将苯胺从反应混合物中分离出来，馏出液用食盐饱和，然后以乙醚提取苯胺，再经蒸馏达到提纯目的。

苯胺是重要的化工原料，主要用于染料和制药工业。

三、反应式

$$4 \quad \text{(苯环)}NO_2 + 9Fe + 4H_2O \xrightarrow{H^+} 4 \quad \text{(苯环)}NH_2 + 3Fe_3O_4$$

四、仪器与试剂

仪器：250ml 三口烧瓶；机械搅拌器；回流装置 1 套；滴液漏斗；水蒸气蒸馏装置 1 套；分液漏斗；常压蒸馏装置 1 套；0℃~200℃玻璃温度计 1 支；烧杯；量筒；三角漏斗；锥形瓶。

试剂：铁粉 20g（0.36mol）；乙酸 1ml；硝基苯 10.2ml（12.2g，0.1mol）；食盐；粒状氢氧化钠；乙醚。

五、操作步骤

在装有机械搅拌器、回流冷凝管、滴液漏斗的 250ml 三口烧瓶中［图 2 - 14（2）］，放置 20g（0.36mol）铁粉、50ml 水和 1ml 乙酸，启动搅拌，并加热沸腾 5min。稍冷后，自滴液漏斗慢慢滴加 10.2ml 硝基苯（12.2g，0.1mol），滴完后，加热回流 0.5h，使还原反应完全。冷却后，将反应瓶改为水蒸气蒸馏装置（图 2-28），进行水蒸气蒸馏，蒸至馏出液澄清为止。

用食盐饱和馏出液。分出有机层，水层用乙醚萃取 3 次，每次 20ml。合并有机层和醚，用粒状氢氧化钠干燥。

粗产物滤入蒸馏瓶，先回收乙醚［图2-20（2）］，然后改装置［图2-20（4）］再加热，收集182℃~184℃馏分。称重，计算收率。

纯苯胺的沸点184.13℃。

六、附注与注意事项

1. 硝基苯和苯胺极毒，苯胺还能诱发膀胱癌，应在通风橱内进行反应，谨防与皮肤接触或吸入蒸气。若不慎触及皮肤，应立即先用大量水冲洗，再用温肥皂水洗涤。

2. 先加热沸腾使铁粉活化。铁与乙酸作用产生乙酸亚铁，可使铁转变为碱式乙酸铁的过程加速，缩短还原时间。

3. 滴加硝基苯是放热反应，滴加太快会导致冲料。

3. 黄色的硝基苯消失，而生成乳白色的油珠表示还原反应完全。

4. 也可先滤去铁泥后，再进行水蒸气蒸馏。这样可避免蒸馏后期瓶内液体过多，引起冲料。

5. 苯胺在水中有一定的溶解度，如在22℃时，每100ml水中可溶3.48ml苯胺。当水中溶有无机盐如氯化钠等时，有机物在水中的溶解度显著地降低（盐析效应）。在馏出液中加入精盐至饱和时，原来溶于水的一部分苯胺可析出而浮于上层。

6. 先加数粒氢氧化钠，旋摇后如有水层分出，则应用吸管把水层吸掉，再加适量的氢氧化钠干燥。

主要原料及产品的物理常数见表3-19。

表3-19　主要原料及产品的物理常数

名称	分子量	物态	密度	熔点,℃	沸点,℃	折光率	溶解度		
							水	乙醇	乙醚
硝基苯	123	黄色油状液体	$1.2037^{20/4}$	5.7	210.8	1.5562^{20}	不溶	∞	∞
苯胺	93.12	无色油状液体	$1.022^{20/4}$	-6.2	184.4		3.4^{20}	∞	∞

七、思考题

1. 水蒸气蒸馏提纯化合物必须具备什么条件？本实验是怎样分离产物苯胺的？

2. 如用盐酸-铁作还原剂来还原制苯胺。则反应后要加入饱和碳酸钠至溶液呈碱性后，再进行水蒸气蒸馏，本实验为什么可不中和？

3. 假定铁全部氧化为四氧化三铁，那么把0.1mol的硝基苯还原为苯胺需要多少克铁？

实验三十七　乙酰苯胺

一、实验目的

1. 掌握苯胺乙酰化反应的原理和方法。
2. 学习分馏、进一步掌握重结晶等基本操作。

二、实验提要

在水、醇、酚、胺等分子中引入酰基的反应称为酰化反应，可用于制备酯、酸酐、酰胺等，在有机合成上为保护芳伯胺的氨基往往先把它乙酰化变为乙酰苯胺，然后再进行其他反应，最后水解除去乙酰基。现以乙酰苯胺的制备为例，说明酰化反应的常用方法。

1. 乙酰苯胺可通过酰卤与芳胺的亲核取代反应而制得：

$$CH_3\overset{O}{\overset{\|}{C}}-X + 2Ar-NH_2 \longrightarrow CH_3\overset{O}{\overset{\|}{C}}-NHAr + ArNH_2 \cdot HX$$

反应中生成的氯化氢能与尚未乙酰化的苯胺化合成盐，但当有碱性物质（如：吡啶等）存在时，就可使苯胺完全与乙酰氯作用。

2. 酸酐与胺的亲核取代反应

$$\begin{matrix}CH_3\overset{O}{\overset{\|}{C}}\\ \quad\quad O\\ CH_3\overset{O}{\overset{\|}{C}}\end{matrix} + Ar-NH_2 \longrightarrow CH_3\overset{O}{\overset{\|}{C}}-NHAr + CH_3COOH$$

与酸酐作用时有羧酸伴生，但因羧酸与苯胺形成的盐并不如苯胺盐酸盐那样稳定，因此，苯胺在此种情况下仍可在较短时间内全部转变为乙酰苯胺，这是个比较理想的反应。

3. 胺与羧酸的脱水反应

$$CH_3COOH + Ar-NH_2 \longrightarrow CH_3\overset{O}{\overset{\|}{C}}-NHAr + H_2O$$

以上三种方法中酰基化合物的活性顺序为：

$$CH_3COX > (CH_3CO)_2O > CH_3COOH$$

即采用酰氯或酸酐作为酰化剂的优点是反应速度较快，在较短的时间内可使苯胺变成乙酰苯胺。唯一的缺点是原料的价格较贵。

采用苯胺与过量的冰醋酸共煮来制取乙酰苯胺，同时伴有水的生成，而且反应为可逆的。

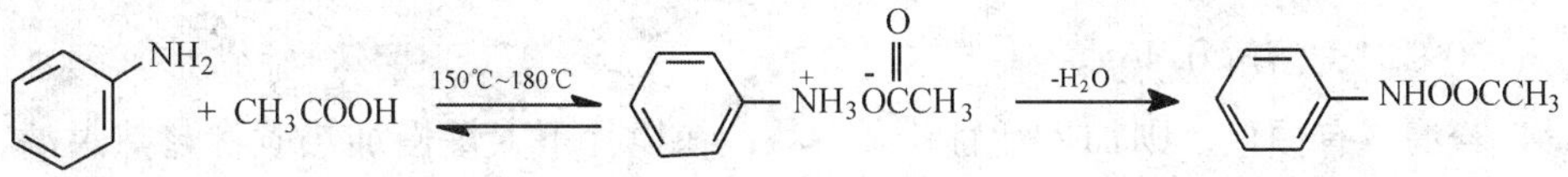

根据反应可逆的特点，为提高产物的收率使其中一个反应物过量（HOAc），使平衡向右移动。

当 $ArNH_2 : HOAc = 1 : 2$ 时，产率为 96.88%；当 $ArNH_2 : HOAc = 1 : 4$ 时，产率为 99.88%。

为防止反应逆转，还可设法使生成的水尽快被除去，这样既可提高乙酰苯胺的产量，又可防止生成的乙酰苯胺与未反应稀酸共煮时水解成苯胺与醋酸，用冰醋酸作为酰化试剂，比前两种酰化试剂反应慢一些，但冰醋酸价格低且易挥发、可除去。

三、反应式

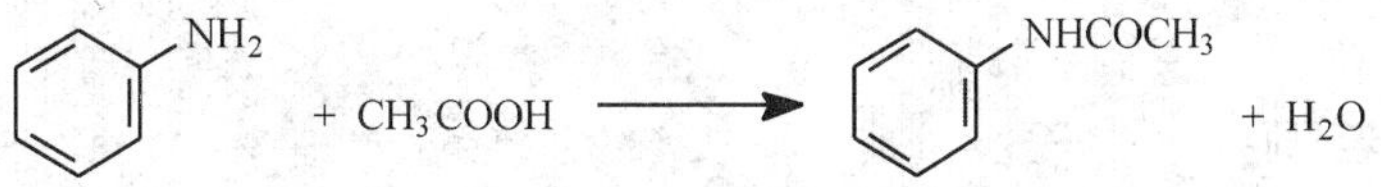

四、仪器与试剂

仪器：100ml 圆底烧瓶；分馏装置 1 套；抽滤装置 1 套；0℃~200℃玻璃温度计 1 支；烧杯；量筒；三角漏斗；锥形瓶。

试剂：新蒸苯胺 10ml（10.2g，0.11mol）；冰醋酸 15ml（15.7g，0.26mol）；锌粉。

五、操作步骤

在 100ml 圆底烧瓶中，放置 10ml 新蒸馏过的苯胺（10.2g，0.11mol），15ml 冰醋酸（15.7g，0.26mol）及少许锌粉（约0.1g），装上一分馏柱，柱顶插一支温度计，装置如图 2－22，圆底烧瓶放在电热套上加热回流，保持温度计读数于 105℃约 2h，反应生成的水及少量醋酸被蒸出，当温度下降则表示反应已经完成，在搅拌下趁热将反应物倒入盛有 250ml 冰水的烧杯中，冷却后抽滤析出的固体，用冷水洗涤。将粗产品移至 500ml 烧杯中，加入 300ml 水，置烧杯于石棉网上加热使粗产品溶解，稍冷即过滤，滤液冷却，乙酰苯胺结晶析出，抽滤。用少许冷水洗涤，产品烘干后测定其熔点。称重，计算收率。纯乙酰苯胺的熔点为 114℃。

六、附注与注意事项

1. 加锌的目的是防止苯胺在反应中被氧化。

2. 若让反应混合物冷却。则固体析出沾在瓶壁上不易处理。

3. 100℃时 100ml 水溶解乙酰苯胺 5.55g，80℃时，溶解 3.45g；50℃时，溶解 0.84g；20℃时，溶解 0.46g。

4. 若滤液有颜色，则加入活性炭 1~2g，在搅拌下，慢慢加热煮沸趁热过滤，滤渣用 50ml 热水冲洗，洗液并入滤液中，冷却使乙酰苯胺重新结晶析出。注意！不要将活性炭加入沸腾的溶液中。否则沸腾的溶液会溢出容器外。

主要原料及产品的物理常数见表 3-20。

表 3-20 主要原料及产品的物理常数

名称	分子量	物态	密度	熔点,℃	沸点,℃	溶解度		
						水	乙醇	乙醚
苯胺	93.12	无色油状液体	$1.022^{20/4}$	-6.2	184.4	3.4^{20}	∞	∞
冰醋酸	60.05	无色液体	$1.049^{20/4}$	16.6	118.1	∞	∞	∞
乙酰苯胺	135.16	白色晶体		114	305	0.56^{25} 3.5^{80}	36.9^{20}	溶

七、思考题

1. 假设用 8ml 苯胺和 9ml 乙酸酐制备乙酰苯胺，哪种试剂是过量？乙酰苯胺的理论产量是多少？

2. 反应时为什么要控制冷凝管上端的温度在 105℃？

3. 苯胺作原料进行苯环上的一些取代反应时，为什么常常先要进行酰化？

实验三十八 甲基橙

一、实验目的

1. 掌握重氮化反应和偶合反应的实验操作。
2. 巩固盐析和重结晶的原理和操作。

二、实验提要

偶氮化合物是重要的染料之一，它是指偶氮基（—N＝N—）连接两个芳环形成的一类化合物。为了改善颜色和提高染色效果，偶氮染料必须含有成盐的基团如酚羟基、氨基、磺酸基和羧基等。

偶氮染料可通过重氮基与酚类化合物或芳胺类化合物发生偶联反应来进行制备，反应速率受溶液的 pH 值影响。重氮盐与芳胺偶联时，在高 pH 介质中，重氮盐易变成重氮酸盐；而在低 pH 介质中，游离芳胺则容易转变为铵盐，二者都会降低反应物的浓度。

$$ArNH_2^+ + H_2O \rightleftharpoons ArN=N-O^- + 2H^+$$

$$ArNH_2 + H^+ \rightleftharpoons ArNH_3^+$$

只有溶液的 pH 值在某一范围内使两种反应物都能达到足够的浓度时，才能有效地发生偶联反应。胺的偶联反应，通常在中性或弱酸性介质（pH 4~7）中进行，通过加入缓冲剂醋酸钠来加以调节；酚的偶联反应与胺相似，为了使酚成为更活泼的酚氧基负离子与重氮盐发生偶联，反应需在中性或弱碱性介质（pH 7~9）中进行。

三、反应式

四、仪器与试剂

仪器：烧杯；试管；加热装置 1 套；抽滤装置 1 套；0℃~100℃玻璃温度计 1 支；量筒。

试剂：5% 氢氧化钠溶液 10ml；对氨基苯磺酸 2.1g（0.01mol）；亚硝酸钠 0.8g（0.11mol）；N, N-二甲基苯胺 1.2g（1.3ml，0.01mol）；冰醋酸 1ml；浓盐酸；5% 氢氧化钠溶液 25ml；淀粉-碘化钾试纸；氢氧化钠；乙醇；乙醚。

五、操作步骤

1. 重氮盐的制备 在烧杯中放置 10ml 5% 氢氧化钠溶液及 2.1g（0.01mol）对氨基苯磺酸晶体，温热使溶。另溶解 0.8g（0.11mol）亚硝酸钠于 6ml 水中，加入上述烧杯内，用冰盐浴冷至 0℃~5℃。在不断搅拌下，将 3ml 浓盐酸与 10ml 水配成的溶液缓缓滴加到上述混合溶液中，并控制温度在 5℃以下。滴加完后用淀粉-碘化钾试纸检验。然后在冰盐浴中放置 15min 以保证反应完全。

2. 偶合　在试管内混合 1.2g（1.3ml，0.01mol）*N*,*N* – 二甲基苯胺和 1ml 冰醋酸，在不断搅拌下，将此溶液慢慢加到上述冷却的重氮盐溶液中。加完后，继续搅拌 10min，然后慢慢加入 25ml 5% 氢氧化钠溶液，直至反应物变为橙色，这时反应液呈碱性，粗制的甲基橙呈细粒状沉淀析出。将反应物在沸水浴上加热 5min，冷至室温后，再在冰水浴中冷却，使甲基橙晶体析出完全。抽滤收集结晶，依次用少量水、乙醇、乙醚洗涤，压干。

若要得到较纯产品，可用溶有少量氢氧化钠（约 0.1～0.2g）的沸水（每克粗产物约需 25ml）进行重结晶。待结晶析出完全后，抽滤收集，沉淀依次用少量乙醇、乙醚洗涤。得到橙色的小叶片状甲基橙结晶，称重，计算收率。

产品没有明确的熔点，因此不必测定其熔点。

溶解少许甲基橙于水中，加几滴稀盐酸溶液，接着用稀氢氧化钠溶液中和，观察颜色变化。

六、附注与注意事项

1. 亚硝酸钠为有毒物质，取用时要注意。对氨基苯磺酸是两性化合物，酸性比碱性强，以酸性内盐存在，所以它能与碱作用成盐而不能与酸作用成盐。

2. 若试纸不显蓝色，尚需补充亚硝酸钠溶液。

3. 在此时往往析出对氨基苯磺酸的重氮盐。这是因为重氮盐在水中可以电离，形成中性内盐

（ ⁻O₃S—〈苯环〉—N⁺≡N ），在低温时难溶于水而形成细小晶体析出。

4. 若反应物中含有未作用的 *N*,*N* – 二甲基苯胺醋酸盐，在加入氢氧化钠后，就会有难溶于水的 *N*,*N* – 二甲基苯胺析出，影响产物的纯度。湿的甲基橙在空气中受光的照射后，颜色很快变深，所以一般得紫红色粗产物。

5. 重结晶操作应迅速，否则由于产物呈碱性，在温度高时易使产物变质，颜色变深。用乙醇、乙醚洗涤的目的是使其迅速干燥。

6. $NaO_3S{-}\langle\ \rangle{-}\underset{\underset{H}{|}}{N}{-}N{=}\langle\ \rangle{=}N^+(CH_3)_2 \longleftrightarrow NaO_3S{-}\langle\ \rangle{-}\underset{\underset{H}{|}}{N^+}{=}N{-}\langle\ \rangle{-}N(CH_3)_2$

红色

$HCl \uparrow\downarrow NaOH$

$NaO_3S{-}\langle\ \rangle{-}N{=}N{-}\langle\ \rangle{-}N(CH_3)_2$　黄色

七、思考题

1. 什么叫偶联反应？试结合本实验讨论偶联反应的条件。

2. 在本实验中，制备重氮盐时为什么要把对氨基苯磺酸变成钠盐？本实验如改成下列操作步骤：先将对氨基苯磺酸与盐酸混合，再滴加亚硝酸钠溶液进行重氮化反应，可以吗？为什么？

3. 试解释甲基橙在酸碱介质中的变色原因，并用反应式表示。

第八节　杂 环 化 合 物

分子环上含有杂原子（碳以外的原子）、具有芳香性的环状化合物称为杂环化合物。杂环化合物在自然界中的分布十分广泛，是有机化合物中数目最庞大的一类。在有机化学各研究领域中，杂环化合物都具有相当重要的地位。杂环化合物具有多种多样的生物活性，如绝大多数的药物分子都含有一个或多个杂环。如具有麻醉和镇静催眠作用的巴比妥类药物，二氢吡啶类的硝苯地平，头孢类抗生素，红霉素等大环内酯类抗生素等。

同时，杂环化合物也是与生命科学和医药生物学关系密切的一类化合物。如生物体内的各种酶、高等植物进行光合作用必需的叶绿素、高等动物输送氧气的血红素均是极为重要的杂环化合物。许多生物活性的杂环化合物在生物生长、发育、新陈代谢及遗传过程中都起着非常关键的作用。

杂环化合物分为单杂环和稠杂环化合物。其合成方法常使用亲核取代、亲电取代、羟醛缩合、酯缩合、1,3 – 偶极环加成、Diels – Alder 反应等。

本节安排 2 个实验。

实验三十九　呋喃甲醇和呋喃甲酸

一、实验目的

1. 学习利用呋喃甲醛制备呋喃甲醇和呋喃甲酸的原理和方法，从而加深对 Cannizzaro 反应的认识。

2. 进一步熟悉低沸点物质蒸馏和粗产品的纯化操作。

二、实验提要

制备呋喃甲醇和呋喃甲酸，简便的方法是利用 Cannizzaro 反应。在浓的强碱存在下，不含 α – H 的醛自身进行的氧化还原反应，即一分子被氧化成酸，另一分子被还原成醇。芳香醛、甲醛以及三取代的乙醛都能发生这类反应。

三、反应式

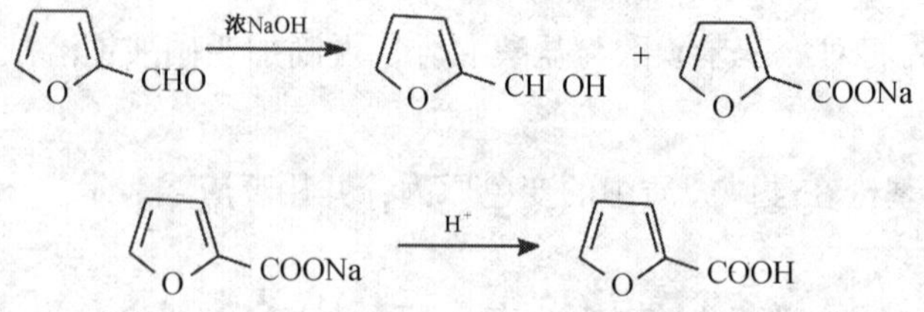

四、仪器与试剂

仪器：100ml 烧杯；滴液漏斗；常压蒸馏装置 1 套；分液漏斗；抽滤装置 1 套；玻璃温度计，0℃~100℃、0℃~200℃各 1 支；量筒；三角漏斗；锥形瓶。

试剂：新蒸馏的呋喃甲醛 8.2ml（9.6g，0.1mol）；33% NaOH 溶液 7.5ml；乙醚；25% 盐酸；刚果红试纸；无水硫酸镁。

五、操作步骤

装置如图 2-14（2）。量取 7.5ml 33% NaOH 溶液于 100ml 烧杯中，冰水浴冷却至约 5℃，在不断搅拌下，慢慢滴加 8.2ml（9.6g，0.1mol）新蒸馏的呋喃甲醛（约 15min 内加完），控制反应温度在约 8℃~12℃时搅拌 15min、室温搅拌 25min 后，反应即可完成，得到淡黄色浆状物。

在搅拌下向反应混合物加入约 7~8ml 水，使浆状物刚好完全溶解。将溶液转入分液漏斗中，用乙醚每次 8ml 萃取 4 次，合并有机相，无水硫酸镁干燥 1h 以上。过滤，水浴回收乙醚［图 2-20（2）］，换空气冷凝管［图 2-20（4）］，再蒸馏收集 169℃~172℃的呋喃甲醇馏分，称重，计算收率。

纯呋喃甲醇的沸点为 169.5℃。

在乙醚提取后的水溶液中，边搅拌边滴加 25% 的盐酸至刚果红试纸变蓝，pH 为 2~3，有晶体析出，冷却，抽滤。固体粗产物先用少量水洗涤 1~2 次后再用水重结晶，得白色针状呋喃甲酸，干燥，称重，计算收率，测熔点。

纯呋喃甲酸熔点为 133℃。

六、附注与注意事项

1. 本实验也可用人工搅拌。这个反应是在两相间进行的，欲使反应正常进行，必须充分搅拌，也可加入少许相转移催化剂聚乙二醇（1g，相对分子质量 400）。呋喃甲醇和呋喃甲酸的制备也可以在相同的条件下，采用反加的方法，即将氢氧化钠溶液滴加到呋喃甲醛中，两者收率相差不大。

2. 纯呋喃甲醛为无色或浅黄色液体，但暴露在空气中或久置后颜色易变为红棕色甚至棕褐色。使用前需蒸馏，收集 155℃～162℃馏分。

3. 反应温度高于 12℃，则反应温度极易上升而难以控制，致使反应物变成深红色，因此应慢慢滴加氢氧化钠；若低于 8℃，则反应太慢，可能积累一些呋喃甲醛。一旦发生反应，则过于猛烈，增加副反应，影响产率及纯度。

4. 在反应过程中，会有许多呋喃甲酸钠析出。加水溶解，可使黄色浆状物转为溶液。若加水过多，会导致呋喃甲醇的溶解损失。

5. 蒸馏回收乙醚要注意安全。

七、思考题

1. 本实验根据什么原理来分离呋喃甲酸和呋喃甲醇？

2. 为什么需控制反应温度在 8℃～12℃？如何控制？

3. 乙醚萃取后的水溶液用盐酸酸化，这一步为什么是影响呋喃甲酸产物收率的关键？如何保证酸化完全？

实验四十　8－羟基喹啉

一、实验目的

1. 熟悉合成 8－羟基喹啉的原理和方法。
2. 巩固回流加热和水蒸气蒸馏等基本操作。

二、实验提要

芳香族一级胺用甘油、硫酸和芳香族硝基化合物（通常为硝基苯）处理，得到喹啉的反应称为斯克劳普（Skraup）喹啉合成法。这也是制备喹啉的最通用方法之一。反应式如下：

$$\underset{NH_2}{C_6H_5} + \underset{\substack{CH_2OH \\ | \\ CHOH \\ | \\ CH_2OH}}{} + C_6H_5NO_2 \xrightarrow[\Delta]{H_2SO_4,\ FeSO_4} \text{喹啉} + C_6H_5NH_2 + H_2O$$

这个反应可分为以下四个步骤：

1. **酸催化脱水**　甘油被热的硫酸脱水，生成不饱和的醛（丙烯醛）：

$$\underset{\substack{| \\ OH}}{CH_2} - \underset{\substack{| \\ OH}}{CH} - \underset{\substack{| \\ OH}}{CH_2} \xrightarrow{H_2SO_4} CH_2=CH-CHO + H_2O$$

2. 对 α, β - 不饱和羰基化合物的亲核加成反应　苯胺的氨基和丙烯醛的双键发生亲核加成反应，生成 β - 苯氨基丙醛。

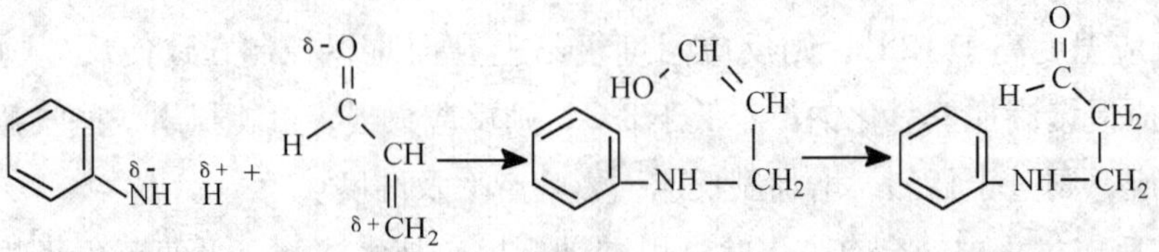

苯胺　　　　　丙烯醛　　　　　　　　　　　　　　β - (苯氨基) 丙醛

3. β - 苯氨基丙醛在硫酸催化下，发生 Friedel - Crafts 反应，缺电子的羰基碳对芳环作亲电进攻，关环，再脱水，生成二氢喹啉系化合物。

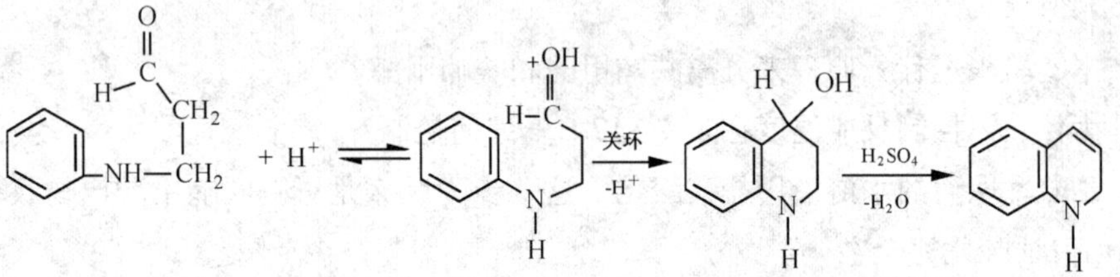

1,2-二氢喹啉

4. 新生成的环经硝基苯之类缓和氧化剂氧化，脱去二个氢原子，生成喹啉化合物。

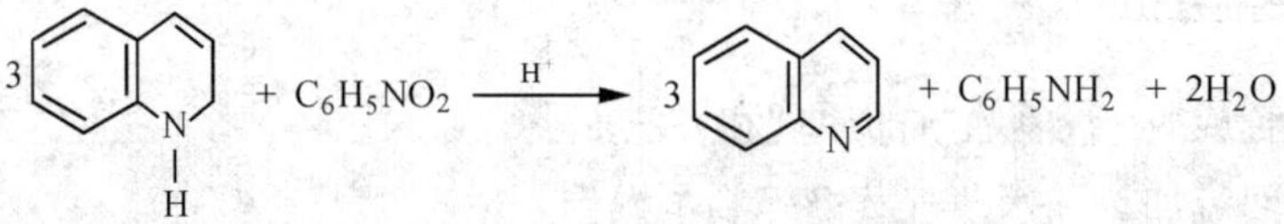

$$3 \quad \text{(喹啉)} + C_6H_5NO_2 \xrightarrow{H^+} 3 \quad \text{(喹啉)} + C_6H_5NH_2 + 2H_2O$$

在上述的喹啉合成法中硝基苯可用 H_3AsO_4，Fe_2O_3，苦味酸，钒酸等氧化剂代替。本反应属于放热反应，有时反应过分激烈，但可加入醋酸、硼酸或硫酸亚铁而使反应缓和进行，以提高收率。

三、反应式

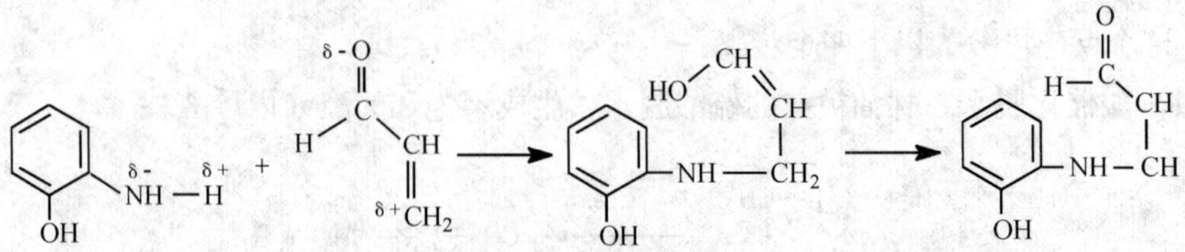

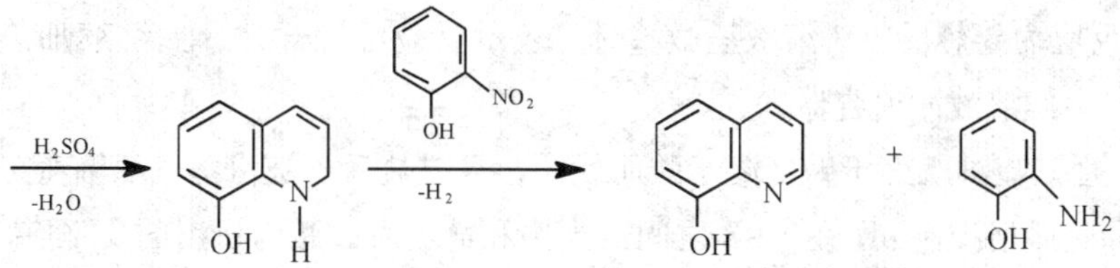

四、仪器与试剂

仪器：250ml 圆底烧瓶；100ml 三口烧瓶；回流装置 1 套；水蒸气蒸馏装置 1 套；分液漏斗；0℃ ~100℃玻璃温度计 1 支；烧杯；量筒；三角漏斗；锥形瓶。

试剂：无水甘油 15ml（19g，0.2mol）；邻硝基苯酚 3.6g（0.026mol）；邻氨基苯酚 5.6g（0.05mol）；浓硫酸 9ml；氢氧化钠溶液；饱和碳酸钠溶液；乙醇。

五、操作步骤

在 250ml 圆底烧瓶中加入无水甘油 15ml（19g，0.2mol），邻硝基苯酚 3.6g（0.026mol），邻氨基苯酚 5.6g（0.05mol）剧烈振荡，使之混合［图 2 – 14（2）］。在不断振荡下慢慢滴入 9ml 浓硫酸（约 16g），若瓶内温度较高，可于冷水浴上冷却。装上回流冷凝管，用电热套加热，约 15min 溶液微沸，即移开热源。反应大量放热。待反应缓和后，继续加热，保持反应物微沸回流 2h。冷却后，进行水蒸气蒸馏，除去未反应的邻硝基苯酚（约 35min）。待瓶内液体冷却后，加入 1∶1（重量比）氢氧化钠溶液 13ml，摇匀后，小心滴入饱和碳酸钠溶液，使内容物呈中性，再进行水蒸气蒸馏（如图 2 – 28），蒸出 8 – 羟基喹啉（约收集馏分 500ml）。待馏出液充分冷却后，抽滤收集析出物，洗涤干燥后得粗产物。

粗产物用 4∶1（体积比）乙醇 – 水混合溶剂约 55ml 重结晶，得 8 – 羟基喹啉，称重，计算收率。纯的 8 – 羟基喹啉熔点 72℃ ~74℃。

六、附注与注意事项

1. 浓硫酸是一种腐蚀性很强的酸，使用时必须小心。如万一不慎溅在皮肤上，应立即用大量冷水冲洗。硝基苯和苯胺极毒。谨防与皮肤接触或吸入蒸气。

2. 本实验所用的甘油含水量必须少于 0.5%（$d = 1.26$）。如果含水量较多，则 8 – 羟基喹啉的产量不高。可将普通甘油在通风橱内置于瓷蒸发皿中加热至 180℃，冷至 100℃左右，即可放入盛有硫酸的干燥器中备用。

甘油在常温下是黏稠液体。若用量筒量取时应注意转移中的损失。

3. 邻硝基苯酚在反应中是氧化剂，它被还原为胺后，将与丙烯醛发生相似的变化，所以选用的芳香族硝基化合物必须与所用的芳香伯胺具有相应的结构。

4. 内容物未加浓硫酸时，十分黏稠，难以摇动。浓硫酸加入后，黏度大为减少。

5. 此反应为放热反应，溶液呈微沸时，表示反应已经开始，如继续加热，则反应过于激烈，会使溶液冲出容器。

6. 8 - 羟基喹啉既溶于碱又溶于酸而成盐，且成盐后不被水蒸气蒸馏蒸出，为此必须小心中和，严格控制 pH 在 7~8 之间。当中和恰当时，瓶内析出的 8 - 羟基喹啉沉淀最多。

7. 由于 8 - 羟基喹啉难溶于冷水，故于滤液中，慢慢滴入无离子水，即有 8 - 羟基喹啉不断结晶析出。

8. 反应的产率以邻氨基苯酚计算，不考虑邻硝基苯酚部分转化后参与反应的量。

七、思考题

为什么第一次水蒸气蒸馏要在酸性条件下进行，而第二次要在中性条件下进行？

第四章

精细有机化学品合成实验

第一节 表面活性剂

表面活性剂是指具有固定的亲水亲油基团，在溶液的表面能定向排列，并能使表面张力显著下降的物质。表面活性剂的分子结构具有两亲性：一端为亲水基团，另一端为疏水基团；亲水基团常为极性基团，如羧酸、磺酸、硫酸、氨基及其盐，也可是羟基、酰胺基、醚键等；而疏水基团常为非极性烃链，如八个碳原子以上烃链。表面活性剂的分类方法有多种，通常根据表面活性剂溶于水是否生成离子及其电性的类型来分类，一般分为阴离子、阳离子、非离子、两性离子及高分子表面活性剂。

表面活性剂具有润湿、乳化、破乳、起泡、消泡、增溶、分散、洗涤、防腐、抗静电等作用，成为用途广泛的精细化工产品之一。除了在日常生活中用作洗涤剂，还广泛用于造纸、食品、医药、石油、塑料、橡胶、农药、涂料等各领域。

本节安排 2 个实验，介绍表面活性剂十二烷基硫酸钠和十二烷基二甲基苄基氯化铵的合成方法。

实验四十一 表面活性剂十二烷基硫酸钠的制备

一、实验目的

1. 掌握十二烷基硫酸钠的制备方法。
2. 熟悉气体吸收装置的安装和使用。

二、实验提要

十二烷基硫酸钠（K_{12}），又称十二醇硫酸钠，白色或微黄色粉末，阴离子表面活性剂，具有优良的起泡性、去污力和润湿力强等性能。适于低温洗涤，对皮肤刺激性小，K_{12} 具有良好的生物降解性，是一种重要的环境友好型表面活性剂，广泛应用于日用化工、食品、纺织、建材、农业、医药工业等领域。

三、反应式

$$CH_3（CH_2）_{10}CH_2OH + ClSO_3H \longrightarrow CH_3（CH_2）_{10}CH_2OSO_3H + HCl$$

$$CH_3（CH_2）_{10}CH_2OSO_3H + NaOH \longrightarrow CH_3（CH_2）_{10}CH_2OSO_3Na + H_2O$$

四、仪器与试剂

仪器：回流装置 1 套；气体吸收装置 1 套；抽滤装置 1 套；250ml 三口烧瓶 1 个；100℃玻璃温度计 1 支；100ml 恒压滴液漏斗 1 个；25ml 量筒 1 个；250ml 烧杯 1 个；玻璃漏斗 1 个。

试剂：正十二醇；氯磺酸；氢氧化钠；过氧化氢。

五、实验步骤

在装有回流装置、滴液漏斗和气体吸收装置的 250ml 三口烧瓶中，加入 18.6g（0.1mol）正十二醇，室温下（不超过 30℃）慢慢滴加 11.6g（0.1mol）氯磺酸，约15min 滴完（注意：起泡沫，勿使物料溢出）。于 30℃反应 2h，反应体系产生的氯化氢气体用质量分数 5% 氢氧化钠溶液吸收。反应完全后冷却至室温，慢慢滴加 30% 的氢氧化钠溶液，温度上升，产物越来越黏稠，当 pH＝7 时，耗去氢氧化钠约 24ml，此时为半固态黄色产物。然后缓慢滴加 10ml 30% 的过氧化氢，搅拌 0.5h，得到浅白色黏稠液体十二烷基硫酸钠，测其固含量。

六、附注与注意事项

1. 氯磺酸挥发性强，量取氯磺酸应在通风柜中进行，并装入恒压漏斗中滴加。氯磺酸的滴加速度要慢，防止反应过程产生大量的气泡引起冲料。

2. 氯磺酸与醇的反应为剧烈放热反应，需严格控制加料速度及反应温度。

3. 中和酸时应控制加料速度和温度，搅拌要充分，避免结块。

4. 滴加双氧水容易引起冲料，应小心进行。

5. 氯磺酸、氢氧化钠、过氧化氢均有腐蚀性，操作时切勿溅到手上和衣物上。

七、思考题

1. 十二烷基硫酸钠属于何种类型的表面活性剂，列举其性质与应用。

2. 加入过氧化氢的作用是什么？

实验四十二 表面活性剂十二烷基二甲基苄基氯化铵的制备

一、实验目的

1. 掌握十二烷基二甲基苄基氯化铵的制备方法。
2. 了解十二烷基二甲基苄基氯化铵的性质和应用。

二、实验提要

十二烷基二甲基苄基氯化铵，商品名为洁尔灭。淡黄色蜡状物，微溶于乙醇，易溶于水，水溶液呈弱碱性。其性质稳定，耐光、耐压、耐热、无挥发性。长期暴露于空气中易吸潮，贮存时常有鱼眼珠状结晶析出。工业品通常是有效成分为40%或50%的水溶液，呈无色或浅黄色黏稠液体，有芳香气味并带苦杏仁味。

十二烷基二甲基苄基氯化铵是一种季铵盐型阳离子表面活性剂，属非氧化性杀菌剂，具有广谱、高效的杀菌灭藻能力，能有效地控制水中菌藻繁殖和黏泥生长，并具有良好的黏泥剥离作用和一定的分散、渗透作用，同时具有一定的去油、除臭能力和缓蚀作用。十二烷基二甲基苄基氯化铵毒性小，无积累性毒性，不受水硬度影响，广泛应用于石油、化工、电力、纺织等行业的循环冷却水系统中，用以控制循环冷却水系统菌藻滋生，对杀灭硫酸盐还原菌有特效。除作为杀菌剂外，十二烷基二甲基苄基氯化铵常用作矿物浮选剂，使矿物表面变为疏水性，易附着于气泡上而浮选出来，这皆与阳离子表面活性剂容易吸附的特性有关。

阳离子表面活性剂溶于水后生成的亲水基团为带正电荷基团，按化学结构可分为胺盐、胺氧化物、季铵盐等。季铵盐与胺盐不同，不受 pH 变化的影响。不论在酸性、中性或碱性介质中季铵离子皆无变化，均可溶于水。季铵盐型阳离子表面活性剂系由叔胺和烷基化试剂反应而成，常用的烷基化试剂有氯代烷烃、环氧乙烷、苄基环氧乙烷、氯化苄、硫酸二甲酯、硫酸二乙酯等。

三、反应式

$$C_{12}H_{25}-\overset{CH_3}{\underset{CH_3}{N}}-CH_3 + \quad \overset{CH_2Cl}{\bigcirc} \quad \longrightarrow \quad \left[C_{12}H_{25}-\overset{CH_3}{\underset{CH_3}{N}}-CH_2-\bigcirc \right]^{+} Cl^{-}$$

四、仪器与试剂

仪器：回流装置1套；250ml三口烧瓶1个；200℃玻璃温度计1支；蒸发皿1个。

试剂：十二烷基二甲基叔胺；氯化苄。

五、实验步骤

在装有回流装置的250ml三口烧瓶中，加入42.7g（0.2mol）十二烷基二甲基叔胺和23.3g（0.184mol）氯化苄，加热至90℃~100℃，在此温度下反应2h，即得白色黏稠状液体。将反应液移入蒸发皿，在蒸汽浴上或烘箱内烘干，碾碎后即得到白色颗粒状或粉状物。称重，计算收率。

六、附注与注意事项

氯化苄具有不愉快的刺激性气味和毒性，取样应在通风橱中进行，操作时切勿溅到手上和衣物上。

七、思考题

1. 季铵盐型与胺盐型阳离子表面活性剂的性质区别是什么？
2. 试述季铵盐型阳离子表面活性剂的工业用途。

第二节 杀 菌 剂

杀菌剂用于防治由各种病原微生物引起的植物病害的一类农药，一般指杀真菌剂。国际上通常是作为防治各类病原微生物的药剂的总称。根据分子结构的不同，可分为无机杀菌防腐剂如次氯酸盐、氯胺和有机杀菌剂，广泛用于造纸、食品、医药、塑料、橡胶、农药、涂料等领域。

本节安排2个实验，介绍杀菌剂三溴水杨酰苯胺和二硫氰酸乙酯的合成方法。

实验四十三　杀菌剂三溴水杨酰苯胺的制备

一、实验目的

1. 掌握三溴水杨酰苯胺的制备方法。
2. 了解三溴水杨酰苯胺的性质和应用。
3. 掌握气体吸收装置的安装和使用。

二、实验提要

三溴水杨酰苯胺，无色至浅棕色针状结晶，熔点227℃~228℃，不溶于水，微溶于乙醇，易溶于 N, N - 二甲基甲酰胺。

该品用作肥皂和化妆品的杀菌剂，亦可用作棉织物的防霉剂，其钠盐对于塑料、橡胶、纤维、聚氯乙烯薄膜、涂料、黏合剂、皮革等材料的防霉特别有效。药用级产品用于治疗皮肤癣病和药品的防腐。

三、反应式

四、仪器与试剂

仪器：回流装置 1 套；抽滤装置 1 套；气体吸收装置 1 套；250ml 三口烧瓶 1 个；100ml 恒压滴液漏斗 1 个；200℃温度计 1 支；250ml 烧杯 1 个；500ml 烧杯 1 个；玻璃漏斗 1 个。

试剂：水杨酸；苯胺；三氯化磷；氢氧化钠；冰乙酸；液溴；甲醇。

五、实验步骤

在装有回流装置的 250ml 三口烧瓶中加入 27.6g（0.2mol）水杨酸和 18.6ml（0.2mol）新蒸馏苯胺，搅拌下加热至 100℃~120℃，待水杨酸完全溶化后将温度降至 90℃~100℃，继续搅拌下缓慢滴加 10g 三氯化磷，反应生成的氯化氢气体用 5% 氢氧化钠溶液吸收。三氯化磷滴加完后升温至 140℃~150℃反应 3h，然后将反应物加入蒸馏水中，即有白色沉淀生成。沉淀物用蒸馏水洗至中性，过滤，干燥，得到水杨酰苯胺粗品。

在装有回流装置的 250ml 三口烧瓶中加入 140ml 50% 乙酸和 4.3g（0.02mol）新制备的水杨酰苯胺，在搅拌下加热至 55℃，恒温状态下缓慢滴加 3.1ml（0.06mol）液溴，加完后维持 55℃搅拌 1h，使完全溴化，冷却至室温，抽滤，沉淀用甲醇洗涤 3 次，干燥后得 3,4',5 - 三溴水杨酰苯胺粗品。

六、附注与注意事项

1. 三氯化磷挥发性强，量取三氯化磷应在通风橱中进行，并装入恒压漏斗中滴加。三氯化磷的滴加速度要慢，防止反应过程产生大量的气泡引起冲料。

2. 液溴挥发性强，量取液溴应在通风橱中进行，并装入恒压漏斗中滴加。

3. 三氯化磷、苯胺、氢氧化钠、液溴均有腐蚀性，操作时切勿溅到手上和衣物上。

七、思考题

1. 加入三氯化磷的作用是什么？
2. 能否用溴水代替液溴，为什么？

实验四十四　杀菌剂二硫氰酸乙酯的制备

一、实验目的

1. 掌握杀菌剂二硫氰酸乙酯的制备方法。
2. 了解二硫氰酸乙酯的性质和应用。

二、实验提要

二硫氰酸乙酯，浅黄色或近无色针状结晶，熔点90℃，能溶于对二氧六环、N,N－二甲基甲酰胺，微溶于其他有机溶剂，难溶于水。对细菌、霉菌类、藻类具有强杀伤能力。

三、反应式

$$BrCH_2CH_2Br + 2NaSCN \xrightarrow{KI} NCSCH_2CH_2SCN + 2NaBr$$

四、仪器与试剂

仪器：回流装置1套；抽滤装置1套；250ml三口烧瓶1个；100ml恒压滴液漏斗1个；200℃温度计1支；250ml烧杯1个。

试剂：硫氰酸钠；碘化钾；1,2－二溴乙烷；无水乙醇。

五、实验步骤

在装有回流装置的三口烧瓶中加入47g 40%硫氰酸钠水溶液，再加入0.2g碘化钾，升温至80℃~95℃，搅拌下缓慢滴加7.4ml（0.085mol）1,2－二溴乙烷，10min滴完后，保持80℃~95℃继续搅拌1.5h，然后将反应液倒入250ml烧杯中冷却，即有浅黄色晶体析出，抽滤，用50%乙醇洗涤，真空干燥即得产品。

六、附注与注意事项

1. 1,2－二溴乙烷挥发性强，量取1,2－二溴乙烷应在通风橱中进行，并装入恒压漏斗中滴加。
2. 硫氰酸钠具有一定的毒性和腐蚀性，操作时切勿沾到手上和衣物上。

七、思考题

1. 加入碘化钾的作用是什么？
2. 简述二硫氰酸乙酯的性质和应用。

第三节 香精香料

香精香料是为加香产品配套的重要原料。香料是调配香精的原料，香精则是人类社会生活密切相关的特殊产品，素有"工业味精"之称。其产品广泛应用于食品、日用化工、制药、烟业、纺织、皮革等行业。

香精的香气称为香型，一般分为仿天然香型如花香、果香、木香、草香；合成香型如醛香、国际香；咸味香精如肉味香精、海鲜味香精和植物类香精。

本节安排 2 个实验，介绍香精成分乙酸异戊酯和香豆素的合成方法。

实验四十五 香精成分乙酸异戊酯的制备

一、实验目的

1. 掌握酯化反应机理及乙酸异戊酯的制备方法。
2. 初步掌握带有分水器回流装置的安装与操作。
3. 熟悉分液漏斗的使用方法，掌握利用萃取和蒸馏纯化液体有机物的操作技术。

二、实验提要

乙酸异戊酯是无色易燃、易挥发、透明的液体，具有类似香蕉和梨的香味。几乎不溶于水，能与乙醇、乙醚及乙酸乙酯等有机溶剂互溶。熔点 $78.5℃$，沸点 $142℃$。

乙酸异戊酯具有香蕉油的美称，天然存在于苹果、香蕉、梨、桃等水果中，是我国允许使用的合成食用香料之一，也是一种用途广泛的精细有机化工产品，常被用作喷漆、醇酸树脂、硝酸纤维素、油脂、印刷油墨等的溶剂。

制备酯类化合物的方法很多，常见的合成方法有：硫酸催化法、磷酸催化法、固体氯化物催化法、硅钨杂多酸催化法。传统方法是用浓硫酸作催化剂，以低沸点的苯带水的方法来合成酯。

三、反应式

$$CH_3COOH + (CH_3)_2CHCH_2CH_2OH \xrightarrow{H_2SO_4} CH_3COOCH_2CH_2CH(CH_3)_2 + H_2O$$

四、仪器与试剂

仪器：回流装置 1 套；带水装置 1 套；常压蒸馏装置 1 套；250ml 三口烧瓶 1 个；100ml 滴液漏斗 1 个；250ml 分液漏斗 1 个；100ml 圆底烧瓶 2 个。

试剂：冰醋酸；异戊醇；浓硫酸；氯化钠；碳酸钠；无水硫酸镁；沸石。

五、实验步骤

在装有回流装置和分水器的 250ml 三口烧瓶中加入 36ml（0.6mol）冰醋酸、43ml（0.4mol）异戊醇、5.4ml 浓硫酸和几颗沸石，混合均匀，在分水器中预先加入水，使水位略低于支管口。加热回流，待反应至分水器中水量不再增加时（约 2.5h），停止反应，放出水层，记录水的体积。将分水器中分出的酯层和反应液一起倒入分液漏斗中，先用 50ml 饱和氯化钠溶液洗涤，分出水层。酯层再用 10% 碳酸钠溶液洗涤至中性，分出水层，将酯层倒入干燥的锥形瓶中，加入适量的无水硫酸镁干燥。

将干燥后的乙酸异戊酯倒入干燥的蒸馏烧瓶中（注意不要将硫酸镁倒进去），加入几粒沸石，常压蒸馏，收集 137℃～145℃的馏分，计算产率。

六、附注与注意事项

1. 加浓硫酸时，要分批加入，并在冷却下充分振摇，防止异戊醇被氧化。
2. 回流酯化时，要缓慢均匀加热，防止炭化并确保完全反应。
3. 分液漏斗使用前要涂凡士林试漏，防止洗涤时漏液，造成产品损失。
4. 碳酸钠碱洗时放出大量热并有二氧化碳产生，因此洗涤时要不断放气，防止分液漏斗内的液体冲出来。

七、思考题

1. 能否用浓 NaOH 溶液代替 Na_2CO_3 饱和溶液来洗涤粗酯以除去其中的酸？
2. 如何除去酯化反应中的杂质？
3. 酯可用哪些干燥剂干燥？为什么不能使用无水氯化钙进行干燥？

实验四十六　香精成分香豆素的制备

一、实验目的

1. 掌握芳香醛缩合反应机理及香豆素的制备方法。
2. 掌握重结晶的操作技术。

二、实验提要

香豆素是一个重要的香料，天然存在于黑香豆、香蛇鞭菊、野香荚兰、兰花中，具有干草香味，且留香持久。香豆素可用于制备香料，用作定香剂，还可用于各种香精的配制，如紫罗兰、薰衣草、兰花等香精。香豆素通常是通过 Perkin 反应的合成方法得到。

香豆素为白色晶体，熔点 68℃ ~ 70℃。不溶于冷水，溶于热水，易溶于乙醇、三氯甲烷、乙醚。

三、醋酸钠催化法（方法一）

（一）反应式

（二）仪器与试剂

仪器：回流装置 1 套；无水氯化钙干燥管 1 支；抽滤装置 1 套；250ml 三口烧瓶 1 个；250ml 锥形瓶 1 个；250ml 烧杯 1 个。

试剂：水杨醛；醋酸酐；无水醋酸钠；无水碳酸钠；95% 乙醇。

（三）实验步骤

本实验所用仪器必须是干燥的。

在装有回流装置（冷凝管顶部装上附有无水氯化钙干燥管）的 250ml 三口烧瓶中加入 11ml（0.10mol）水杨醛、27ml（0.30mol）醋酸酐和 20.5g（0.25mol）无水醋酸钠，搅拌溶解后加热回流 3h。待反应液稍冷，将反应液倒入 250ml 锥形瓶中，加入 20ml 水，并置于冰水浴中冷却，即有结晶析出。过滤，固体用 10% 碳酸钠溶液洗涤至中性。过滤，固体用 95% 乙醇重结晶，得到白色针状晶体，干燥，计算收率。

（四）附注与注意事项

Perkin 反应须在无水条件下进行，要求原料干燥无水；所用仪器、量具干燥无水；反应期间避免水进入反应瓶。

四、氟化钾催化法（方法二）

（一）反应式

（二）仪器与试剂

仪器：分馏装置 1 套；减压蒸馏装置 1 套；抽滤装置 1 套；50ml 三口烧瓶 1 个；0～100℃和 0～250℃温度计各 1 支；25ml 锥形瓶或圆底烧瓶 1 个；50ml 烧杯 1 个。

试剂：水杨醛；醋酸酐；无水氟化钾；50%乙醇。

（三）实验步骤

将水杨醛 12.2g（0.1mol）、乙酸酐 22.5g（0.225mol）及无水氟化钾 1.5g，依次加入到一装有温度计韦氏分馏柱的 50ml 三颈瓶中，加热，约 180℃时，乙酸被缓慢蒸出。蒸馏完后再于搅拌下继续反应 0.5h，整个反应过程为 3h，最后反应温度可达 210℃～205℃。反应结束后，冷却物料，加入总量为 12ml 的热水，在不断搅拌下洗涤反应混合物；并于反应物料还没有凝固前将其及洗涤液一起转移到 25ml 圆底烧瓶中，冰水中冷却数小时。细心倾泻出上层洗涤液。将物料进行减压蒸馏，分别收集约 64℃～65℃/8mmHg 的水杨醛馏分和 188℃～199℃/8mmHg 粗香豆素馏分，凝固后得 11.4g 白色固体，熔点 67℃～68℃，产率为 75%。将粗香豆素于 60℃下以 50%乙醇溶解，趁热过滤后，冷却析晶。如此重结晶 2 次，熔点可达 69℃。

五、思考题

1. 通常采用什么方法精制固体物质？
2. 选择重结晶溶剂的原则是什么？
3. 醋酸钠催化法中，安装无水氯化钙干燥管的作用是什么？

第四节　防　腐　剂

防腐剂是指用于加入食品、药品、颜料、生物标本等天然或合成的化学成分，以延迟微生物生长或化学变化引起的腐败。防腐剂的防腐原理大致有三种：一是干扰微生物的酶系，破坏其正常的新陈代谢，抑制酶的活性。二是使微生物的蛋白质凝固和变性，干扰其生存和繁殖。三是改变细胞浆膜的渗透性，抑制其体内的酶类和代谢产物的排除，导致其失活。食品防腐剂的种类很多，主要分为合成和天然防腐剂；常用的合成防腐剂以山梨酸及其盐、苯甲酸及其盐和尼泊金酯类等为代表。

本节安排 1 个实验，介绍对羟基苯甲酸丁酯的合成方法。

实验四十七　防腐剂对羟基苯甲酸丁酯的制备

一、实验目的

1. 掌握对羟基苯甲酸丁酯的制备方法。

2．掌握带有分水器的回流装置的安装与操作。

3．掌握利用萃取和蒸馏纯化液体有机物的操作技术。

二、实验提要

对羟基苯甲酸丁酯又称为尼泊金丁酯，白色结晶粉末，稍有特殊臭味。熔点 69℃~72℃。微溶于水，易溶于乙醇、丙酮和三氯甲烷。

尼泊金丁酯主要用于药品、化妆品及食品的抑菌剂和防腐剂，在对羟基苯甲酸酯类中，其防腐杀菌力最强。因其在水中溶解度小，通常配制成乙醇溶液、乙酸溶液或氢氧化钠溶液。为提高溶解度，常和几种不同的酯配制成共溶混合物。

三、反应式

$$n\text{-}C_4H_9OH \ + \ HO\text{-}\langle\rangle\text{-}COOH \ \xrightarrow{H_2SO_4} \ HO\text{-}\langle\rangle\text{-}COOC_4H_9 \ + \ H_2O$$

四、仪器与试剂

仪器：回流装置 1 套；分水器 1 套；减压蒸馏装置 1 套；抽滤装置 1 套；250ml 三口烧瓶；100ml 圆底烧瓶 2 个；100ml 恒压滴液漏斗 1 个；250ml 烧杯 1 个。

试剂：对羟基苯甲酸；正丁醇；苯；浓硫酸；氢氧化钠；碳酸钠；沸石。

五、实验步骤

在装有回流装置和分水器的三口烧瓶中依次加入 30g（0.22mol）对羟基苯甲酸、69ml（0.76mol）正丁醇、19ml（0.22mol）苯和 0.2ml（0.003mol）浓硫酸。将混合物在搅拌下加热至回流，反应 1h 后停止，减压蒸馏，回收过量的正丁醇和苯，反应物用 5% 的氢氧化钠调 pH 值为 6。静置，晶体析出后，结晶物加入 10% 的碳酸钠水溶液，使反应体系 pH 值为 7~8。抽滤，反复用蒸馏水洗涤至中性，得到白色晶体，干燥，计算收率。

六、附注与注意事项

要及时排出分水器中脱出的水分。

七、思考题

1．浓硫酸在本反应中的作用是什么？

2．在本反应中加入苯的目的是什么？

第五节　水处理剂

水处理剂指用于水处理的化学药剂，广泛应用于化工、石油、轻工、日化、纺织、印染、建筑、冶金、机械、医药卫生、交通等行业，以达到节约用水和防止水源污染的目的。水处理剂包括缓蚀剂、阻垢分散剂、杀菌灭藻剂、絮凝剂、离子交换树脂、净化剂、清洗剂、预膜剂等。

本节安排 2 个实验，介绍缓蚀剂苯并三唑和羟乙基二磷酸的合成方法。

实验四十八　金属缓蚀剂苯并三唑的制备

一、实验目的

1. 掌握苯并三唑的制备方法。
2. 掌握重氮化反应机理。

二、实验提要

白色或浅褐色针状结晶体，熔点 98.5℃。微溶于冷水，易溶于热水、甲醇、丙酮、乙醚等溶剂。水溶液呈弱酸性，pH 值为 5.5~6.5，与碱金属离子可以生成稳定的金属盐。由邻苯二胺重氮化、环化制得，也可由邻硝基苯肼和苯并咪唑酮合成。广泛用作铜、银质设备的缓蚀剂，在电镀中用以表面纯化银、铜、锌，具有防变色作用。此外，苯并三唑是良好的紫外光吸收剂，可用作黑白胶片和相纸的显影防灰雾剂。

三、反应式

四、仪器与试剂

仪器：回流装置 1 套；抽滤装置 1 套；250ml 三口烧瓶 1 个；250ml 烧杯 1 个。

试剂：邻苯二胺；冰醋酸；亚硝酸钠。

五、实验步骤

在装有回流装置的 250ml 三口烧瓶中加入 21.6g（0.2mol）邻苯二胺、23ml

（0.4mol）冰醋酸和42ml蒸馏水，搅拌下加热至50℃~60℃，得到无色透明溶液。然后用冰水冷却至5℃，搅拌下加入由15g（0.22mol）亚硝酸钠和24ml蒸馏水配成的溶液，反应体系慢慢变成暗绿色，体系温度自发热升温至70℃~80℃，溶液颜色变为透明的橘红色。将反应体系自然冷却，静置1h，粗产物苯并三唑以油状物形式析出。在冰浴中搅拌反应体系直至凝固成固体。在冰浴中继续冷却3h，抽滤，用冰水洗涤，粗产品在45℃~50℃干燥，得到黄褐色固体。

六、附注与注意事项

重氮化反应应在低温下进行，尽量避免副反应的发生。

七、思考题

1. 简述重氮化反应机理。
2. 如何判断重氮化反应的终点？

实验四十九　缓蚀剂羟乙基二磷酸的制备

一、实验目的

1. 掌握羟乙基二磷酸的制备方法。
2. 掌握减压蒸馏的操作技术。

二、实验提要

羟乙基二磷酸是一种有机膦酸类阻垢缓蚀剂，能与钙、铁、铜等金属离子形成稳定的络合物，能溶解金属表面的氧化物。在250℃下仍能起到良好的缓蚀阻垢作用，在高pH下环境仍很稳定，不易水解，一般光热条件下不易分解。耐酸碱性、耐氯氧化性能较其他有机膦酸（盐）好。

羟乙基二磷酸广泛应用于电力、化工、冶金、化肥等工业循环冷却水系统及中、低压锅炉、油田注水及输油管线的阻垢和缓蚀；在轻纺工业可用作金属和非金属的清洗剂，漂染工业的过氧化物稳定剂和固色剂，无氰电镀工业的络合剂，医药行业作放射性元素的携带剂。

三、反应式

$$PCl_3 + 3CH_3COOH \longrightarrow 3CH_3COCl + H_3PO_3$$

$$PCl_3 + 3H_2O \longrightarrow H_3PO_3 + 3HCl$$

$$CH_3COCl + 2H_3PO_3 \xrightarrow{H_2O} CH_3 - \overset{\overset{\displaystyle OH}{|}}{\underset{\underset{\displaystyle P(O)(OH)_2}{|}}{C}} - P(O)(OH)_2 + HCl$$

四、仪器与试剂

仪器：回流装置1套；减压蒸馏装置1套；气体吸收装置1套；100ml滴液漏斗1个；250ml三口烧瓶1个；100ml圆底烧瓶2个；250ml烧杯1个；200℃温度计1支。

试剂：冰醋酸；三氯化磷；无水乙醇；氢氧化钠。

五、实验步骤

在装有回流装置和气体吸收装置的250ml三口烧瓶中加入24ml（0.42mol）冰醋酸和25ml蒸馏水。搅拌下缓慢滴加35ml（0.4mol）三氯化磷，控制反应温度低于40℃。于1h内滴完三氯化磷，室温下继续搅拌反应15min，此时物料呈乳浊液。然后缓慢升温至110℃，保温回流2h。冷却至室温后加入20ml无水乙醇，得到透明溶液。减压蒸馏除去乙醇。将残液倒入烧杯中，静置冷却后加入10%氢氧化钠溶液调节体系的pH值至3~4即为成品。

六、附注与注意事项

1. 三氯化磷的滴加速度要慢，防止反应过程产生大量的气泡引起冲料。
2. 该反应为放热反应，需严格控制加料速度及反应温度。
3. 减压蒸馏时要控制好温度和真空度的关系。

七、思考题

简述羟乙基二磷酸的性质与应用。

第六节 橡 胶 助 剂

橡胶助剂起源于天然橡胶的硫化。橡胶加工用的一大类添加剂，包括硫化剂（交联剂）、硫化促进剂、硫化活性剂、防焦剂、防老剂、软化剂、增塑剂、塑解剂和再生活化剂、增黏剂、胶乳专用助剂等主要助剂。目前，硫化促进剂和防老剂两类主要有机助剂的产量大约为生胶消耗量的4%。

硫化促进剂能缩短硫化时间、降低硫化温度、减少硫磺用量的物质，简称促进剂。主要产品有：噻唑类、次磺酰胺类、秋兰姆类和二硫代氨基甲酸盐类促进剂。

本节安排1个实验，介绍硫化促进剂二异丙基二硫代磷酸锌的合成方法。

实验五十　硫化促进剂二异丙基二硫代磷酸锌的制备

一、实验目的

1. 掌握二异丙基二硫代磷酸锌的制备方法
2. 掌握重结晶的原理和方法。

二、实验提要

二异丙基二硫代磷酸锌为白色颗粒或针状固体，无异味，是一种快速硫化助促进剂，具有不喷霜、硫化速度快以及成本较低的特性。

三、反应式

$$(CH_3)_2CHOH \xrightarrow{P_2S_5} \begin{array}{c} (CH_3)_2CH \\ | \\ O \quad S \\ \backslash \quad \nearrow \\ P \\ \diagup \quad \diagdown \\ O \quad SH \\ | \\ (CH_3)_2CH \end{array} \xrightarrow{ZnO} \left[\begin{array}{c} (CH_3)_2CH \\ | \\ O \quad S \\ \backslash \quad \nearrow \\ P \\ \diagup \quad \diagdown \\ O \quad S-Zn \\ | \\ (CH_3)_2CH \end{array} \right]_2$$

四、仪器与试剂

仪器：回流装置 1 套；抽滤装置 1 套；通氮气装置 1 套；气体吸收装置 1 套；250ml 三口烧瓶 1 个；200℃温度计 1 支；250ml 烧杯 1 个。

试剂：五硫化二磷；异丙醇；氧化锌；氮气。

五、实验步骤

在 250ml 三口烧瓶中加入 10g 研细的五硫化二磷和 100ml 异丙醇，水浴中回流搅拌加热，得到均匀溶液。将混合液冷却至 40℃，在液面下通入氮气，生成的硫化氢气体用 5% 氢氧化钠溶液吸收，用湿润的醋酸铅试纸验证硫化氢是否除尽。再加入 4g 氧化锌，反应液在水浴中加热 10min，趁热过滤。自然冷却，析出晶体。过滤，用适量的异丙醇洗涤后，最后用热异丙醇重结晶，得到白色针状固体。

六、附注与注意事项

1. 在反应中尽量除尽产生的硫化氢。
2. 加入氧化锌后趁热过滤，避免冷却后晶体析出降低收率。

七、思考题

1. 加入五硫化二磷的作用是什么？
2. 固体物质通常通过什么方法进行提纯？

第七节 塑料助剂

塑料助剂是用于塑料成型加工品的一大类助剂，是在聚氯乙烯工业化以后逐渐发展起来的。20 世纪 60 年代以后，由于石油化工的兴起，塑料工业发展甚快，塑料助剂已成为重要的化工行业。塑料助剂包括增塑剂、热稳定剂、抗氧剂、光稳定剂、阻燃剂、发泡剂、抗静电剂、防霉剂、着色剂、增白剂、填充剂、偶联剂、润滑剂、脱模剂等。目前，增塑剂、阻燃剂和填充剂是用量最大的塑料助剂。

增塑剂是最早使用的塑料助剂，邻苯二甲酸酯类是增塑剂的主体，其产量约占增塑剂总产量的 80% 左右，生产规模较小的增塑剂有己二酸和癸二酸的酯类、磷酸酯类、环氧油和环氧酯类、偏苯三酸酯和季戊四醇酯、氯化石蜡和烷基磺酸苯酯。

本节安排 3 个实验，介绍增塑剂邻苯二甲酸二丁酯、增塑剂磷酸三苯酯和环氧大豆油的合成方法。

实验五十一 增塑剂邻苯二甲酸二丁酯的制备

一、实验目的

1. 掌握邻苯二甲酸二丁酯的制备方法。
2. 掌握分液漏斗的使用方法和利用萃取纯化液体有机物的操作技术。
3. 掌握蒸馏精制液体物质的操作技术。

二、实验提要

邻苯二甲酸二丁酯为无色油状液体，可燃，有芳香气味，沸点 340℃。难溶于水，易溶于乙醇、乙醚、丙酮和苯。

邻苯二甲酸二丁酯是聚氯乙烯最常用的增塑剂，可使制品具有良好的柔软性。邻苯二甲酸二丁酯是硝基纤维素的优良增塑剂，凝胶化能力强，用于硝基纤维素涂料，有良好的软化作用。稳定性、耐挠曲性、黏结性和防水性均优于其他增塑剂。此外，邻苯二甲酸二丁酯还可用作聚醋酸乙烯、醇酸树脂、乙基纤维素及氯丁橡胶、丁腈橡胶的增塑剂。

三、反应式

$$\text{邻苯二甲酸酐} + 2n\text{-}C_4H_9OH \longrightarrow \begin{array}{c} COOC_4H_9 \\ COOC_4H_9 \end{array} + 2H_2O$$

四、仪器与试剂

仪器：回流装置 1 套；分水器装置 1 套；常压蒸馏装置 1 套；减压蒸馏装置 1 套；250ml 三口烧瓶 1 个；100ml 恒压滴液漏斗 1 个；250ml 分液漏斗 1 个；100ml 圆底烧瓶 2 个；100ml 锥形瓶 1 个；250ml 烧杯 1 个。

试剂：邻苯二甲酸酐；正丁醇；浓硫酸；氯化钠；碳酸钠；无水硫酸镁；沸石。

五、实验步骤

在装有回流装置和分水器的 250ml 三口烧瓶中加入 16.6g（0.11mol）邻苯二甲酸酐、28ml（0.3mol）正丁醇、4 滴浓硫酸和几粒沸石，在分水器中预先放入 3ml 正丁醇，搅拌下缓慢加热至回流状态。待分水器中的水层不再增加时，放出脱出的水并记录水的体积，从分水器中放出正丁醇。当反应液温度上升至 160℃，停止加热，待反应液冷却至室温，将反应液倒入分液漏斗中，用 25ml 饱和氯化钠溶液洗涤 2 次。分出水层，酯层用 10% 的碳酸钠溶液洗涤至中性。分出水层，酯层用 25ml 饱和氯化钠溶液洗涤。分出水层，将酯层倒入干燥的锥形瓶中，加入适量的无水硫酸镁干燥。

将干燥后的邻苯二甲酸二丁酯倒入干燥的蒸馏烧瓶中（注意不要将硫酸镁倒进去），加入几粒沸石，先减压蒸馏除去正丁醇，再收集 200℃～210℃/2666Pa 的馏分，计算收率。

六、附注与注意事项

1. 回流酯化时，要缓慢均匀加热，以防止炭化并确保完全反应。
2. 分液漏斗使用前要涂凡士林试漏，防止洗涤时漏液，造成产品损失。
3. 碳酸钠碱洗时放出大量热并有二氧化碳产生，因此洗涤时要不断放气，防止分液漏斗内的液体冲出来。

七、思考题

1. 在酯化反应中要及时分出生成的水，为什么？
2. 为何用饱和氯化钠溶液洗涤酯层？
3. 可以用无水氯化钙作干燥剂吗？请说明原因。

实验五十二　增塑剂磷酸三苯酯的制备

一、实验目的

1. 掌握磷酸三苯酯的制备方法。
2. 掌握利用萃取和蒸馏的方法精制液体有机物的操作技术。
3. 掌握重结晶的原理和方法。

二、实验提要

磷酸三苯酯为白色无臭针状结晶，不溶于水，微溶于乙醇，易溶于乙醚、苯、三氯甲烷、丙酮。熔点 50℃~51℃。

磷酸三苯酯具有优良的耐水、耐油、电绝缘性和相容性，主要用于纤维素树脂、乙烯基树脂、天然橡胶和合成橡胶的阻燃增塑剂，也可用于三乙酸甘油酯薄酯和软片、硬质聚氨酯泡沫、酚醛树脂等工程塑料的阻燃增塑剂。

三、反应式

四、仪器与试剂

仪器：回流装置 1 套；减压蒸馏装置 1 套；250ml 三口烧瓶 1 个；100ml 圆底烧瓶 2 个；250ml 分液漏斗 1 个；100ml 锥形瓶 1 个；100℃温度计 1 支；300℃温度计 1 支。

试剂：苯酚；吡啶；苯；三氯氧磷；无水硫酸钠；无水乙醇。

五、实验步骤

在装有回流装置的 250ml 三口烧瓶中加入 26.3ml（0.3mol）苯酚、27ml 吡啶、26ml 干燥好的苯，在冰盐浴中搅拌至温度降至 -5℃。在搅拌下缓慢滴加 9.1ml（0.1mol）三氯氧磷，控制温度不超过 10℃，加完后慢慢加热回流 2h，冷却至室温，加入 40ml 蒸馏水溶解吡啶盐酸盐。分出水层，有机层用 15ml 蒸馏水洗涤有机层，分出水层，有机层加入 2g 无水硫酸钠干燥。先减压蒸馏除去苯，再收集 243℃~245℃/1.46kPa 的馏分，得到磷酸三苯酯，用无水乙醇重结晶。

六、附注与注意事项

1. 三氯氧磷的滴加速度要慢，防止反应过程产生大量的热，减少副反应的发生。
2. 分液漏斗使用前要涂凡士林试漏，防止洗涤时漏液，造成产品损失。

七、思考题

1. 在反应初期，滴加三氯氧磷时为何要在低温下进行？
2. 简述磷酸三苯酯的性质和应用。

第八节　医药中间体与原料药

医药中间体和原料药实际上是一些用于药品合成工艺过程中的一些化工原料或化工产品。这种化工产品，不需要药品的生产许可证，在普通的化工厂即可生产，只要达到一些的级别，即可用于药品的合成。

本节安排 1 个实验，介绍医药原料药苯佐卡因的合成方法。

实验五十三　医药原料药苯佐卡因的制备

一、实验目的

1. 掌握苯佐卡因的制备方法。
2. 掌握酯化和还原反应的操作技术。
3. 掌握无水操作技术。

二、实验提要

苯佐卡因为白色结晶粉末，无臭，味微苦，难溶于水，能溶于杏仁油、橄榄油、稀酸，易溶于醇、醚、三氯甲烷。主要用于创面、溃疡面及痔疮的镇痛。

三、反应式

$$\text{4-}NO_2\text{-}C_6H_4\text{-}COOH \xrightarrow[H^+]{C_2H_5OH} \text{4-}NO_2\text{-}C_6H_4\text{-}COOC_2H_5 \xrightarrow{Fe/H^+} \text{4-}NH_2\text{-}C_6H_4\text{-}COOC_2H_5}$$

四、仪器与试剂

仪器：回流装置 1 套；抽滤装置 1 套；干燥管 1 支；250ml 三口烧瓶 1 个；100ml 圆底烧瓶 1 个；250ml 烧杯 1 个。

试剂：对硝基苯甲酸；无水乙醇；浓硫酸；碳酸钠；无水氯化钙；铁粉；95% 乙醇；冰乙酸；活性炭；沸石。

五、实验步骤

在装有回流装置（冷凝管顶部装上附有氯化钙干燥管）的 100ml 圆底烧瓶中加入 8.4g（0.05mol）对硝基苯甲酸、26.2ml（0.45mol）无水乙醇和 3ml 浓硫酸，加热回流 2.5h 至反应液澄清透明。稍冷，将反应液倾入到 100ml 冰水中，抽滤。析出白色结晶，抽滤，滤饼用 5% 碳酸钠溶液调 pH = 7.5 ~ 8.0，抽滤，滤饼用少量蒸馏水洗涤，干燥，得到对硝基苯甲酸乙酯，计算收率。

在装有回流装置的 250ml 三口烧瓶中加入 15g 铁粉、50ml 蒸馏水、15ml 95% 乙醇和 2.5ml 冰醋酸，于沸水浴上加热 10min，然后加入 6g 对硝基苯甲酸乙酯和 15ml 95% 乙醇，快速搅拌下反应 2h，将 35ml 10% 碳酸钠溶液慢慢加入到反应液中，搅拌 15min，趁热抽滤，滤液冷却后析出结晶，抽滤，滤饼用少量蒸馏水洗涤 2 次，得到对氨基苯甲酸乙酯。

将对氨基苯甲酸乙酯（苯佐卡因）粗品置于装有回流装置的 100ml 圆底烧瓶中，加入 10 ~ 15 倍（ml/g）50% 乙醇，在水浴上加热溶解。稍冷，加活性炭脱色（活性炭用量视粗品颜色而定），加热回流 20min，趁热抽滤（布氏漏斗、抽滤瓶应预热）。将滤液趁热转移到烧杯中，自然冷却，待结晶完全析出后，抽滤，滤饼用少量 50% 乙醇洗涤 2 次，干燥，计算收率。

六、附注与注意事项

1. 酯化反应须在无水条件下进行，如有水进入反应系统中，收率将降低。要求原料干燥无水；所用仪器、量具干燥无水；反应期间避免水进入反应瓶。

2. 对硝基苯甲酸乙酯及少量未反应的对硝基苯甲酸均溶于乙醇，但均不溶于水。反应完毕，将反应液倾入水中，乙醇的浓度降低，对硝基苯甲酸乙酯及对硝基苯甲酸便会析出。

3. 还原反应中，因铁粉比重大，沉于瓶底，必须将其搅拌起来，才能使反应顺利进行。

七、思考题

1. 通常采用什么方法精制固体物质？

2. 选择重结晶溶剂的原则是什么?

3. 安装无水氯化钙干燥管的作用是什么?

第九节　印染助剂

印染助剂包括印花助剂和染色助剂，印花助剂有增稠剂、黏合剂、交链剂、乳化剂、分散剂和其他印花助剂等。染色助剂包括染色剂、匀染剂、固色剂、分散剂和荧光增白剂。荧光增白剂主要借助于光学补色作用，将化学漂白不能去除的织物上黄褐色素变得洁白，由于光度增强，使白度更为艳丽。

本节实验安排 1 个实验，介绍荧光增白剂 EBF 的合成方法。

实验五十四　荧光增白剂 EBF 的制备

一、实验目的

1. 掌握荧光增白剂 EBF 的制备方法。

2. 掌握重结晶的原理和方法。

3. 掌握利用萃取洗涤和蒸馏的方法纯化液体有机物的操作技术。

二、实验提要

荧光增白剂 EBF 为黄色结晶粉末，微溶于水，溶于乙醇，熔点 218℃ ~ 219℃。属苯并噁唑类增白剂，能耐硬水、酸、碱。主要用于涤纶的增白，日晒牢度优异。也可用于塑料、涂料、醋酸纤维、锦纶、氯纶等的增白。

荧光增白剂 EBF 的制备常用邻氨基苯酚与氯乙酸（或 2 - 氯乙酰氯）在催化剂存在下生成 2 - 氯甲基苯并噁唑，再与硫化钠缩合，最后与乙二醛反应，即得产品。经加工后处理得淡黄色均匀分散液的商品。

三、反应式

四、仪器与试剂

仪器：回流装置 1 套；减压蒸馏装置 1 套；气体吸收装置 1 套；通氮气装置 1 套；抽滤装置 1 套；250ml 三口烧瓶 1 个；100ml 圆底烧瓶 2 个；100ml 滴液漏斗 1 个；100ml 试剂瓶 1 个；250ml 烧杯 1 个；250ml 锥形瓶 1 个；200℃温度计 1 支。

试剂：氯苯；氯乙酰氯；邻氨基苯酚；邻甲苯磺酸；吡啶；硫化钠；十二烷基二甲基苄基氯化铵；二氯甲烷；甲醇；甲醇钠；无水硫酸钠；二甲亚砜；乙二醛水合物；20%稀盐酸；氮气。

五、实验步骤

配制氯乙酰氯－氯苯溶液：在 25ml 氯苯中加入 10.6ml（0.13mol）氯乙酰氯，摇匀静置。

在装有回流装置的 250ml 三口烧瓶中加入 50ml 氯苯，搅拌下加入 13.6g（0.12mol）邻氨基苯酚，再加入 0.1ml 吡啶，通入氮气 30min 后滴加氯乙酰氯－氯苯溶液，大约 10 min 滴完，将反应体系升温至 80℃反应 0.5min，再加热至 100℃，产生的氯化氢气体用 5%氢氧化钠溶液吸收。反应 2h 后，加入 0.8g（0.005mol）邻甲苯磺酸，在通氮气条件下搅拌回流 5h。产物真空干燥，得到浅棕色油状物 2－氯甲基苯并噁唑，计算收率。

在 250ml 锥形瓶中加入含有 16g（0.2mol）硫化钠的 60ml 蒸馏水和 0.3g（0.0009mol）十二烷基二甲基苄基氯化铵，搅拌下冷却至 10℃，加入含 21g（0.12mol）2－氯甲基苯并噁唑和 50ml 二氯甲烷混合液，搅拌 3h，分出水层，有机层用蒸馏水洗至中性，用无水硫酸钠干燥，减压蒸馏除去二氯甲烷，得到苯并噁唑－2－甲基硫醚，用甲醇重结晶。

将 39ml 的甲醇钠冷却至 0℃，在 10min 内滴加由 38ml 二甲亚砜、1.1ml（0.01mol）乙二醛水合物（$3C_2H_2O_2 \cdot 2H_2O$）和 7.4g（0.025mol）苯并噁唑－2－甲基硫醚组成的溶液。在 0℃下搅拌 4h，反应液用稀盐酸酸化，过滤，滤饼用蒸馏水洗至中性，真空干燥，得到浅黄色结晶粉末，经氯苯重结晶，得 EBF，计算收率。

六、附注与注意事项

1. 为了使反应顺利进行，氯乙酰氯需先溶解在氯苯中。
2. 缩醛化反应需在低温下进行，避免副产物的产生。

七、思考题

1. 通常采用什么方法精制固体物质？
2. 选择重结晶溶剂的原则是什么？

第十节 油品添加剂

油品添加剂是指加入油品中能显著改善油品原有性能或赋予油品某些新品质的某些化学物质。油品添加剂种类很多，主要从应用和作用两方面来分类。按应用可分润滑剂添加剂、燃料添加剂、复合添加剂等；按作用可分清净剂、分散剂、抗氧抗腐剂、黏度指数改进剂、降凝剂、抗爆剂、金属钝化剂、流动改进剂、防冰剂等。

本节安排 1 个实验，介绍降凝剂聚甲基丙烯酸酯的合成方法。

实验五十五 降凝剂聚甲基丙烯酸酯的制备

一、实验目的

1. 掌握聚甲基丙烯酸酯的制备方法。
2. 掌握自由基聚合反应机理。

二、实验提要

聚甲基丙烯酸酯为无色透明黏稠液体，不溶于苯、汽油，溶于丙酮。用作降凝剂的聚合物分子量通常小于 10 万。

本体聚合是指单体在少量引发剂存在下进行的聚合反应或者直接加热，或在光和辐射作用下进行的聚合反应。本体聚合具有产品纯度高和无需后处理等优点，可直接聚合成各种规格的型材。但是，本体聚合进行到一定程度，体系黏度大大增加，大分子链的移动困难，而单体分子的扩散受到的影响不大。链引发和链增长反应照常进行，而增长链自由基的终止受到限制，结果使得聚合反应的速度增加，聚合物分子变大，出现所谓的自动加速效应。更高的聚合速率导致更多的热量生成，如果聚合热不能及时散去，会使局部反应雪崩式的加速进行而失去控制，因此，自由基本体聚合中控制聚合速率是聚合反应平稳进行的关键。

三、反应式

$$nCH_2{=}\underset{CH_3}{\overset{}{C}}{-}COOR \xrightarrow{} {\left[CH_2{-}\underset{COOR}{\overset{CH_3}{C}}\right]}_n \quad R{=}C_{8\text{-}18}$$

四、仪器与试剂

仪器：回流装置 1 套；抽滤装置 1 套；250ml 三口烧瓶 1 个；250ml 烧杯 1 个；200℃温度计 1 支。

试剂：甲基丙烯酸酯；活性碳酸镁；过氧化苯甲酰；浓硫酸。

五、实验步骤

在装有搅拌器、回流冷凝器、温度计的三口烧瓶中加入 20g 甲基丙烯酸酯、1.8g 活性碳酸镁、100ml 蒸馏水和 0.09g 过氧化苯甲酰，搅拌下加热至 70℃~80℃反应 4h。过滤悬浮液，用 50% 硫酸洗涤固形物至无二氧化碳气体放出，产物为白色或无色透明黏稠状液。如用作降凝剂，可配成 50%~80% 溶液。

六、附注与注意事项

本体聚合进行到一定程度，常常发生自动加速效应，控制好聚合温度是关键。

七、思考题

自动加速效应是怎样产生的？对聚合反应有哪些影响？

第五章

天然有机物提取实验

第一节　从植物中提取药物

从植物中提取药物有着悠久的历史，众所周知，在人类文明发展史上，最近约200年之前的大部分时间里，人类一直依赖传统药物（其中90%以上为植物药）与疾病斗争。植物提取药物是以植物（根、茎、叶、花、果实、种子）为原料，经过物理、化学提取分离过程，定向获取和富集植物中的某一种或多种有效成分，而不改变其有效成分结构而形成的产品。从植物中提取的药物主要包含苷、酸、多酚、多糖、萜类、黄酮、生物碱等类化合物。提取方法包括传统的水煎提取法、溶剂提取法以及新兴的超临界流体萃取法、超声波溶剂提取法、溶剂微波提取法和酶提取法等。

本节安排4个实验，介绍咖啡因、胡椒碱、黄芩苷和盐酸小檗碱（以前叫黄连素）的提取方法。

实验五十六　从茶叶中提取咖啡因

一、实验目的

1. 熟悉从茶叶中提取咖啡因的原理和方法。
2. 掌握升华的原理及实验操作技能。
3. 熟悉索式提取器的原理及使用，进一步熟悉蒸馏、萃取等基本操作。

二、实验提要

茶叶中含有多种生物碱，其中主要成分为咖啡因（Caffeine），含量约占1%～5%（丹宁酸及鞣酸占11%～12%，色素、纤维素、蛋白质等约为0.6%）。咖啡因属于嘌呤类的衍生物，是一种略带苦味的天然有机化合物。具有兴奋中枢神经、刺激心脏、兴奋大脑神经和利尿等作用，故可以作为中枢神经兴奋药。它也是复方阿司匹林等药物的组分之一。但是，大剂量或长期使用会对人体造成损害，特别是它也有成瘾性，一旦停用会出现精神萎靡、浑身困乏疲软等各种戒断症状。

　　咖啡因是一种生物碱，它可被生物碱试剂（如鞣酸、碘化汞钾试剂等）沉淀，也能被许多氧化剂氧化。

三、提取原理

　　咖啡因化学名为 1,3,7 – 三甲基 – 2,6 – 二氧嘌呤，其结构如下图所示：

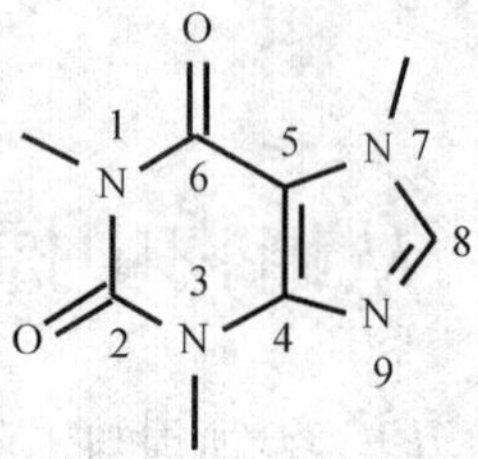

　　咖啡因是弱碱性化合物，可溶于三氯甲烷、丙醇、乙醇和热水中，难溶于乙醚和苯（冷）。纯品熔点 235～236℃，含结晶水的咖啡因为无色针状晶体，在 100℃时失去结晶水，并开始升华，120℃时显著升华，178℃时迅速升华。利用这一性质可纯化咖啡因。

　　提取咖啡因的方法有碱液提取法和索氏提取器提取法。本实验以乙醇为溶剂，用索氏提取器提取，再经浓缩、中和、升华，得到纯的咖啡因。目前工业上咖啡因主要是通过人工合成制得。

四、仪器与试剂

　　仪器：索式提取装置 1 套，常压蒸馏装置 1 套，蒸发皿，烧杯，玻璃漏斗。

　　试剂：茶叶 10g；95% 乙醇 80ml；生石灰（CaO）粉 4g；30% H_2O_2；5% HCl；浓氨水；5% 鞣酸。

五、操作步骤

1. 咖啡因的提取

　　（1）抽提　在 150ml 圆底烧瓶中加入 80ml 95% 乙醇和 2 粒沸石，装上索式提取器。将装有 10g 茶叶的纸筒套放入索式提取器中，装上冷凝管，如图 2 – 17。接通冷凝水，加热，连续抽提 2h，提取液颜色变浅可终止抽提。待冷凝液刚好虹吸下去时，立即停止加热，冷却。

　　（2）回收乙醇　装好蒸馏装置，加 2 粒沸石，加热蒸馏回收大部分乙醇，待剩余液约 10ml 即可停止蒸馏。残液倒入蒸发皿中，烧瓶用少量乙醇洗涤，洗涤液合并于蒸发皿中。

　　（3）升华提纯　向盛有浓缩残液的蒸发皿中加入 4g 生石灰（CaO）粉，在蒸气浴上搅拌、蒸干、研磨至浅绿色粉末。冷却后，擦去粘在边上的粉末，以免升华时污染产物。

如图 2-36，将一张刺有许多小孔的圆形滤纸盖在蒸发皿上，取一只大小合适的玻璃漏斗盖在滤纸上进行升华，漏斗颈部疏松地塞一小团棉花。用电热套小心加热蒸发皿，慢慢升高温度，使咖啡因升华。当滤纸上出现大量白色针状晶体时，即可停止加热。冷却后，小心揭开漏斗和滤纸，用小刀仔细地把附着于滤纸及漏斗壁上的咖啡因刮入表面皿中。将蒸发皿内的残渣加以搅拌，重新放好滤纸和漏斗，用较高的温度再加热升华一次。此时，温度也不宜太高，否则蒸发皿内大量冒烟，产品既受污染又遭损失。合并两次升华所收集的咖啡因，称重，测定熔点。

2. 咖啡因的鉴定

（1）氧化：在表面皿上放入咖啡因 50mg，加 8~10 滴 30% 的 H_2O_2，再加 5% 稀盐酸 4~5 滴，置于水浴上蒸干，记录残渣颜色。再加 1 滴浓氨水于残渣上，观察并记录颜色有何变化。

（2）与生物碱试剂：取 1 支试管，加 5 滴咖啡因的饱和水溶液和 2~3 滴 5% 鞣酸溶液，记录现象。

六、附注与注意事项

1. 滤纸筒的直径要略小于抽提筒的内径，方便取放。样品高度不得高于虹吸管，否则无法充分浸泡，影响提取效果。

2. 生石灰（CaO）粉主要起吸水、中和茶叶中丹宁酸的作用。

3. 在蒸发皿上覆盖刺有小孔的滤纸是为了避免已升华的咖啡因回落入蒸发皿中，纸上的小孔应保证蒸气通过。漏斗颈塞棉花为防止咖啡因蒸气逸出。

4. 升华初期，漏斗壁上如果有水汽产生，应用棉花擦干。

5. 温度太高，将导致被烘物和滤纸炭化，一些有色物质也会被带出来，影响产品的质量。进行升华时，加热亦应严格控制。

6. 咖啡因可被过氧化氢、氯酸钾等氧化剂氧化，生成四甲基偶嘌呤（将其用水浴蒸干，呈玫瑰色），后者与氨作用即生成紫色的紫脲铵。该反应是嘌呤类生物碱的特性反应。

7. 咖啡因属于嘌呤衍生物，可与生物碱试剂鞣酸反应生成白色沉淀。

七、思考题

1. 升华操作时的注意事项有哪些？

2. 试述索氏提取器的萃取原理，它与一般的浸泡萃取相比，有哪些优点？

实验五十七　从胡椒中提取胡椒碱

一、实验目的

1. 熟悉掌握生物碱类化合物的提取方法。
2. 了解胡椒碱的性质。

二、实验提要

黑胡椒为胡椒科植物胡椒的近成熟或成熟果实，其主要成分为胡椒碱。胡椒碱是胡椒的主要辣味成分，白胡椒中含约 3%，而黑胡椒中含量高达 8%。胡椒碱的用途广泛，可用作杀虫剂、植物保护剂、食品调味剂、猪饲料调味剂、溃疡抑郁剂、显微分析和测定维生素 C，也是治疗癫痫的药物之一。此外，胡椒碱还有镇静、抗惊厥作用、抗菌和抗肿瘤活性等。

三、提取原理

胡椒碱（Piperine）又名 1 - 胡椒酰哌啶，化学名为（E, E）- 1 - [5 - (1, 3 - 苯并二氧戊环 - 5 - 基) - 1 - 氧代 - 2, 4 - 戊二烯基] - 哌啶，化学结构式为：

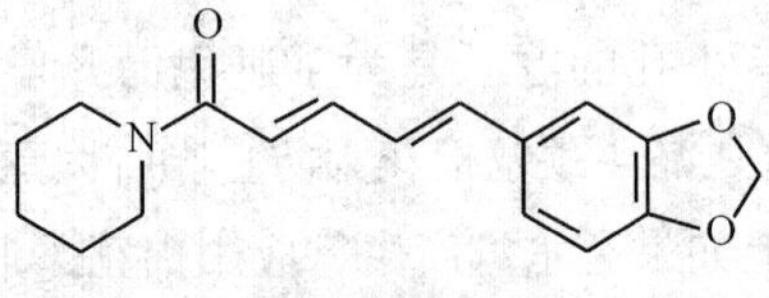

胡椒碱

胡椒碱的提取一般采用溶剂法（乙醇、甲醇、丙酮、三氯甲烷）、酸提取法和超临界 CO_2 提取法。本实验以乙醇为溶剂，用索氏提取器提取，然后蒸除溶剂浓缩，接着加入强碱使胡椒碱游离，最后重结晶提纯胡椒碱。

四、仪器与试剂

仪器：索式提取装置 1 套；常压蒸馏装置 1 套；烧杯；锥形瓶；熔点测定仪；红外光谱仪；核磁共振仪。

试剂：黑胡椒 8g；95% 乙醇 80ml；氢氧化钾；丙酮；蒸馏水。

五、实验步骤

1. 黑胡椒的提取　称取粉碎的黑胡椒 8g，用滤纸包好，将其放入索式提取器提取筒内，如图 2 - 17。烧瓶内加入 95% 乙醇 80ml 和 1~2 粒沸石，装上冷凝管，接通冷凝水，加热，连续抽提 1~1.5h，提取液颜色变浅即可终止抽提。待冷凝液刚好虹吸下去时，立即停止加热，冷却。

2. 黑胡椒的提纯 安装蒸馏装置，回收乙醇，至残留液剩余 10~15ml，停止蒸馏。趁热向残留物中加入 10ml 2mol/L 的 KOH-乙醇溶液，充分搅拌，过滤除去不溶物。将滤液转移到锥形瓶中，滤液中加入等量的水，有黄色晶体析出，抽滤、干燥后得到黄色粗产品。粗产品可用丙酮进一步重结晶提纯。

3. 表征 用显微熔点仪测定样品的熔点，与文献值比较；胡椒碱纯品，浅黄色针状晶体，熔点 129~131℃。用 IR 及 ^1H-NMR 对样品进行表征，并和标准谱图进行比较分析。

六、附注与注意事项

1. 滤纸包好，以防固体漏出，堵塞虹吸管。

2. 胡椒精油具有很强的刺激性，实验中要保持良好的通风。

3. 冰水浴冷却，有利于产物晶体析出。

七、思考题

1. 加入 KOH-乙醇溶液的目的是什么？

2. 胡椒碱有哪些红外特征吸收峰？

实验五十八 从黄芩中提取黄芩苷

一、实验目的

1. 掌握从黄芩中提取黄芩苷的原理、方法及操作要点。

2. 了解微波提取技术在天然产物提取中的应用。

二、实验提要

黄芩又名空心草，黄金茶，多年生草本植物。黄芩苷（Baicalin）是从黄芩根中提取分离出来的一种黄酮类化合物，具有显著的生物活性，如：抑菌、利尿、抗炎、抗变态及解痉作用，以及抗癌反应等生理效能。黄芩苷还能吸收紫外线，清除氧自由基，又能抑制黑色素的生成，也可用于化妆品，是一种很好的功能性美容化妆品原料。

黄芩苷为黄色结晶，熔点 223℃~225℃，$[\alpha]_D^{20} = +123°$（$c = 0.2M$，吡啶-水）；易溶于 N,N-二甲基甲酰胺和吡啶中，可溶于碳酸氢钠、碳酸钠、氢氧化钠等碱性溶液中，但在碱液中不稳定，渐变暗棕色，微溶于热冰醋酸，难溶于甲酸、乙酸、丙酮，几乎不溶于水、乙醚、苯、三氯甲烷等。

三、提取原理

黄芩苷作为黄芩药材的主要有效成分，在黄芩植株根、花、叶、茎等器官中均有分布，其中以根部的含量最高。其结构式如下图所示。

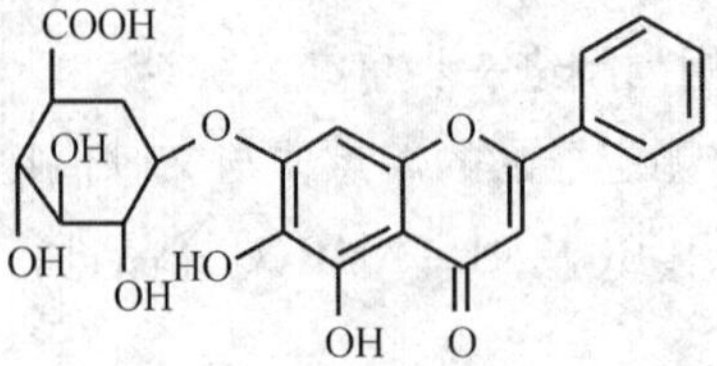

黄芩苷

微波辅助技术在天然产物的提取中具有提取效率高、溶剂耗量少、操作简单、副产物少等优点，已经在多种中药的提取中得到推广应用。本实验采用黄芩根作为原料，采用微波反应器对黄芩苷进行提取，并通过黄芩苷标准曲线计算提取率。

四、仪器与试剂

仪器：紫外可见分光光度计（上海精科 UV762）；常压微波合成萃取仪（郑州亚荣 MCR - 3S 型）；电子天平；锥形瓶；回流冷凝管；容量瓶；移液管。

试剂：黄芩 2g；黄芩苷对照品 50mg；50% 乙醇；蒸馏水。

五、操作步骤

1. 标准曲线的绘制 精密称取黄芩苷标准品 50mg，用 50% 乙醇溶解并定容于 100ml 容量瓶中，配置 0.5mg/ml 黄芩苷标液。精密量取上述标准液 0.5、1.0、1.5、2.0、2.5、3.0、3.5、4.0ml 分别置 100ml 量瓶中，加 50% 乙醇稀释至刻度，摇匀，用紫外可见分光光度计在 278nm 波长处测吸光度，由吸光度（A）对溶液浓度（C）作线性回归曲线。

2. 黄芩样品溶液的制备 精密称取 2.0g 黄芩样品，加入 40ml 50% 乙醇溶液浸泡 30min 后，放入微波合成萃取仪中，安装回流冷凝管，磁力搅拌，在功率 600W 下微波提取 2min，冷却。过滤，补足滤液至 50ml。精密量取上述滤液 1ml 置 100ml 容量瓶中，加 50% 乙醇稀释至刻度。

3. 黄芩样品含量的测定 取上述溶液在 278nm 波长处的吸光度（A），由回归方程计算出黄芩苷的对应浓度（C）。按下式计算黄芩苷的含量。

黄芩苷收率（％）＝［对应浓度（mg/ml）×50×100］/样品重（mg）

六、附注与注意事项

1. 黄芩样品要进行粉碎处理。

2. 微波时间太长会破坏其中的某些有效成分而导致提取率下降。

七、思考题

1. 从黄芩中提取黄芩苷，尤其是从新鲜植物中提取应注意什么？
2. 微波提取和传统提取方式相比有什么优越性？

实验五十九　从黄连中提取盐酸小檗碱

一、实验目的

1. 了解盐酸小檗碱的化学结构和性质。
2. 熟悉生物碱的提取方法和原理。
3. 掌握索氏提取器的使用方法，巩固减压过滤操作。
4. 掌握减压蒸馏操作技术。

二、实验提要

盐酸小檗碱，又称小檗碱，属于生物碱，是中草药黄连的主要有效成分。其中含量可达 4% ~ 10% 。除了黄连中含有盐酸小檗碱以外，黄柏、白屈菜、伏牛花、三颗针等中草药中也含有盐酸小檗碱，其中以黄连和黄柏中含量最高。

盐酸小檗碱能对抗病原微生物，对多种细菌如痢疾杆菌、结核杆菌、肺炎球菌、伤寒杆菌及白喉杆菌等都有抑制作用，其中对痢疾杆菌作用最强，常用来治疗细菌性胃肠炎、痢疾等消化道疾病。临床主要用于治疗细菌性痢疾和肠胃炎，副作用较小。

三、提取原理

盐酸小檗碱是黄色针状体，微溶于水和乙醇，较易溶于热水和热乙醇中，几乎不溶于乙醚。盐酸小檗碱的盐酸盐、氢碘酸盐、硫酸盐、硝酸盐均难溶于冷水，易溶于热水，故可用水对其进行重结晶，从而达到纯化目的。盐酸小檗碱存在三种互变异构体，但自然界多以稳定的季铵碱形式存在。结构如下：

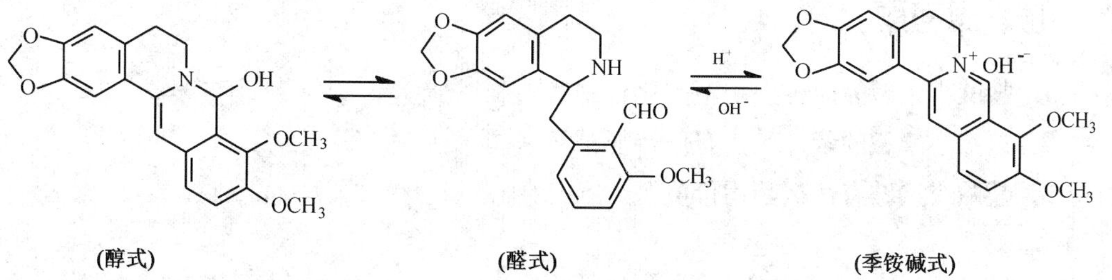

(醇式)　　　　　(醛式)　　　　　(季铵碱式)

盐酸小檗碱的互变异构

从黄连中提取盐酸小檗碱，往往采用适当的溶剂（如乙醇、水、硫酸等）。在脂肪提取器中连续抽提，然后浓缩，再加酸进行酸化，得到相应的盐。粗产品可以采取重结晶等方法进一步提纯。

四、仪器与试剂

仪器：常压蒸馏装置 1 套；圆底烧瓶；球形冷凝管；锥形瓶；烧杯；布氏漏斗；抽滤瓶。

试剂：黄连 10g；95% 乙醇 100ml；1% 醋酸；浓盐酸；丙酮。

五、实验步骤

1. 提取 称取 10g 用研钵磨细的黄连细粉，放入 250ml 圆底烧瓶中，加入 100ml 95% 乙醇，装上球形冷凝管，在热水浴中加热回流 0.5h，冷却并静置浸泡 1h。减压过滤，滤渣用少量 95% 乙醇洗涤 2 次。合并滤液即盐酸小檗碱提取液。

2. 蒸馏 将滤液倒入 250ml 圆底烧瓶中，安装常压蒸馏装置，如图 2-20（2）。用水浴加热蒸馏，回收乙醇。当烧瓶内残留液呈棕红色糖浆状时，停止蒸馏（不可蒸干）。

3. 溶解、过滤 向烧瓶内加入 1% 醋酸溶液 30ml，加热溶解，趁热抽滤，除去不溶物。将滤液倒入 200ml 烧杯中，滴加浓盐酸至溶液出现浑浊为止（约需 10ml）。将烧杯置于冰-水浴中充分冷却后，盐酸小檗碱盐酸盐呈黄色晶体析出（如晶体不好，可用水重结晶）。减压过滤，晶体用冰水洗涤 2 次，可得盐酸小檗碱盐酸盐的粗产品。

4. 精制 将粗产品放入 200ml 烧杯中，先加少量水，用石棉网小火加热，加水至晶体在受热情况下恰好溶解。停止加热，稍冷后，将烧杯放入冰-水浴中充分冷却，抽滤结晶，并用冷水洗涤 2 次，再用少量丙酮洗涤 1 次，压紧抽干。干燥，称重，测定熔点。

六、附注与注意事项

1. 提取回流要充分，也可索氏提取器连续提取。
2. 滴加浓盐酸前，不溶物要除干净，否则影响产品的纯度。

七、思考题

1. 盐酸小檗碱为何种生物碱类化合物？
2. 盐酸小檗碱的紫外光谱有何特征？
3. 盐酸小檗碱有什么药用价值？

第二节 从植物中提取香料

植物性天然香料也称植物性精油（Essential oil），是由植物的花、叶、茎、根和果实中提取的易挥发芳香组分的混合物。天然植物香料以其绿色、安全、环保等优点，日益受到人们的喜爱。我国拥有丰富的植物性天然香料资源，有 500 余种芳香植物广泛分布于 20 个省市。近年来，对天然植物香料的应用研究十分活跃，主要趋向于研究天然香料的功能性，如免疫性、神经系统的镇静性、抗癌性、抗老化性、抗炎性和抗菌性等。

本节安排 2 个实验，介绍肉桂醛和柠檬烯的提取方法。

实验六十 从肉桂中提取肉桂醛

一、实验目的

1. 学习从肉桂树皮中提取肉桂醛的原理和方法，了解肉桂醛的一般性质。
2. 进一步熟悉萃取、水蒸气蒸馏等基本操作。

二、实验提要

肉桂醛（Cinnamaldehyde）为无色或淡黄色液体，有强烈的桂皮油和肉桂油的香气，温和的辛香气息，略有辣味，香气强烈持久。肉桂醛相对密度 1.046，熔点为 -8℃，沸点为 150℃（100mmHg）。易溶于醇、醚中，难溶于水、甘油和石油醚，能随水蒸气挥发。在强酸性或者强碱性介质中不稳定，易导致变色，在空气中易氧化。在医药、化工、香精香料及食品等领域有着广泛的应用。

三、提取原理

肉桂醛的化学名称是 β-苯基丙烯醛，有顺式和反式两种异构体，无论是天然或者是合成的肉桂醛，都是反式异构体。其结构式如下图所示：

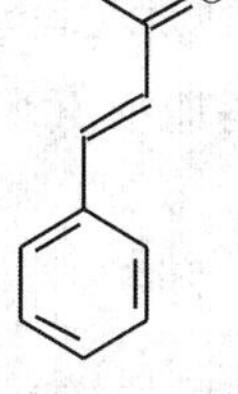

β-苯基丙烯醛

肉桂醛大量存在于肉桂、樟树等植物体内，其中肉桂树皮（即桂皮）的特殊香味就是来源于这种化合物。肉桂树皮中所含有的挥发油中90%都是肉桂醛。肉桂醛有多种实验室制备方法，一般采用水蒸气蒸馏肉桂树皮中挥发油的方法获取；化学合成中以苯甲醛和乙醛为原料，在催化剂（如稀碱）作用下通过羟醛缩合反应，再加热脱去一分子水合成肉桂醛。本实验将肉桂皮用乙醇浸泡萃取，然后进行水蒸气蒸馏分离，获得天然有机物肉桂醛。

四、仪器与试剂

仪器：圆底烧瓶；索式提取器；安全管；蒸气导管；冷凝管；锥形瓶；接液管；蒸馏头；分液漏斗；电热套。

试剂：肉桂树皮（25g、粉碎处理）；95%乙醇100ml；氯化钠；乙醚；无水氯化钙；2,4-二硝基苯肼；5%硝酸银；浓氨水；溴的四氯化碳溶液。

五、实验步骤

1. 肉桂醛的提取

（1）抽提　如图2-17，称取肉桂皮粉末25g，装入索式提取器的滤纸桶内，在提取器的烧瓶中加入95%的乙醇100ml和2粒沸石，装好索式提取器，接通冷凝水，加热，连续抽提1.5~2h（提取液颜色很淡时即可停止加热），待提取器内回流液刚虹吸下去时，立即停止加热，冷却。

（2）蒸馏　如图2-20（2），装好蒸馏装置，蒸馏回收乙醇（78℃）。然后改用水蒸气蒸馏装置（如图2-28），进行水蒸气蒸馏，有淡黄色油滴经冷凝管流入锥形瓶，至无油滴出现，停止水蒸气蒸馏。

（3）分离　在馏出液中加入NaCl使其饱和，降低肉桂醛在水中的溶解度。然后用10ml乙醚萃取3次，合并醚层，加入适量无水氯化钙干燥。过滤除去干燥剂，水浴蒸除乙醚得肉桂醛，称其质量约为1.0g。

2. 肉桂醛的性质试验

（1）羰基的鉴定：取2,4-二硝基苯肼试剂2ml于试管中，加入2~3滴提纯后的样品，振荡，静止片刻后，观察出现的现象。

（2）醛基的鉴定：在洁净的试管中加入2ml 5%的硝酸银溶液，震荡下滴加浓氨水，开始溶液中产生棕色沉淀，继续滴加浓氨水，直至沉淀恰好溶解为止，得到澄清溶液。然后向试管中加入提纯后的样品2~3滴，观察溶液的变化。然后在水浴上加热，观察出现的现象。

（3）碳碳双键的鉴定：取少量提纯后的样品于试管中，试管中加入2~3滴溴的四氯化碳溶液，观察颜色变化。

六、附注与注意事项

1. 滤纸筒既要紧贴器壁，又能方便取放。被提取物高度不能超过虹吸管，否则被提取物不能被溶剂充分浸泡，影响提取效果。被提取物亦不能漏出滤纸筒，以免堵塞虹吸管。

2. 盐析效应。

3. 有橙黄色或橙红色沉淀生成，说明有羰基。

4. 加热后有银镜生成，说明有醛基。

5. 溴的四氯化碳溶液褪色，说明有碳碳双键。

七、思考题

1. 索式提取器比普通加热回流提取有什么优势？

2. 采用什么方法检测肉桂醛提取物的纯度？

实验六十一　从橙皮中提取柠檬烯

一、实验目的

1. 了解柠檬烯的结构与性质。

2. 学习从橙皮中提取柠檬烯的原理和方法。

二、实验提要

柠檬烯（Cinene），别名苎烯，为无色澄清液体，具有特异香气，广泛存在于天然的植物精油中。混溶于乙醇和大多数非挥发性油；微溶于甘油，不溶于水和丙二醇。具有良好的镇咳、祛痰、抑菌作用，复方柠檬烯在临床上可用于利胆、溶石、促进消化液分泌和排除肠内积气。也是配制人造橙花、甜花、柠檬、香柠檬油的原料。同时可作为一种新鲜的头香香料用于化妆、皂用及日用化学品香精，在古龙型、花香中的茉莉型、薰衣草型以及松木、醛香、木香、果香或清香型中均适宜。食用香精中作为修饰剂用于白柠檬、果香及辛香等配方。

三、提取原理

柠檬烯是单萜类化合物，分子中有一个手性中心。其 $S-(-)$ -异构体存在于松针油、薄荷油中；$R-(+)$ -异构体存在于柠檬油、橙皮油中；外消旋体存在于香茅油中。其结构式如下图所示：

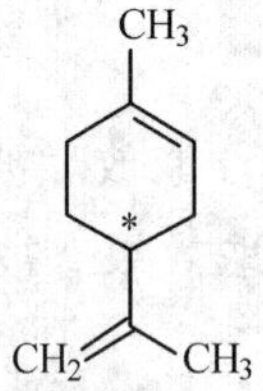

柠檬烯

橙皮提取的挥发油——橙油，主要成分为柠檬烯，含量在 95% 左右。挥发油具有易挥发、能溶于有机溶剂、温度高易分解的特点，所以采用水蒸气蒸馏法提取，用有机溶剂分离提纯。

四、仪器与试剂

仪器：水蒸气蒸馏装置 1 套；常压蒸馏装置 1 套；分液漏斗；阿贝折光仪；旋光仪。

试剂：新鲜橙子皮；蒸馏水；二氯甲烷；无水硫酸钠。

五、实验步骤

1. 将 3 个新鲜橙子皮剪成极小碎片后，放入 150ml 的三口烧瓶中，加入 30ml 水，安装水蒸气蒸馏装置，如图 2 – 28。

2. 松开弹簧夹。加热水蒸气发生器至水沸腾，T 形管的支管口有大量水蒸气冒出时立即夹紧弹簧夹，水蒸气便于进入蒸馏部分，开始蒸馏，可观察到在馏出液的水面上有一层很薄的油层。当馏出液收集约 60～70ml 时，松开弹簧夹，然后停止加热。

3. 将馏出液倒入分液漏斗中，3 × 10ml 二氯甲烷萃取。合并有机相，置于干燥的 50ml 锥形瓶中，加入适量无水硫酸钠干燥。

4. 安装常压蒸馏装置，如图 2 – 20（2），将干燥好的溶液滤入 50ml 蒸馏烧瓶中，水浴（50℃）蒸馏二氯甲烷。待二氯甲烷基本蒸完后，用水泵减压抽取残余的二氯甲烷，瓶中留下少量橙黄色液体即为橙油。

5. 测定橙油的折光率，比旋光度。柠檬烯纯品的折光率为 $[n]_D^{20} = 1.4727$，比旋光度为 $[\alpha]_D^{20} = + 125.6°$。

六、附注与注意事项

1. 橙子皮要新鲜，剪成小碎片。干的橙子皮亦可，但效果较差。
2. 可以用溴水的四氯化碳溶液检验柠檬烯的存在。
3. 测定比旋光度可将几组所得柠檬烯合并，用 95% 乙醇配成 5% 溶液进行测定，用纯柠檬烯相同浓度的溶液进行比较。

七、思考题

1. 保持柠檬烯的骨架不变，能够写出几个同分异构体。

2. 在催化剂存在下，D－柠檬烯和二分子氢加成后的产物是什么？还有光学活性吗？为什么？

第三节　从植物中提取食用色素

天然植物色素作为食品着色剂已有悠久的历史。我国古代的《食经》和《齐民要术》等书中，就有关于利用天然植物色素给酒和食品着色的记载。天然植物色素作为重要的食品添加剂，它不仅广泛应用于饮料、糖果、糕点、酒类等消闲食品，以帮助校正色率的偏差或强调标志不同食品所具有的风格，而且也应用于医疗保健品生产。天然植物色素的研究与开发有着广阔的前景和发展潜力。

本节安排 2 个实验，介绍红色素和叶绿素的提取方法。

实验六十二　从红辣椒中分离红色素

一、实验目的

1. 了解色谱分离技术在有机物分离中的应用。
2. 熟悉薄层色谱和柱色谱分离的原理。
3. 掌握柱层析分离技术。

二、实验提要

辣椒红色素别名辣椒红、辣椒色素，是一种存在于成熟红辣椒果实中的四萜类橙红色色素，属类胡萝卜素类色素。辣椒红色素是辣椒的主要显色物质，其中主要含辣椒红素和辣椒玉红素，均为辣椒香气味的深红色黏性油状液体，色泽鲜艳，着色力强，耐光、热、酸、碱，且不受金属离子影响；溶于油脂和乙醇。

辣椒红色素作为一种天然着色剂，不仅保色效果好、安全无毒，而且具有抗癌、美容的功效，因此被广泛应用于水产品、肉类、糕点、色拉罐头、饮料等各类食品的着色，已成为国内外食品和食品添加剂行业开发研究的热点。

三、提取原理

辣椒红呈深红色的色素主要是由辣椒红脂肪酸酯和辣椒玉红素脂肪酸酯所组成。呈黄色的色素则是 β－胡萝卜素，辣椒玉红素脂肪酸酯红素和辣椒红脂肪酸酯化学结构如下图所示：

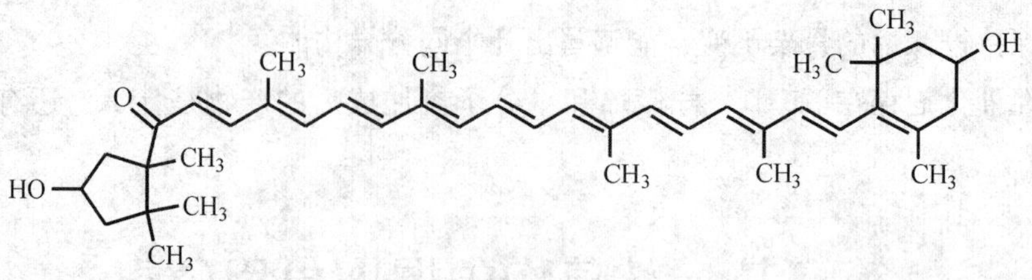

辣椒红

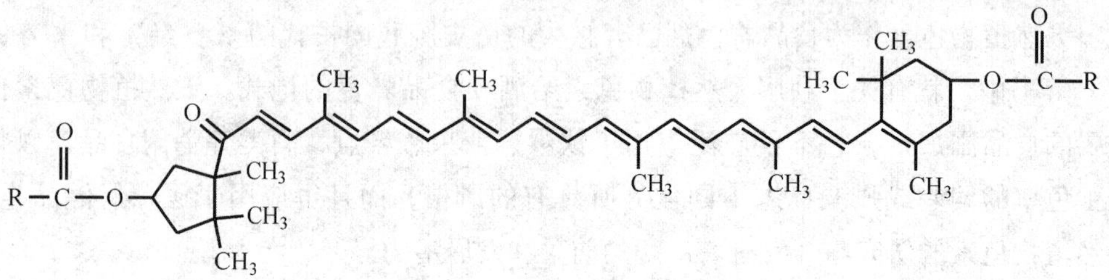

辣椒红脂肪酸酯(R≥3C)

目前辣椒红色素的提取方法大致可归为油溶法、溶剂提取法、超临界 CO_2 流体萃取法、超声波溶剂提取法、溶剂微波提取法和酶法提取六类。本实验采用常规的溶剂提取法，以二氯甲烷作萃取剂，从红辣椒中提取红色素。然后采用薄层色谱分析，确定各组分的 R_f 值再经柱色谱分离，分段接收并蒸除溶剂，即可获得各个单组分。

四、仪器与试剂

仪器：圆底烧瓶；球形冷凝管；层析缸；层析柱；点样毛细管。

试剂：干燥红辣椒 2g；硅胶 G（100～200 目）8g；二氯甲烷；丙酮；无水乙醇。

五、实验步骤

1. 红色素的提取 在 50ml 圆底烧瓶中放入 2g 红辣椒和 1～2 粒沸石，加入 15ml 二氯甲烷，回流 30min，冷却至室温，过滤除去不溶物。蒸发滤液得到色素混合物。

2. 红色素的薄层分析 取极少量粗色素样品用丙酮溶解，用毛细管点在准备好的硅胶 G 薄板上，用含有 1%～5% 无水乙醇的二氯甲烷作为展开剂，在层析缸中进行层析，记录每一点的颜色，并计算它们的 R_f 值。

3. 红色素的柱层析分离 约 8g 硅胶（100～200 目）在适量二氯甲烷中搅匀，装填到层析柱中。层析柱填好后，将色素的粗混合物溶解在少量二氯甲烷中（约 1ml），湿法上样，用二氯甲烷洗脱色素。收集不同颜色的洗脱组分于小锥形瓶或试管中，当第二组黄色素洗脱后，停止层析。

六、附注与注意事项

1. 红辣椒要干且研细。
2. 点样时，毛细点样管刚接触薄板即可，不然会拖尾，影响分离效果。
3. 色谱柱要装结实，不能有气泡和断层。

七、思考题

1. 硅胶 G 薄板失活对结果有什么影响？
2. 柱层析过程中若发现有气泡或装填不均匀，会给分离造成什么影响？如何避免？
3. 如果样品不带色，如何确定斑点的位置？

实验六十三　从菠菜中提取叶绿素

一、实验目的

1. 通过从菠菜中提取叶绿素，掌握提取天然绿色植物色素的方法。
2. 掌握柱层析操作技术。
3. 学习薄层色谱法鉴定化合物的原理和操作。

二、实验提要

叶绿素是一类与光合作用有关的最重要的色素。叶绿素吸收大部分的红光和紫光，但反射绿光，所以叶绿素呈现绿色，它在光合作用的光吸收中起核心作用。叶绿素为镁卟啉化合物，不太稳定，光、酸、碱、氧化剂等都会使其分解。特别在酸性条件下，叶绿素分子很容易失去卟啉环中的镁成为去镁叶绿素。

叶绿素是良好的天然色素，在医药上具有广泛的用途，它不仅具有造血、解毒作用，还可以提供维生素、维持酶的活性，具有抗病强身的功效。叶绿素中富含微量元素铁，是天然的造血原料。也是食用的绿色色素，可用于糕点、饮料等的制备。

三、提取原理

绿色植物如菠菜中含有叶绿素（包括叶绿素 a 和叶绿素 b）、叶黄素及胡萝卜素等天然色素。叶绿素 a 为蓝黑色固体，在乙醇溶液中呈蓝绿色；叶绿素 b 为暗绿色，其乙醇溶液呈黄绿色。它们是吡咯衍生物与镁的络合物，是植物进行光合作用必需的催化剂，尽管叶绿素分子中含有一些极性基团，但大的烃基结构使它易溶于石油醚等非极性溶剂中。通常植物中叶绿素 a 的含量是叶绿素 b 的 3 倍。其结构式如下：

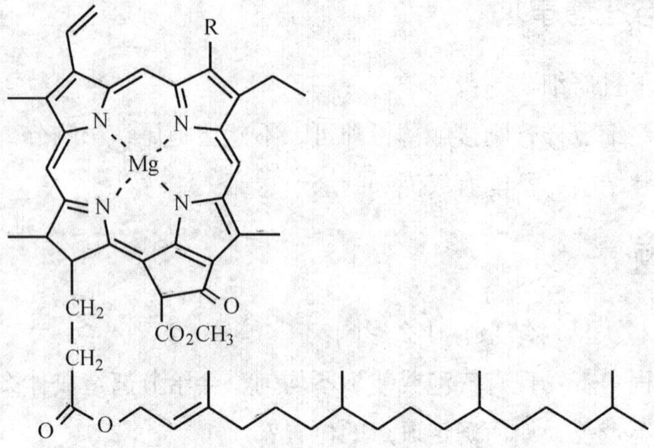

叶绿素a(R=CH₃), 叶绿素b(R=CHO)

胡萝卜素是一种橙色的天然色素，属于四萜，是具有长链结构的共轭多烯。它有 α、β 和 γ 三种异构体，其中 β 异构体含量最多。叶黄素是胡萝卜素的羟基衍生物，在光合作用中能起收集光能的作用。在绿叶中其含量通常是胡萝卜素的 2 倍。较易溶于醇而在石油醚中溶解度较小。

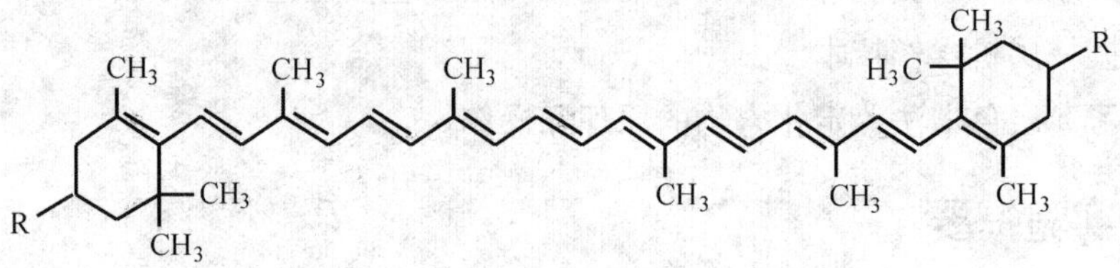

β-胡萝卜素(R=H), 叶黄素(R=OH)

本实验从菠菜中提取上述四种色素，并通过萃取、柱层析进行分离。

四、仪器与试剂

仪器：研钵；分液漏斗；锥形瓶；层析柱；层析缸。

试剂：菠菜 2g；中性氧化铝 10g；石油醚（60~90℃）；95% 乙醇；无水硫酸钠；丙酮；正丁醇；蒸馏水；饱和 NaCl 溶液。

五、操作步骤

1. 叶绿素的提取　在研钵中放入 2g 撕碎的菠菜叶，加入 10ml 石油醚和乙醇混合液（$V/V=2:1$），适当研磨。将提取液用滴管转移至分液漏斗中，加入 5ml 饱和 NaCl 溶液除去水溶性物质，分去水层，有机相再用 5ml 蒸馏水洗涤 2 次。将有机层转入干燥的小锥形瓶中，加无水 Na₂SO₄ 干燥。干燥后滤入圆底烧瓶中，在水浴上蒸发浓缩至 1ml。

2. 柱层析分离　称取 10g 中性氧化铝装柱，待中性氧化铝填充结实均匀后，采用湿法上样。先用石油醚－丙酮（9:1）洗脱，当第一个橙黄色色带流出时，换接收瓶接收，此时为胡萝卜素。接收完全后，用石油醚－丙酮（7:3）洗脱，当第二个棕黄色色带流出时，换接收瓶接收，此时为叶黄素。接收完全后，更换正丁醇－乙醇－水（3:1:1）洗脱，分别接收蓝绿色的叶绿素 a 和黄绿色的叶绿素 b。

3. 薄层层析　取活化好的硅胶板，在板的一端 1.5cm 处用铅笔画条直线作为起点。用分离后的叶绿素 a 和叶绿素 b 点样，用石油醚－丙酮（7:3）展开，当展开剂前沿上行到距离顶端约 1cm 时，立即取出并做好标记，晾干后计量斑点行进的距离，计算 R_f 值。

六、附注与注意事项

1. 研磨适当，不可研磨得太烂而成糊状，否则会造成分离困难。
2. 洗涤时要轻轻振荡，以防止产生乳化现象。
3. 可用酸式滴定管代替层析柱。

七、思考题

1. 柱层析洗脱过程中，根据什么原理调整展开剂的比例？
2. 展开剂的高度若超过了点样线，对薄层色谱有何影响？
3. 薄层层析中点样应注意些什么？
4. 薄层色谱常用的显色剂有哪些？

第四节　从天然物中提取食用乳化剂

乳化剂是重要的一类食品添加剂，具有典型的表面活性性质，几乎所有的食品都可以使用乳化剂。乳化剂的种类很多，主要分为天然的和合成的两种，天然的有卵磷脂、大豆磷脂等，合成的有单甘油酯等。不同乳化剂的组成和结构不同，在食品加工中可起到乳化作用、增溶作用、润湿作用、起泡作用等。因此乳化剂在食品中的应用十分广泛，约占食品添加剂使用量的一半以上，是食品加工中必不可少的食品添加剂。

本节安排 2 个实验，介绍酪蛋白和卵磷脂的提取方法。

实验六十四　从牛奶中提取酪蛋白

一、实验目的

1. 了解从牛奶中制取酪蛋白的原理。
2. 熟悉从牛奶中制备酪蛋白的方法。

二、实验提要

牛奶中的主要蛋白质是酪蛋白（Casein），含量约占牛奶蛋白质总量的80%，约为3.5g/100ml。酪蛋白是含磷蛋白质的混合物，相对密度1.25～1.31，不溶于水、醇及有机溶剂。酪蛋白在乳中是以酪蛋白酸钙－磷酸钙复合体胶粒存在，胶粒直径约为20～100nm，平均为100nm。在酸或凝乳酶的作用下酪蛋白会沉淀，加工后可制得干酪或干酪素。

目前主要作为食品原料或微生物培养基使用，利用蛋白质酶促水解技术制得的酪蛋白磷酸肽具有防止矿物质流失、尤其是其促进常量元素（Ca、Mg）与微量元素（Fe、Zn、Cu、Cr、Ni、Co、Mn、Se）高效吸收的功能特性，因而其具有"矿物质载体"的美誉。

三、提取原理

本实验采用等电沉淀法，利用等电点时溶解度最低的原理，将牛奶的pH值调至4.7时（酪蛋白的等电点为4.7），酪蛋白就沉淀出来。用乙醇等溶剂洗涤沉淀物，除去脂质杂质后便可得到纯的酪蛋白。同时，脱脂乳中除去酪蛋白后剩下的液体为乳清，在乳清中含有乳白蛋白和乳球蛋白，还有溶解状态的乳糖，乳中的糖类99.8%以上是乳糖，通过浓缩、结晶可以制取乳糖。

四、仪器与试剂

仪器：离心机；酸度计；数显恒温水浴箱；烧杯；抽滤装置；离心管。
试剂：市售牛奶10ml；醋酸－醋酸钠缓冲液；95%乙醇；乙醚。

五、实验步骤

将10ml牛奶置于烧杯中，水浴加热至40℃，在搅拌下缓慢加入预热至40℃的醋酸－醋酸钠缓冲液（pH 4.7）10ml，混匀，用精密pH试纸或酸度计调节pH至4.7（用1% NaOH或10%醋酸溶液进行调整）。牛奶开始有絮状沉淀出现后，保温使其沉淀完全。将上述悬浮液冷却至室温。离心分离15min（3000r/min），弃去上清液，得到酪蛋白粗品。

用蒸馏水浸泡、洗涤沉淀3次，离心弃去上层清液。沉淀中加入95%乙醇5ml洗涤，抽滤。然后用乙醇－乙醚混合液洗涤沉淀2次，分别抽滤。最后用乙醚洗涤沉淀2次，分别抽滤。将酪蛋白沉淀物置80℃烘箱中烘干，称重，并计算得率。

六、附注与注意事项

1. 0.2mol/L醋酸－醋酸钠缓冲液的配置：A液，称取 $NaAc \cdot 3H_2O$ 固体2.722g，

定容至 100ml。B 液，称取优级纯醋酸（含量大于 99.8%）0.6g，定容至 50ml。取 A 液 88.5ml 与 B 液 61.5ml 混合即得 pH 4.7 的醋酸－醋酸钠缓冲液 150ml。

2. 离心管中装入样品后必须严格配平，否则对离心机损坏严重。离心机用完后应拔下电源，然后检查离心腔中有无水迹和污物，擦除干净后才能盖上盖子放好保存，以免生锈和损坏。

七、思考题

1. 为什么调整溶液的 pH 值可以将酪蛋白沉淀出来？
2. 试设计利用盐析法提取酪蛋白的实验。

实验六十五　从豆油中提取卵磷脂

一、实验目的

1. 了解从豆油中提取卵磷脂的原理。
2. 掌握卵磷脂的结构和性质。

二、实验提要

卵磷脂是人体组织中含量最高的磷脂，是构成神经组织的重要成分，属于高级神经营养素。卵磷脂广泛存在于大豆、卵黄等动植物体内，具有重要的生理功能和独特的乳化性能，在食品、保健品、医药等行业中具有重要的用途。卵磷脂作为人体正常新陈代谢和健康生存必不可少的物质，对人体的细胞活化、生存及脏器功能的维持、肌肉关节的活化及脂肪的代谢等都起到非常重要的作用。

三、提取原理

卵磷脂是一种天然的表面活性剂，化学名称为磷脂酰胆碱，简称 PC，是由甘油、胆碱、磷酸、饱和及不饱和脂肪酸组成的一种含磷脂类物质，其结构式如下所示。

$$R_1-COO-CH_2$$
$$R_2-COO-C-H \quad \quad O$$
$$CH_2-O-P-O-CH_2-CH_2-\overset{+}{N}(CH_3)_3 OH^-$$
$$OH$$

常态下，纯净的卵磷脂为淡黄色的透明或半透明的黏稠状，有清淡柔和的香味，在低温下可以结晶；它既具有亲油性，又具有亲水性，等电点 pI 为 6.7。易溶于三氯甲烷，可溶于乙醚，乙醇等有机溶剂，也能溶于水成为胶体状态，但不溶于丙酮。不同的卵磷脂在有机溶剂中溶解度不同，故可用有机溶剂来提取分离卵磷脂。卵磷脂的提取方法主要有溶剂萃取法、超临界流体萃取法、硅胶柱层析法、膜分离法和酶催化精制法。

四、仪器与试剂

仪器：数显恒温水浴箱；烧杯；试管；磁力搅拌；抽滤装置。

试剂：大豆油脚 20g；丙酮；$ZnCl_2$ 溶液；10% NaOH 溶液；95% 乙醇；钼酸铵试剂。

五、实验步骤

1. 卵磷脂的提取 称取 20g 大豆油脚，加入约 10 倍的无水丙酮（质量与体积比），并不断搅拌，可以得到粉状的丙酮不溶物，过滤，得到卵磷脂粗品。取一定量的卵磷脂粗品，用无水乙醇溶解，得到约 10% 的乙醇粗提液，加入相当于卵磷脂质量的 10% 的 $ZnCl_2$ 水溶液，室温搅拌 0.5h，分离沉淀物，加入适量冰丙酮（5℃），搅拌 1h，过滤，再用丙酮多次洗涤固体，直到丙酮洗涤液为无色澄清，最终得到精制的卵磷脂产品，干燥，称重。

2. 卵磷脂的水解与鉴定

（1）三甲胺的检验：取干燥试管 1 支，加入少量提取物和 3ml 10% NaOH 溶液，水浴加热 15min，在管口放一片润湿的红色石蕊试纸，观察颜色有无变化，并嗅其气味。将溶液过滤待用。

（2）磷酸的检验：取干净试管 1 支，加入 10 滴上述滤液，加入 10 滴 95% 乙醇，摇匀，再加入 10 滴钼酸铵试剂，观察现象；将试管放入热水浴中加入 5~10min，观察有何变化。

六、附注与注意事项

1. 实验时要特别小心使用丙酮，如果不小心溅出，请及时清理。
2. 丙酮可以回收后重新使用。

七、思考题

1. 简述卵磷脂的生物学功能？
2. 实验过程中用丙酮多次洗涤的目的是什么？
3. 卵磷脂彻底水解后的产物有哪些？

第六章

有机化合物的性质实验

实验六十六　烃的性质

一、实验目的

1. 验证烷烃、烯烃、炔烃和芳香烃的主要化学性质。
2. 熟悉试管反应的基本操作。

二、实验原理

1. 烷烃的性质　烷烃的化学性质很稳定，在一般条件下，与强酸、强碱、溴的四氯化碳溶液和高锰酸钾溶液等都不反应，但在高温或光照条件下与卤素发生自由基取代反应，特殊条件下发生氧化反应，如燃烧、催化氧化等。

液体石蜡是分子量较大的烷烃混合物，可作为烷烃的代表来验证烷烃的性质。

2. 烯烃、炔烃的性质　烯烃、炔烃含有不饱和键，容易发生亲电加成和氧化反应。利用与溴的加成或与高锰酸钾发生氧化出现的颜色变化或沉淀，可鉴别烯烃和炔烃。末端炔烃具有弱酸性，可与硝酸银氨溶液或氯化亚铜氨溶液作用，生成金属炔化物沉淀。利用此反应可鉴别端炔。

松节油的主要成分是 α-蒎烯和 β-蒎烯，分子中含有双键，可作为烯烃的代表来验证烯烃的性质。

3. 芳烃的性质　芳烃比较稳定，不易氧化，难加成，易亲电取代（卤化、硝化、磺化、傅-克烷基化、傅-克酰基化）。

三、仪器与试剂

仪器：试管、烧杯、酒精灯。

试剂：液体石蜡、松节油、苯、甲苯、乙炔、0.5% 高锰酸钾溶液、10% 硫酸溶液、浓硫酸、浓硝酸、1:1 稀硝酸、2% 溴的四氯化碳溶液、5% 硝酸银溶液、2% 氨水、5% 氢氧化钠溶液、铁粉。

四、实验步骤

1. 烃与溴作用　取两支干燥试管，分别加入液体石蜡 10 滴和 2% 溴的四氯化碳溶液 5 滴。将其中一支试管放入柜内暗处，另一支放在日光下，经 10～20min 后（光线不够强时可放置更长时间）将两管比较，观察溴的颜色是否褪去或变浅，并解释之。

在试管中加入松节油 10 滴，然后逐滴加入溴的四氯化碳溶液，边加边振摇，观察现象。

在试管中加入 2% 溴的四氯化碳溶液 10 滴，通入乙炔气体，观察现象。

2. 烃的氧化　在四支试管中分别加入液体石蜡、松节油、苯、甲苯各 10 滴，再分别加入 0.5% 高锰酸钾溶液 10 滴和 10% 硫酸溶液 5 滴，剧烈振荡（必要时可在 60℃ 左右的水浴上加热几分钟），观察高锰酸钾颜色是否褪去，比较反应现象并解释之。

在试管中加入 0.5% 高锰酸钾溶液 10 滴，通入乙炔气体，观察现象。

3. 端炔的性质　在试管中加入 5% 硝酸银溶液 10 滴、1 滴 5% 氢氧化钠溶液，再滴加 2% 氨水溶液直到形成的氢氧化银沉淀刚好溶解为止。将乙炔通入此溶液，观察有无白色沉淀生成。实验完毕，在试管中加入 1∶1 稀硝酸，并在水浴中加热以分解乙炔银，避免干燥后爆炸。

4. 芳烃的性质

（1）溴代反应　在两支试管中各加入 10 滴苯和 2 滴 2% 溴的四氯化碳溶液，其中一支试管再加入少许铁粉，充分振摇数分钟，观察有何现象。若无变化，温热片刻再观察，并比较其结果。

（2）硝化反应　在两支干燥大试管中配制混酸（先加入 2ml 浓硫酸，再慢慢滴入 1ml 浓硝酸，边加边振摇，外部用冷水冷却），分别慢慢滴入 1ml 苯和 50mg 萘，每加入 1 滴样品都要充分振摇，将混合物放在微沸的水浴中加热 15min，时而振摇。观察反应现象。

（3）磺化反应　在两支试管中分别加入 0.5ml 苯和甲苯，各加入 1ml 浓硫酸，然后将试管放在水浴中加热到 80℃，随时剧烈振荡，观察反应现象。把反应混合物倒进盛有 10ml 水的小烧杯中，观察生成物能否溶于水。

五、附注与注意事项

1. 芳烃和混酸很难互溶，充分振摇是本实验成功的关键。
2. 若反应不完全，剩余的苯、甲苯不溶于水。

六、思考题

1. 列表比较烷烃、烯烃、炔烃和芳烃的化学性质。
2. 不饱和烃与溴进行加成反应时，为什么一般不用溴水，而是用溴的四氯化碳溶液？

3. 现有三瓶液体，分别是液体石油、环己烯和苯乙炔，如何用化学方法鉴别它们？

实验六十七　卤代烃的性质

一、实验目的

1. 验证卤代烃的主要化学性质。
2. 掌握鉴别不同结构卤代烃的基本操作。

二、实验原理

　　卤代烃的主要化学性质是亲核取代反应和消除反应，二者互为竞争。不同结构卤代烃发生亲核取代反应的活性不同，常用 2% $AgNO_3$ 乙醇溶液与卤代烃作用，根据其生成卤化银沉淀的难易程度来鉴别卤代烃。

三、仪器与试剂

　　仪器：试管、烧杯、酒精灯。

　　试剂：1-氯丁烷、1-溴丁烷、1-碘丁烷、2-氯丁烷、2-氯-2-甲基丙烷、氯苯、氯化苄、2% $AgNO_3$ 乙醇溶液、15% 碘化钠丙酮溶液、5% NaOH 溶液、1mol/L 硝酸。

四、实验步骤

1. 与 $AgNO_3$ 乙醇溶液反应

　　（1）烃基结构对反应速度的影响　在四支干燥洁净的试管中分别加入 3 滴 1-氯丁烷、2-氯丁烷、氯苯和氯化苄，向每支试管中滴加 1ml 2% $AgNO_3$ 乙醇溶液，边加边振摇，观察有何现象发生。大约 5min 后，把没有出现沉淀的试管放在水浴里加热至微沸，观察有无沉淀产生。根据实验结果排列以上四种卤代烃的活性次序，并解释之。

　　（2）离去基团对反应速度的影响　在三支干燥洁净的试管中分别加入 3 滴 1-氯丁烷、1-溴丁烷和 1-碘丁烷，向每支试管中滴加 1ml 2% $AgNO_3$ 乙醇溶液，边加边振摇，观察沉淀生成的快慢，排列三种卤代烷的活性次序，并解释之。

　　2. 与稀碱反应　在三支干燥试管中分别加入 10 滴 1-氯丁烷、2-氯丁烷、2-氯-2-甲基丙烷，再向各试管中加入 1ml 5% NaOH 溶液，充分振荡，静置。几分钟后，小心取出水层数滴，加入同体积的 1mol/L 硝酸酸化，然后用 2% $AgNO_3$ 乙醇溶液检查有无沉淀生成，若无反应可在水浴中小心加热，再检查之。排列三种氯代烃的活性次序并解释之。

3. 与碘化钠丙酮溶液反应　在四支干燥试管中分别加入 1ml 15% 碘化钠丙酮溶液，再分别加入 3 滴 1-氯丁烷、2-氯丁烷、氯苯和氯化苄，充分振摇，于室温下放置 5min，观察生成沉淀的颜色，并记录生成沉淀的时间。若没有变化，可将试管放在 50℃ 水浴中温热 5min，取出冷却至室温，观察并记录生成沉淀的时间。若加热后仍无沉淀产生，则视为负性结果。根据实验结果排列以上四种卤代烃的活性次序。

五、附注与注意事项

1. 自来水中常含有游离的氯离子，会干扰实验。因此，实验前必须将试管用蒸馏水反复荡洗后再进行干燥。

2. 氯化苄有催泪作用，废液要回收，统一进行处理，切勿倒在水槽里。

六、思考题

1. 检验卤代烃时，为什么一般使用硝酸银的乙醇溶液而不用水溶液？

2. 卤代烃与稀碱反应的实验中，在用硝酸银乙醇溶液检验水解液之前，为什么要先加入稀硝酸酸化？

实验六十八　醇、酚和醚的性质

一、实验目的

1. 验证醇、酚、醚的主要化学性质。

2. 掌握醇、酚的鉴别方法。

3. 熟悉乙醚中过氧化物的检验方法。

二、实验原理

1. 醇的性质　醇的特征反应主要发生在羟基上。醇与金属钠作用生成醇钠，同时放出氢气。

一元醇与氢卤酸作用时，羟基可被卤素取代而生成卤代烷。烃基结构不同的醇，反应的活性也不同，叔醇最活泼，反应速率最快，仲醇次之，伯醇最慢。将伯、仲、叔醇与卢卡斯（Lucas）试剂作用，生成的氯代烷不溶于卢卡斯试剂而出现浑浊而分层。根据出现浑浊的快慢来鉴别三种醇。

伯醇和仲醇可与高锰酸钾、重铬酸钾等氧化剂发生氧化反应，而叔醇在常温下不易被氧化。

多元醇具有很弱的酸性，易与某些金属氢氧化物生成类似盐的物质。邻羟基多元醇与氢氧化铜作用产生蓝色溶液，可用于检验邻羟基多元醇。

2. 酚的性质　苯酚具有弱酸性，可溶于氢氧化钠溶液，但不溶于碳酸氢钠溶液。当芳环上连有吸电子基时，会使酚羟基的酸性增强。

受酚羟基的影响，苯环上的亲电取代反应变得更容易进行。如室温下，苯酚与溴水作用可立即生成 2,4,6 - 三溴苯酚白色沉淀，反应灵敏，现象明显，可用于苯酚的鉴定。

酚类易被氧化，但过程复杂，产物多为混合物。

大多数酚类都可与三氯化铁溶液发生颜色反应，且结构不同的酚，产生的颜色也不同，常用这一反应来鉴别酚类。

3. 醚的性质　醚一般条件下性质比较稳定，但能与强酸作用生成𨧀盐而溶于强酸。𨧀盐不稳定，遇水很快分解为原来的醚和酸，从而使溶液分层。

醚类在空气中长期放置时，可被空气逐渐氧化形成过氧化物，过氧化物受热易分解发生强烈爆炸。乙醚是最常用的一种醚，为防止实验时发生意外，使用乙醚前必须检查过氧化物的存在。

三、仪器与试剂

仪器：试管、烧杯、酒精灯。

试剂：无水己醇、正丁醇、仲丁醇、叔丁醇、乙二醇、丙三醇、1,3 - 丙二醇、2%苯酚溶液、2%对苯二酚溶液、2% 1,2,3 - 苯三酚溶液、乙醚、工业乙醚、金属钠、10%硫酸铜溶液、5%氢氧化钠溶液、10%氢氧化钠溶液、10%盐酸、0.5%高锰酸钾溶液、3mol/L硫酸、1%三氯化铁溶液、1%碘化钾溶液、浓盐酸、饱和溴水、卢卡斯试剂、酚酞指示剂、pH 试纸。

四、实验步骤

1. 醇的性质

（1）与金属钠作用　在两支干燥的试管中，分别加入无水己醇、正丁醇各 1ml，再分别加入 1 粒绿豆大小的金属钠，观察两支试管中反应速率的差异。待钠粒完全消失后，醇钠析出使溶液变黏稠。向试管中加入 5ml 水并滴入 2 滴酚酞指示剂，观察溶液颜色变化。

（2）醇的氧化　在三支试管中各加入 0.5%高锰酸钾溶液 10 滴和 3mol/L 硫酸 2滴，振摇混匀后，分别加入 5 滴正丁醇、仲丁醇、叔丁醇。充分振荡试管，观察混合液的颜色有何变化。

（3）卢卡斯试验　在三支干燥试管中分别加入 0.5ml 正丁醇、仲丁醇、叔丁醇，再各加入 1ml 卢卡斯试剂，塞好管口，用力振摇片刻后静置，观察试管中的变化，记录出现浑浊的时间。室温下无浑浊出现的，可将其放入约 50℃ 的水浴中温热几分钟，再观察有无浑浊产生。

（4）多元醇与氢氧化铜作用　在三支试管中各加入 1ml 10% 硫酸铜溶液和 1ml 10% 氢氧化钠溶液，混匀，有何现象发生？再向试管中分别加入 5 滴乙二醇、丙三醇、1,3 - 丙二醇，振摇，观察现象变化。最后，向每支试管中各加入 1 滴浓盐酸，混合液的颜色又有什么变化？试解释之。

2．酚的性质

（1）弱酸性　向试管中加入苯酚 4 滴、蒸馏水 10 滴，振摇后得一乳浊液。用玻棒蘸取该乳浊液于 pH 试纸上检验其酸性。向乳浊液中逐滴滴入 5% NaOH 溶液，边滴边振荡，直至溶液清亮为止。然后在此澄清液体中滴加 10% 盐酸至溶液呈酸性，观察有何现象。

（2）与溴水作用　在试管中加入 1ml 2% 苯酚溶液，逐滴滴入饱和溴水，观察有何现象。

（3）酚的氧化　在试管中加入 1ml 2% 苯酚溶液，滴入 0.5% 高锰酸钾溶液 2～3 滴，振荡，观察有何现象。

（4）与三氯化铁溶液作用　在三支试管中分别加入 2% 苯酚溶液、2% 对苯二酚溶液、2% 1,2,3 - 苯三酚溶液各 1ml，再各加入 1% 三氯化铁溶液 1～2 滴，即发生颜色反应，观察不同的酚表现的颜色。

3．醚的性质

（1）𨧀盐的生成与分解　在干燥的试管中加入 1ml 浓硫酸，浸入冰水中冷却至 0℃。缓慢向其中滴加 0.5ml 乙醚，边加边振摇，观察现象。将此液体小心地倒入另一支盛有 3ml 冰水的试管中，振摇后观察有何现象。

（2）过氧化物的检验　在两支试管中各加入 3mol/L 硫酸 2 滴、1% 碘化钾溶液 1ml，再分别加入纯乙醚和工业乙醚各 1ml，用力振荡。有过氧化物存在的工业乙醚很快变成黄色或棕黄色，请解释之。

五、附注与注意事项

1．卢卡斯试剂的配制：把 34g 无水氯化锌放在蒸发皿中强烈熔融，稍冷后倒入 23ml 浓盐酸中，边加边搅动，同时置于冰水中冷却，以防氯化氢气体逸出，最后得试剂约 35ml。此试剂应临用时配制。

2．金属钠遇水反应十分剧烈，容易发生危险。因此，在醇钠的生成实验中，如果醇与钠的反应停止后仍有残余的钠，此时绝对不能加水！应用镊子将钠粒取出放到酒精中分解，千万不可弃入水槽中！

3．卢卡斯试验只适用于含 3～6 个碳原子的醇，因为碳原子数少于 6 个的醇一般都能溶于卢卡斯试剂，而碳原子数在 6 个以上的醇则不能溶，故不能用此检验。而含 1～2 个碳原子的醇，由于产物的挥发性，也不适合使用此方法鉴别。

4．使用卢卡斯试剂时，试管必须干燥，否则会影响实验结果。

5.镁盐的生成是放热反应，容易使乙醚逸散并使已生成的羊盐分解，所以整个实验过程始终保持在低温下进行。

六、思考题

1.可以用95%乙醇代替无水乙醇与金属钠反应吗？为什么？

2.怎样证明苯酚具有弱酸性？为什么苯酚不溶于碳酸氢钠溶液却能溶于碳酸钠溶液？

3.1–溴丁烷中混有少量丁醚，如何用一简便方法将其除去？

实验六十九　醛和酮的性质

一、实验目的

1.验证醛、酮的主要化学性质。

2.掌握醛、酮的鉴别方法。

二、实验原理

醛和酮的典型反应是亲核加成。醛、脂肪族甲基酮与饱和亚硫酸氢钠溶液反应生成结晶状的 α – 羟基磺酸钠，该产物与稀酸或稀碱共热又分解成原来的醛或酮。利用这一性质，可鉴别、分离和提纯醛和脂肪族甲基酮。

醛和酮都能与氨的衍生物发生缩合反应，例如，与2,4 – 二硝基苯肼缩合生成具有固定熔点的黄色或橙红色固体2,4 – 二硝基苯腙，后者在稀酸作用下可水解成原来的醛或酮。利用这一反应可鉴别、分离和提纯醛和酮。

凡含有 CH_3CO —结构的醛、酮及能够被氧化成这种结构的醇 $[CH_3CH(OH)—]$ 均能与次碘酸钠作用生成具有特殊气味的黄色碘仿结晶，该反应可用于鉴别。

醛容易被氧化，较弱的氧化剂便可将醛氧化成羧酸。醛被托伦（Tollens）试剂氧化，析出的银附着在洁净的玻璃器壁上，故又称银镜反应。酮不能被托伦试剂氧化，以此可鉴别醛和酮。

脂肪族醛遇斐林（Fehling）试剂被氧化成羧酸，而斐林试剂中的二价铜被还原成一价的砖红色氧化亚铜沉淀。芳醛和酮不能被斐林试剂氧化，以此可鉴别脂肪族醛和芳醛或酮。

此外，醛与希夫（Schiff）试剂作用呈紫红色，而酮不反应。甲醛与希夫试剂作用生成的紫红色比较稳定，加硫酸也不褪色，利用这一特点可区别甲醛和其他醛。

三、仪器与试剂

仪器：试管、烧杯、酒精灯。

试剂：乙醛、苯甲醛、丙酮、苯乙酮、乙醇、异丙醇、饱和亚硫酸氢钠溶液、2,4-二硝基苯肼试剂、碘-碘化钾溶液、斐林试剂A、斐林试剂B、希夫试剂、5%氢氧化钠溶液、5%硝酸银溶液、稀盐酸、浓硫酸、氨水。

四、实验步骤

1. 与饱和亚硫酸氢钠加成 在四支干燥的试管中各加入1ml新配制的饱和亚硫酸氢钠溶液，再分别加入0.5ml乙醛、苯甲醛、丙酮、苯乙酮，用力振摇，放进冰水浴中冷却几分钟，观察有无结晶析出。将有结晶析出的试管倾去上层清液，向其中加入2ml稀盐酸溶液，振摇，观察结晶是否溶解，有何气味产生。

2. 与羰基试剂反应 在四支干燥的试管中各加入1ml新配制的2,4-二硝基苯肼试剂，分别加入乙醛、苯甲醛、丙酮、苯乙酮各2滴，振摇后静置，观察有无沉淀生成，并注意沉淀颜色的差异。

3. 碘仿反应 在四支试管中各加入5滴乙醛、丙酮、乙醇、异丙醇，再各加入1ml碘-碘化钾溶液，边振摇边分别滴加5%氢氧化钠溶液至碘的颜色刚好褪去为止。观察有无沉淀析出，是否嗅到碘仿的特殊气味？如无沉淀析出，则在约60℃的水浴中加热数分钟，冷却后再观察现象。

4. 银镜反应 在四支洁净的试管中各加入5%硝酸银10滴和5%氢氧化钠1滴，振摇下逐滴加入稀氨水，至所有氧化银沉淀刚好溶解为止，得澄清的银氨溶液即托伦试剂。再各加入乙醛、苯甲醛、丙酮、苯乙酮各2滴，摇匀后同时放入50~60℃的水浴中加热，观察有无银镜生成。

5. 与斐林试剂反应 取四支试管各加入10滴斐林试剂A和10滴斐林试剂B，混匀即成斐林试剂。再分别加入5滴甲醛、乙醛、苯甲醛、丙酮，振摇后放入沸水浴中加热，观察现象。

6. 与希夫试剂作用 取三支试管各加入1ml新配制的希夫试剂，再分别加入2滴甲醛、乙醛、丙酮，振摇后静置，观察溶液颜色变化。然后在甲醛、乙醛的试管中各加入1ml浓硫酸，观察溶液的颜色是否褪去。

五、附注与注意事项

1. 饱和亚硫酸氢钠溶液的配制：取100ml 40%的亚硫酸氢钠溶液，加入25ml无水乙醇，若有少量沉淀析出，必须进行过滤或倾出上层澄清溶液。此溶液不稳定，容易被氧化或分解，因此需临用时配制。

2. 2,4-二硝基苯肼试剂的配制：取2,4-二硝基苯肼1g溶于7.5ml浓硫酸中，将此酸性溶液加进75ml 95%的乙醇中，再用蒸馏水稀释至250ml，必要时可过滤。

3. 碘－碘化钾溶液的配制：取2g碘和5g碘化钾，加少量水研溶，再用蒸馏水稀释至100ml。

4. 斐林试剂A的配制：将3.5g硫酸铜晶体（$CuSO_4 \cdot 5H_2O$）溶于100ml水中。

5. 斐林试剂B的配制：将17g酒石酸钾钠溶于20ml热水中，加入由5g氢氧化钠和20ml水配成的溶液，然后用水稀释至100ml。

6. 希夫试剂的配制：将0.5g品红盐酸盐溶于500ml蒸馏水中，过滤。另取500ml蒸馏水通入二氧化硫使之饱和。将这两种溶液混合均匀，静置过夜，得无色溶液，贮存于密闭的棕色瓶中。

7. 氢氧化钠的量切勿过多，加热时间也不宜太长，温度不能过高，否则会使生成的碘仿再消失，造成判断错误。

8. 此反应要求试管壁必须十分干净，若不干净，则还原生成的银呈黑色细粒状，不呈银镜。

9. 此时氨水不宜多加，否则将会影响实验灵敏度。

10. 实验完毕，倾去水溶液，加入少量硝酸，加热煮沸洗去银镜，以免溶液久置后产生雷酸银。

11. 斐林试剂是酒石酸钾钠和氢氧化铜组成的络合物，稳定性差，久置后反应性降低，因此必须使用时临时配制。

12. 新配置的希夫试剂是无色溶液，但见光、受热或呈碱性时会变成桃红色。醛与希夫试剂作用生成紫红色，与试剂本身所现的桃红色有区别。

六、思考题

1. 醛和酮的化学性质有哪些异同之处？可用哪些方法鉴别它们？

2. 什么样结构的化合物能发生碘仿反应？做碘仿反应实验时应注意些什么？

3. 鉴别下列各组化合物：

（1）丙醛、丙酮、正丙醇、异丙醇

（2）苯甲醇、苯甲醛、正丁醛、苯乙酮

实验七十　羧酸及其衍生物的性质

一、实验目的

1. 验证羧酸及其衍生物的主要化学性质。

2. 掌握羧酸的鉴别方法。

二、实验原理

羧酸具有弱酸性，可与强碱作用生成水溶性的羧酸盐。所以羧酸既能溶于氢氧化钠溶液又能溶于碳酸氢钠溶液，以此作为鉴定羧酸的重要依据。二元酸比同碳数的一元酸酸性要强些。

羧酸与醇可以发生酯化反应生成酯和水。

甲酸的结构中含有醛基，草酸分子是两个羧基直接相连，由于结构特殊，它们都具有较强的还原性。甲酸易被弱氧化剂如托伦试剂、斐林试剂等氧化成碳酸盐；草酸能被高锰酸钾定量氧化，常用作高锰酸钾的定量分析。

羧酸衍生物具有相似的化学性质，在一定条件下，都能发生水解、醇解和氨解，其活性次序是：酰卤 > 酸酐 > 酯 > 酰胺。

酰胺很容易水解，与水共热即可生成相应的酸和氨。酸、碱的存在可加速反应的进行，并生成不同的产物（放出酸性或碱性物质）。

三、仪器与试剂

仪器：试管、烧杯、酒精灯。

试剂：甲酸、乙酸、草酸、苯甲酸、无水乙醇、乙酰氯、乙酸酐、乙酸乙酯、乙酰胺、苯胺、浓硫酸、10%氢氧化钠溶液、20%氢氧化钠溶液、10%盐酸、10%碳酸钠、0.5%高锰酸钾、3mol/L硫酸、1:1氨水、5%硝酸银溶液、红色石蕊试纸、蓝色石蕊试纸。

四、实验步骤

1. 羧酸的性质

（1）酸性　在三支试管中，分别加入5滴甲酸、5滴乙酸和0.2g草酸，再各加入1ml蒸馏水，振摇。用干净的玻棒分别蘸取酸液，点在放置于洁净表面皿上的pH试纸上，观察并记录它们的pH值各为多少。

（2）成盐反应　在盛有1ml蒸馏水的试管中加入0.2g苯甲酸晶体，振摇，观察苯甲酸能否溶解。向试管中逐滴加入10%氢氧化钠溶液，边加边振摇至苯甲酸全部溶解为止。在此澄清溶液中边振摇边滴加10%盐酸，观察有何现象。

（3）酯化反应　在干燥的试管中加入1ml无水乙醇和1ml冰醋酸，再加上浓硫酸5滴，振荡并放在60℃~70℃的水浴中加热3~5min（注意勿使试管内的液体沸腾），冷却，加10%碳酸钠中和余酸，观察液体有无分层现象，并试闻生成的酯的香味。

（4）甲酸和草酸的还原性　在两支试管中都加入0.5%高锰酸钾溶液10滴和3mol/L硫酸5滴，然后分别加入0.5ml甲酸、0.2g草酸，振摇并注意颜色变化。若不立即发生反应，可置于水浴中加热，再观察现象。

在一只洁净的试管中加入 1ml 1:1 氨水和 5 滴 5% 硝酸银溶液，在另一支洁净的试管中加入 1ml 20% 氢氧化钠溶液和 5 滴甲酸，振摇后倒入第一支试管中，混匀。此时若有沉淀产生，可补加几滴氨水，使其恰好完全溶解。将试管放入约 90℃ 的水浴中加热数分钟后取出，冷却，观察有无银镜形成。

2. 羧酸衍生物的性质

（1）水解反应：酰氯、酸酐、酯、酰胺的水解。

酰氯的水解：在试管中加入 1ml 蒸馏水，沿管壁缓慢加入 3 滴乙酰氯，轻轻振摇试管，观察反应剧烈程度，用手触摸试管底部，感觉反应是否放热。待试管稍冷后，加入几滴 2% 硝酸银溶液，观察有无沉淀析出。

酸酐的水解：在试管中加入 1ml 蒸馏水和 3 滴乙酸酐，乙酸酐不溶于水，呈珠粒状沉于管底。把试管略微加热，观察现象并嗅其气味。

酯的水解：在三支试管中都加入 1ml 蒸馏水和 1ml 乙酸乙酯，然后再向其中一支试管加入 0.5ml 3mol/L 硫酸溶液，向另一支试管加入 0.5ml 20% 氢氧化钠溶液。将三支试管同时放入 70℃ ~80℃ 的水浴中加热，边振摇边观察现象，比较各试管中酯层消失的速度。哪一支试管中酯层消失的快一些？为什么？

酰胺的碱性水解：在试管里加入 0.2g 乙酰胺和 2ml 20% 氢氧化钠溶液，小火煮沸，是否嗅到氨的气味？将湿润的红色石蕊试纸放在试管口，有何现象发生？

酰胺的酸性水解：在试管里加入 0.2g 乙酰胺和 2ml 3mol/L 硫酸溶液，小火煮沸，是否嗅到乙酸的气味？将湿润的蓝色石蕊试纸放在试管口，有何现象发生？

（2）醇解反应：酰氯、酸酐的醇解。

酰氯的醇解：在干燥的试管中加入 1ml 无水乙醇，沿管壁慢慢滴加 1ml 乙酰氯，同时用冷水冷却试管并不断振荡。反应结束后先加入 1ml 水，再用 20% 碳酸钠溶液中和反应液使之呈中性。当溶液出现明显分层后，嗅其气味，有无酯的特殊香味？

酸酐的醇解：在干燥的试管中加入 1ml 无水乙醇和 1ml 乙酸酐，混合后加入 1 滴浓硫酸，振摇。此时反应混合物逐渐发热甚至沸腾。冷却，慢慢加入饱和碳酸钠溶液，轻轻振荡，静置。当溶液出现明显分层后，嗅其气味。

（3）氨解反应：在两支干燥的试管中都加入 5 滴新蒸馏过的淡黄色苯胺，分别慢慢滴加 8 滴乙酰氯和乙酸酐，待反应结束后再加入 5ml 水，并用玻棒搅匀，观察现象。

五、附注与注意事项

1. 银镜反应需在碱性条件下进行。甲酸的酸性较强，直接加入到弱碱性的银氨溶液中，会将银氨配合物分解失效，所以需先用碱中和甲酸。

2. 乙酰氯在空气中水解冒白烟并有刺激性，操作最好在通风橱中进行。

3. 乙酰氯与水、乙醇反应十分剧烈，并常伴有爆破声，滴加时要十分小心，以防液体飞溅。

4. 乙酸酐有毒，使用时应避免直接与皮肤接触或吸入其蒸气。

5. 乙酰氯非常容易水解，若试管不干燥，乙酰氯则首先发生水解而无法进行醇解反应。

六、思考题

1. 酯化反应中，为什么要控制水浴温度在 60℃ ~ 70℃？

2. 酯在碱性介质中水解比在酸性介质中水解更快，为什么？

3. 根据实验现象说明羧酸衍生物的酰化能力有何区别。

实验七十一　氨基酸和蛋白质的性质

一、实验目的

1. 验证氨基酸、蛋白质的主要化学性质。

2. 掌握氨基酸、蛋白质的鉴别方法。

二、实验原理

氨基酸具有氨基和羧基的性质，既可溶于酸亦可溶于碱中，是两性化合物，具有等电点。氨基酸是组成蛋白质的基础，所以蛋白质也具有两性和等电点。

氨基酸（除脯氨酸和羟脯氨酸外）和蛋白质都能与茚三酮作用，产生紫红色，反应十分灵敏，在 pH 5 ~ 7 的溶液中反应为宜，最终形成蓝紫色化合物。

蛋白质与铜盐在碱性溶液中显紫红色，称为缩二脲反应。凡分子中含有两个或两个以上肽键的化合物均有此反应。但除了蛋白质和多肽具有缩二脲反应外，一些含有一个肽键和一个—CH_2NH_2、—CS—NH_2 等基团的物质也具有缩二脲反应，所以，有缩二脲反应不一定就是蛋白质和多肽。

蛋白质分子中若含有含苯环的氨基酸（如苯丙氨酸、酪氨酸和色氨酸），与浓硝酸作用时，苯环被硝化生成黄色的硝基化合物，此黄色物质遇碱即成盐而显橙色，此反应称蛋白黄反应。

蛋白质遇饱和无机盐溶液会发生盐析，但沉淀析出的蛋白质分子内部结构未发生显著变化，基本上保持原有的化学性质。降低盐的浓度时，蛋白质沉淀可再溶解于原来的溶剂中，这种沉淀反应称为可逆沉淀反应。

蛋白质在物理或化学因素的作用下，分子内部结构特别是空间结构遭到破坏时，会发生变性或沉淀，此反应称为蛋白质的不可逆沉淀反应。一般说来，加热、过量酸或碱及有机试剂、苦味酸、震荡、超声波等都能使蛋白质发生不可逆沉淀反应。医学上利用蛋白质与重金属盐作用产生沉淀这一性质，将蛋白质作为许多重金属中毒的解毒剂。

三、仪器与试剂

仪器：试管、烧杯、酒精灯。

试剂：1%甘氨酸、1%酪氨酸、蛋白质溶液、茚三酮试剂、10%氢氧化钠溶液、1%硫酸铜溶液、1%醋酸铅溶液、2%硝酸银溶液、1%醋酸溶液、10%盐酸、饱和苦味酸溶液、浓盐酸、浓硫酸、浓硝酸、硫酸铵、蓝色石蕊试纸。

四、实验步骤

1. 两性性质

（1）氨基酸的两性性质　在装有2ml蒸馏水的试管中加入0.1g酪氨酸，振荡下逐滴加入1ml 10%氢氧化钠溶液，观察现象。再逐滴加入10%盐酸，直至溶液刚显酸性（蓝色石蕊试纸刚变红），振荡1min，观察现象。继续滴加10%盐酸（10滴以上），观察现象。

（2）蛋白质的两性性质　在试管中加入5滴蛋白质溶液，振荡下逐滴加入浓盐酸，当加入过量酸时，观察溶液有何变化。吸取1ml该溶液置于另一试管中，逐滴加入10%氢氧化钠溶液，观察在过量碱性溶液中有何变化。

2. 茚三酮反应　在三支试管中分别加入1%甘氨酸、1%酪氨酸和蛋白质溶液各1ml，再分别滴加2滴茚三酮试剂，混合均匀后在沸水浴中加热10min，观察溶液颜色变化。

3. 缩二脲反应　在两支试管中分别加入10滴1%甘氨酸和蛋白质溶液，再各加入10滴10%氢氧化钠溶液和2滴1%硫酸铜溶液，混匀后加热，观察反应现象。

4. 蛋白黄反应　在试管中加入1ml蛋白质溶液和3～5滴浓硝酸，加热煮沸，观察现象。冷却，逐滴加入10%氢氧化钠溶液，当反应液呈碱性时，观察现象。

5. 蛋白质的可逆沉淀——盐析作用　在试管中加入4ml蛋白质溶液，轻轻振摇下，向其中加入硫酸铵粉末直至硫酸铵不再溶解为止。静置观察，当下层产生絮状沉淀后，小心吸除上层清液，再向试管中加入等体积的蒸馏水，振摇，观察沉淀是否溶解。

6. 蛋白质的不可逆沉淀

（1）重金属盐沉淀蛋白质　取三支试管各加入1ml蛋白质溶液，再分别加入1%硫酸铜溶液、1%醋酸铅溶液、2%硝酸银溶液，直至沉淀生成为止。再分别继续逐滴加入过量的1%硫酸铜溶液、1%醋酸铅溶液、2%硝酸银溶液，边加边振摇，观察沉淀是否溶解。

（2）加热沉淀蛋白质　加2ml蛋白质溶液于试管中，沸水浴上加热5min，观察有无白色块状蛋白质凝结。

（3）苦味酸沉淀蛋白质　在试管中加入 1ml 蛋白质溶液和 5 滴 1% 醋酸溶液，再加入 5 ~ 10 滴饱和苦味酸溶液，观察有何现象发生。

（4）无机酸沉淀蛋白质　取三支试管，各加入 6 滴蛋白质溶液，再分别滴加 4 滴浓盐酸、浓硫酸、浓硝酸，不要振动试管，观察各试管中白色沉淀的出现。再分别加 2 ~ 5 滴浓盐酸、浓硫酸、浓硝酸，混合均匀后，观察加过量酸的试管中有何不同现象产生。

五、附注与注意事项

1. 将鸡蛋白用蒸馏水稀释 30 倍，用三层纱布过滤，即得卵清蛋白溶液，滤液冷藏备用。

2. 茚三酮试剂的配制：将 0.1g 茚三酮溶于 125ml 乙醇中即得。该试剂需使用时临时配制。

3. 硫酸铜溶液不可加过量，否则，将生成蓝绿色氢氧化铜沉淀，而掩蔽产生的紫色。

4. 重金属盐沉淀蛋白质的作用是不可逆的，然而由于沉淀粒子上吸附有离子，会使它溶于过量的沉淀剂中，所以，使用醋酸铅或硫酸铜沉淀蛋白质时不可过量，否则，引起沉淀的再溶解。

六、思考题

1. 氨基酸有缩二脲反应吗？为什么？

2. 可用哪些简便方法来鉴别蛋白质？

3. 为什么鸡蛋清和生豆浆可作为铅或汞中毒的解毒剂？

实验七十二　糖的性质

一、实验目的

1. 验证糖类化合物的主要化学性质。

2. 了解糖的鉴别方法。

二、实验原理

单糖和某些双糖具有还原性，多糖一般没有还原性。具有还原性的糖称还原糖，还原糖都能与托伦试剂、斐林试剂和本尼迪克特试剂反应生成金属银或氧化亚铜沉淀。非还原糖则无上述反应。本尼迪克特试剂内含硫酸铜、碳酸钠和柠檬酸钠，比较稳定，不需像斐林试剂那样需临用前配制，使用起来比较方便，所以多用于测定还原性糖。

还原糖能与过量的苯肼缩合生成糖脎。糖脎是不溶于水的黄色结晶，具有独特的晶形和固定的熔点，不同糖脎的晶形和熔点不同，常利用这些特征来鉴别还原糖。葡萄糖和果糖结构不同，却能生成相同的糖脎，但由于反应速率不同，析出糖脎的时间也不同，果糖约需2min，葡萄糖则需4~5min。因此，可根据析出糖脎的速率差异来区别葡萄糖和果糖。

单糖在浓硫酸或浓盐酸作用下脱水生成呋喃甲醛和呋喃甲酸的衍生物，它们能与酚类化合物缩合成有色的物质。如与α-萘酚作用产生紫红色，此反应称莫立许（Molisch）反应，这是检查糖的普遍方法。

酮糖与间苯二酚的盐酸溶液作用，加热后变成鲜红色，此反应称西里瓦诺夫（Seliwanoff）反应。蔗糖也呈阳性反应，因为在实验条件下，蔗糖被水解有果糖生成。如果煮沸时间较长，则葡萄糖和麦芽糖均呈阳性反应，一般认为这是由于葡萄糖在盐酸催化下转变为果糖所致。

蔗糖没有还原性，是非还原糖，但蔗糖在酸或酶的催化作用下可水解生成等分子的葡萄糖和果糖，因此，其水解液具有还原性。淀粉是多糖，无还原性。淀粉遇碘呈蓝色，受热时，蓝色褪去。冷却，蓝色又重新出现。该反应现象灵敏，可用于鉴别。

三、仪器与试剂

仪器：试管、烧杯、酒精灯、白瓷点滴板。

试剂：5%葡萄糖溶液、5%果糖溶液、5%麦芽糖溶液、5%蔗糖溶液、2%淀粉溶液、5%硝酸银溶液、本尼迪克特试剂、苯肼试剂、α-萘酚乙醇溶液、间苯二酚-盐酸试剂、0.1%碘溶液、5%氢氧化钠溶液、10%硫酸溶液、浓硫酸、氨水、饱和碳酸钠溶液。

四、实验步骤

1. 糖的还原性

（1）与托伦试剂反应　取五支洁净试管，各加入1ml 5%硝酸银溶液，在不断振摇下逐滴加入氨水，至沉淀恰好溶解为止。再分别加入5滴5%葡萄糖溶液、5%果糖溶液、5%麦芽糖溶液、5%蔗糖溶液、2%淀粉溶液。振摇后放入50℃~60℃水浴中加热5min，观察有无银镜生成。

（2）与本尼迪克特试剂反应　取五支试管，各加入本尼迪克特试剂10滴，再分别加入5滴5%葡萄糖溶液、5%果糖溶液、5%麦芽糖溶液、5%蔗糖溶液、2%淀粉溶液。振摇后放入沸水浴中加热3min，观察有无砖红色沉淀生成。

2. 糖脎的生成　取四支试管，各加入2ml 5%葡萄糖溶液、5%果糖溶液、5%麦芽糖溶液、5%蔗糖溶液，再分别加入1ml苯肼试剂，摇匀，用少量棉花塞住管口，同时放入沸水浴中加热煮沸，随时将出现沉淀的试管取出。加热20min后，将试管取出，

冷却，观察有无结晶生成，比较各试管生成糖脎的先后顺序。取出少量沉淀晶体，在显微镜下观察各种糖脎的晶型。

3. 糖的颜色反应

（1）莫立许反应 取五支试管，分别加入 10 滴 5% 葡萄糖溶液、5% 果糖溶液、5% 麦芽糖溶液、5% 蔗糖溶液、2% 淀粉溶液，再各加入 2 滴 10% α-萘酚乙醇溶液。混匀后将试管倾斜 45°，沿试管壁慢慢加入 1ml 浓硫酸，注意不要摇动，逐渐竖直试管，此时，硫酸在下层，试液在上层，观察液面交界处有无紫色环出现。若数分钟后仍无颜色变化，可在水浴中温热后再观察。

（2）西里瓦诺夫反应 取四支试管，各加入 10 滴间苯二酚-盐酸试剂，再分别滴入 2 滴 5% 葡萄糖溶液、5% 果糖溶液、5% 麦芽糖溶液、5% 蔗糖溶液，摇匀后置于水浴中加热 2min，观察所得结果。

4. 蔗糖的水解 在试管中加入 1ml 5% 蔗糖溶液和 3 滴 10% 硫酸溶液，置于沸水中加热 5~10min，放冷后加 5% 氢氧化钠溶液至弱碱性（用红色石蕊试纸检验）。加入本尼迪克特试剂 10 滴，放入沸水浴中加热 3~4min，观察结果。

5. 淀粉的性质

（1）碘试验 在试管中加 2% 淀粉溶液 6 滴，再加入 0.1% 碘溶液 1 滴，观察现象。将试管放入沸水浴中加热 5~10min，观察有何现象。取出冷却后又有什么变化？

（2）水解 在试管中加 2% 淀粉溶液 4ml 和 10 滴 10% 硫酸溶液，置于沸水中加热，每隔 5min 从试管中取出 1 滴淀粉水解液在白瓷点滴板上做碘试验，直至不再呈阳性反应为止。冷却，加饱和碳酸钠溶液中和，取出 1ml 放入试管中，加本尼迪克特试剂 5 滴，然后置于沸水浴中煮沸 5min，观察结果。

五、附注与注意事项

1. 莫立许试验很灵敏。但是除糖外，其他一些化合物如甲酸、丙酮、乳酸、草酸等也能呈阳性反应。所以，阳性反应不一定证明有糖类化合物存在，只能用其阴性结果来判断糖类化合物的不存在。

2. 本尼迪克特试剂的配制：取柠檬酸钠 20g 和无水碳酸钠 11.5g 溶于 100ml 热水中。在不断搅拌下把含 2g 硫酸铜晶体的 20ml 水溶液慢慢加到上述溶液中。若溶液不澄清可过滤再用。

3. 苯肼试剂的配制：取 50g 盐酸苯肼溶解于 500ml 蒸馏水中，若不溶，可稍加热，冷却后加入 90g 醋酸钠（$CH_3COONa \cdot 3H_2O$），搅拌使其溶解，加入少量活性炭脱色，过滤备用。

4. α-萘酚乙醇溶液的配制：称取 10g α-萘酚，溶于适量的 75% 乙醇中，再用同样的乙醇稀释至 100ml。

5. 间苯二酚-盐酸试剂的配制：取间苯二酚 0.05g 溶于 50ml 盐酸中，用水稀释至

100ml。

6. 苯肼毒性大，用棉花塞住试管口以减少苯肼蒸气逸出的机会。如不慎触及皮肤应先用稀醋酸洗，再用水洗。

7. 加热时间不可过长，否则，蔗糖在酸性溶液中长时间受热会分解生成葡萄糖和果糖，从而形成糖脎，导致错误的实验结果。

六、思考题

1. 实验中哪些糖具有还原性，它们在结构上有何特征？

2. 设计一合适的实验方案，鉴别下列化合物：葡萄糖、果糖、麦芽糖、蔗糖、淀粉、纤维素。

实验七十三　胺和尿素的性质

一、实验目的

1. 验证胺类化合物的主要化学性质。
2. 掌握伯、仲、叔胺及尿素的鉴定方法。

二、实验原理

胺类具有碱性，其碱性强弱取决于烃基的结构及溶剂的性质，水溶液中胺类的碱性次序是：$R_2NH > RNH_2 > R_3N > NH_3 > PhNH_2 > Ph_2NH > Ph_3N$。六个碳以下的胺能与水混溶，其水溶液可使 pH 试纸呈碱性反应，这是检验胺类的简便方法之一，也是鉴别胺类的重要依据。不溶于水的胺能与无机酸反应生成水溶性的铵盐，若在铵盐溶液中加入强碱，胺又重新游离出来，利用这一性质，可分离提纯胺。

胺能与酰氯或酸酐反应生成酰胺，伯、仲、叔胺与苯磺酰氯作用的特点不同。伯胺与苯磺酰氯反应生成的磺酰胺可溶于氢氧化钠溶液，仲胺与苯磺酰氯反应生成的磺酰胺不溶于氢氧化钠溶液，叔胺不能发生酰化反应，利用这一性质，可鉴别伯、仲、叔三类胺，此反应称为兴斯堡（Hingsberg）反应。

胺可与亚硝酸反应，不同结构的胺反应现象不同。脂肪族伯胺与亚硝酸作用首先生成重氮盐，生成的重氮盐不稳定而分解放出氮气；脂肪族仲胺则生成 N - 亚硝基化合物，为黄色油状物；脂肪族叔胺与亚硝酸发生酸碱反应生成亚硝酸铵盐而溶解。芳伯胺与亚硝酸在低温下反应生成重氮盐，即重氮化反应；芳仲胺则生成 N - 亚硝基化合物而呈黄色，酸化后重排成蓝绿色的对 - 亚硝基芳仲胺；芳叔胺生成橘红色的对位亚硝基化合物，碱性条件下呈翠绿色。胺类与亚硝酸的反应不仅可用作伯、仲、叔胺的鉴别，还可用于区别脂肪族和芳香族伯胺、脂肪族和芳香族叔胺。

芳伯胺与亚硝酸在低温下反应生成的重氮盐性质很不稳定，它的水溶液在加热时分解放出氮气而生成酚。重氮盐在弱碱性或弱酸性、中性的溶液中与酚或芳胺作用，生成有鲜艳颜色的偶氮化合物，此反应称偶联反应。

苯胺容易与溴水作用生成 2,4,6 - 三溴苯胺白色沉淀，此反应灵敏，现象明显。苯胺易被氧化，用重铬酸钾氧化后生成苯胺黑。这些反应都可用来鉴别苯胺。

尿素是碳酸二酰胺，可在酸性或碱性条件下水解，如在碱性溶液中尿素受热水解后生成碳酸钠并放出氨气。尿素受热可发生缩合反应生成缩二脲，缩二脲与稀硫酸铜溶液在碱性介质中可产生紫红色（缩二脲反应），可用于尿素的鉴定。

三、仪器与试剂

仪器：试管、烧杯、酒精灯、表面皿。

试剂：甲胺、正丁胺、三乙胺、苯胺、N - 甲基苯胺、N,N - 二甲基苯胺、苯磺酰氯、β - 萘酚溶液、溴水、2mol/L 盐酸溶液、10% 氢氧化钠溶液、5% 盐酸溶液、25% 亚硝酸钠溶液、1% 硫酸铜溶液、饱和重铬酸钾溶液、淀粉 - 碘化钾试纸、尿素。

四、实验步骤

1. 胺的碱性 在两支装有 1ml 水的试管中，分别加入甲胺、苯胺各 2 滴，振摇。用玻棒蘸取甲胺和苯胺的水溶液（苯胺未完全溶解而呈乳液状），用湿润的 pH 试纸检验，比较它们的碱性强弱。

在上面的苯胺水溶液中滴加 2mol/L 盐酸，边滴边振摇，可得一澄清溶液，为什么？在这澄清液中再滴加 10% 氢氧化钠溶液，至溶液呈碱性，又有什么现象？

2. 兴斯堡反应 取三支试管，分别加入 10 滴苯胺、N - 甲基苯胺、N,N - 二甲基苯胺，再各加入 3ml 10% 氢氧化钠溶液和 10 滴苯磺酰氯，配上塞子，用力振荡几分钟。取下塞子，在水浴中温热直到无苯磺酰氯的臭味为止。冷却后用 pH 试纸检查是否显碱性，若不显碱性，可再加氢氧化钠溶液直到显碱性为止，观察有何现象。最后各用 5% 盐酸滴加至刚好显酸性，观察有何变化。

3. 与亚硝酸反应 取五支试管，各加入 1ml 浓盐酸和 2ml 水，再分别加入 10 滴正丁胺、三乙胺、苯胺、N - 甲基苯胺、N,N - 二甲基苯胺。将试管放入冰 - 水浴中冷却至 0℃ ~ 5℃，振摇下缓慢滴加预先用冰水冷却的 25% 亚硝酸钠溶液，直至混合液使淀粉 - 碘化钾试纸变蓝为止。观察并记录实验现象。若试管中冒出大量气泡，表明为脂肪族伯胺。若溶液中有黄色固体（或油状物）析出，则向其中滴加 10% 氢氧化钠溶液，黄色固体（或油状物）不溶解表明是仲胺，固体转变成绿色为芳香族叔胺。再向其余两支试管中滴加 β - 萘酚溶液，变橙红色的为芳香族伯胺，另一支则为脂肪族叔胺。

4. 芳胺的特性氧化反应 氧化反应 在表面皿上滴 1 滴苯胺，再加 2mol/L 盐酸和饱和重铬酸钾溶液各 2 滴，搅匀，观察现象。

5. 尿素的水解 在试管中加入10%氢氧化钠溶液10滴，再加20%尿素溶液15滴，小心将试管加热至沸，嗅其气味，同时将湿润的红色石蕊试纸放在管口，观察颜色变化。

6. 缩二脲的生成和缩二脲反应 在干燥的试管中加尿素约0.3g，小心加热试管，待固体熔化继而有气体放出，嗅其气味，并用湿的红色石蕊试纸放在试管口，观察颜色变化。继续将试管加热至管内的物质逐渐凝固，此时生成了缩二脲。冷却，加10%氢氧化钠溶液1~2ml和水2ml，小心用玻棒搅拌，使缩二脲尽量溶解，然后倾少许上层清液于另一支试管中，滴加1%硫酸铜溶液2~3滴，观察现象。

五、附注与注意事项

1. 苯胺有毒，可透过皮肤吸收中毒，注意不可直接与皮肤接触。

2. 苯磺酰氯水解不完全时，可与N,N-二甲基苯胺混溶在一起而沉于试管底部。此时若加盐酸酸化，则N,N-二甲基苯胺虽溶解，而苯磺酰氯仍以油状物存在，往往得出错误的结论。苯磺酰氯有强烈的催泪性，试验一般要在通风橱中进行。

3. 溶液中无沉淀析出，但加入盐酸酸化后析出沉淀的为伯胺；溶液中析出油状物或沉淀，而且沉淀不溶于酸的为仲胺；溶液中仍有油状物，加数滴盐酸酸化后即溶解的则为叔胺。

4. 在酸性溶液中，亚硝酸钠与碘化钾反应产生的碘遇淀粉变蓝色。所以混合物中是否含有游离的亚硝酸可用淀粉-碘化钾试纸来检验。

5. 芳伯胺与亚硝酸生成重氮盐的反应以及重氮盐与β-萘酚的偶联反应均需在低温下进行，试验过程中试管始终不能离开冰水浴。

六、思考题

1. 鉴别伯、仲、叔胺有哪些方法？怎样鉴别脂肪族伯胺和芳香族伯胺？

2. 重氮化反应如何控制反应条件？为什么盐酸要过量？

附录一

常用化学元素的相对原子质量表

元素符号	元素名称	相对原子质量	元素符号	元素名称	相对原子质量
Ag	银	107.8682	K	钾	39.0983
Al	铝	26.981538	Li	锂	6.941
Ar	氩	39.948	Mg	镁	24.3050
B	硼	10.811	Mn	锰	54.938049
Ba	钡	137.327	N	氮	14.0067
Br	溴	79.904	Na	钠	22.989770
C	碳	12.0107	Ni	镍	58.6934
Ca	钙	40.078	O	氧	15.9994
Cl	氯	35.453	P	磷	30.973761
Cr	铬	51.9961	Pb	铅	207.2
Cu	铜	63.546	Pd	钯	106.42
F	氟	18.9984	Pt	铂	195.078
Fe	铁	55.845	S	硫	32.066
H	氢	1.00794	Si	硅	28.0855
Hg	汞	200.59	Sn	锡	118.710
I	碘	126.90447	Zn	锌	65.39

注：相对原子质量录自 2001 年国际原子量表，以 $^{12}C = 12$ 为基准。

附录二

常用酸碱溶液的相对密度和浓度表

盐　酸

HCl 质量百分数	相对密度 (d$_4^{20}$) g/cm^3	100ml 水溶液中含 HCl 克数	HCl 质量百分数	相对密度 (d$_4^{20}$) g/cm^3	100ml 水溶液中含 HCl 克数
1	1.0032	1.003	22	1.1083	24.38
2	1.0082	2.006	24	1.1187	26.85
4	1.0181	4.007	26	1.1290	29.35
6	1.0279	6.167	28	1.1392	31.90
8	1.0376	8.301	30	1.1492	34.48
10	1.0474	10.47	32	1.1593	37.10
12	1.0574	12.69	34	1.1691	39.75
14	1.0675	14.95	36	1.1789	42.44
16	1.0776	17.24	38	1.1885	45.16
18	1.0878	19.58	40	1.1980	47.92
20	1.0980	21.96			

硫　酸

H$_2$SO$_4$ 质量百分数	相对密度 (d$_4^{20}$) g/cm^3	100ml 水溶液中含 H$_2$SO$_4$ 克数	H$_2$SO$_4$ 质量百分数	相对密度 (d$_4^{20}$) g/cm^3	100ml 水溶液中含 H$_2$SO$_4$ 克数
1	1.0051	1.005	70	1.6105	112.7
2	1.0118	2.024	80	1.7272	138.2
3	1.0184	3.055	90	1.8144	163.3
4	1.0250	4.100	91	1.8195	165.6
5	1.0317	5.159	92	1.8240	167.8
10	1.0661	10.66	93	1.8279	170.2
15	1.1020	16.53	94	1.8312	172.1
20	1.1394	22.79	95	1.8337	174.2
25	1.1783	29.46	96	1.8355	176.2
30	1.2185	36.56	97	1.8364	178.1
40	1.3028	52.11	98	1.8361	179.9
50	1.3951	69.76	99	1.8342	181.6
60	1.4983	89.90	100	1.8305	183.1

附　录

硝 酸

HNO$_3$ 质量百分数	相对密度 (d$_4^{20}$) g/cm^3	100ml 水溶液中 含 HNO$_3$ 克数	HNO$_3$ 质量百分数	相对密度 (d$_4^{20}$) g/cm^3	100ml 水溶液中 含 HNO$_3$ 克数
1	1.0036	1.004	65	1.3913	90.43
2	1.0091	2.018	70	1.4134	98.94
3	1.0146	3.044	75	1.4337	107.5
4	1.0201	4.080	80	1.4521	116.2
5	1.0256	5.128	85	1.4686	124.8
10	1.0543	10.54	90	1.4826	133.4
15	1.0842	16.26	91	1.4850	135.1
20	1.1150	22.30	92	1.4873	136.8
25	1.1469	28.67	93	1.4892	138.5
30	1.1800	35.40	94	1.4912	140.2
35	1.2140	42.49	95	1.4932	141.9
40	1.2463	49.85	96	1.4952	143.5
45	1.2783	57.52	97	1.4974	145.2
50	1.3100	65.50	98	1.5008	147.1
55	1.3393	73.66	99	1.5056	149.1
60	1.3667	82.00	100	1.5129	151.3

乙 酸

CH$_3$COOH 质量百分数	相对密度 (d$_4^{20}$) g/cm^3	100ml 水溶液中 含 CH$_3$COOH 克数	CH$_3$COOH 质量百分数	相对密度 (d$_4^{20}$) g/cm^3	100ml 水溶液中 含 CH$_3$COOH 克数
1	0.9996	0.9996	65	1.0666	69.33
2	1.0012	2.002	70	1.0685	74.80
3	1.0025	3.008	75	1.0696	80.22
4	1.0040	4.016	80	1.0700	85.60
5	1.0055	5.028	85	1.0689	90.86
10	1.0125	10.13	90	1.0661	95.95
15	1.0195	15.29	91	1.0652	96.93
20	1.0263	20.53	92	1.0643	97.92
25	1.0326	25.82	93	1.0632	98.88
30	1.0384	31.15	94	1.0619	99.82
35	1.0438	36.53	95	1.0605	100.7
40	1.0488	41.95	96	1.0588	101.6
45	1.0534	47.40	97	1.0570	102.5
50	1.0575	52.88	98	1.0549	103.4
55	1.0611	58.36	99	1.0524	104.2
60	1.0642	63.85	100	1.0498	105.0

氢 氧 化 钠

NaOH 质量百分数	相对密度 (d_4^{20}) g/cm³	100ml 水溶液中含 NaOH 克数	NaOH 质量百分数	相对密度 (d_4^{20}) g/cm³	100ml 水溶液中含 NaOH 克数
1	1.0095	1.010	26	1.2848	33.40
2	1.0207	2.041	28	1.3064	36.58
4	1.0428	4.171	30	1.3279	39.84
6	1.0648	6.389	32	1.3490	43.17
8	1.0869	8.695	34	1.3696	46.57
10	1.1089	11.09	36	1.3900	50.04
12	1.1309	13.57	38	1.4101	53.58
14	1.1530	16.14	40	1.4300	57.20
16	1.1751	18.80	42	1.4494	60.87
18	1.1972	21.55	44	1.4685	64.61
20	1.2191	24.38	46	1.4873	68.42
22	1.2411	27.30	48	1.5065	72.31
24	1.2629	30.31	50	1.5253	76.27

氢 氧 化 钾

KOH 质量百分数	相对密度 (d_4^{20}) g/cm³	100ml 水溶液中含 KOH 克数	KOH 质量百分数	相对密度 (d_4^{20}) g/cm³	100ml 水溶液中含 KOH 克数
1	1.0083	1.008	28	1.2695	35.55
2	1.0175	2.035	30	1.2905	38.72
4	1.0359	4.144	32	1.3117	41.97
6	1.0514	6.326	34	1.3331	45.83
8	1.0730	8.584	36	1.3549	48.78
10	1.0918	10.92	38	1.3769	52.32
12	1.1108	13.33	40	1.3991	55.96
14	1.1299	15.82	42	1.4215	59.70
16	1.1493	19.70	44	1.4443	63.55
18	1.1688	21.04	46	1.4673	67.50
20	1.1884	23.77	48	1.4907	71.55
22	1.2083	26.58	50	1.5143	75.72
24	1.2285	29.48	52	1.5382	79.99
26	1.2489	32.47			

氨　水

NH$_3$ 质量百分数	相对密度 （d$_4^{20}$） g/cm^3	100ml 水溶液中含 NH$_3$ 克数	NH$_3$ 质量百分数	相对密度 （d$_4^{20}$） g/cm^3	100ml 水溶液中含 NH$_3$ 克数
1	0.9939	9.94	16	0.9362	149.8
2	0.9895	19.97	18	0.9295	167.3
4	0.9811	39.24	20	0.9229	184.6
6	0.9730	58.38	22	0.9164	201.6
8	0.9651	77.21	24	0.9101	218.4
10	0.9575	95.75	26	0.9040	235.0
12	0.9501	114.0	28	0.8980	251.4
14	0.9430	132.0	30	0.8920	267.6

碳　酸　钠

Na$_2$CO$_3$ 质量百分数	相对密度 （d$_4^{20}$） g/cm^3	100ml 水溶液中含 Na$_2$CO$_3$ 克数	Na$_2$CO$_3$ 质量百分数	相对密度 （d$_4^{20}$） g/cm^3	100ml 水溶液中含 Na$_2$CO$_3$ 克数
1	1.0086	1.009	12	1.1244	13.49
2	1.0190	2.038	14	1.1463	16.05
4	1.0398	4.159	16	1.1682	18.50
6	1.0606	6.364	18	1.1905	21.33
8	1.0816	8.653	20	1.2132	24.26
10	1.1029	11.03			

常用有机溶剂的沸点和相对密度表

名称	沸点（℃）	相对密度（d_4^{20}）	名称	沸点（℃）	相对密度（d_4^{20}）
甲醇	64.96	0.7914	1,4-二氧六环	101.750	1.0337
乙醇	78.5	0.7893	苯	80.1	0.87865
乙醚	34.51	0.71378	甲苯	110.6	0.8669
丙酮	56.2	0.7899	邻二甲苯	144.4	0.8802
乙酸	117.9	1.0492	间二甲苯	139.1	0.8642
乙酐	139.55	1.0820	对二甲苯	138.4	0.8611
乙酸乙酯	77.06	0.9003	三氧甲烷	61.7	1.4832
四氯化碳	76.54	1.5940	二硫化碳	46.25	1.2632
硝基苯	210.8	1.2037	正丁醇	117.25	0.8098

附录 四

不同温度下水的饱和蒸气压表

温度 ℃	蒸气压 mmHg	温度 ℃	蒸气压 mmHg	温度 ℃	蒸气压 mmHg	温度 ℃	蒸气压 mmHg
1	4.926	26	25.21	51	97.20	76	301.4
2	5.294	27	26.74	52	102.1	77	314.1
3	5.685	28	28.35	53	107.2	78	327.3
4	6.101	29	30.04	54	112.5	79	341.0
5	6.543	30	31.82	55	118.0	80	355.1
6	7.013	31	33.70	56	123.8	81	369.7
7	7.513	32	35.66	57	129.8	82	384.9
8	8.045	33	37.73	58	136.1	83	400.6
9	8.609	34	39.90	59	142.6	84	416.8
10	9.209	35	42.18	60	149.4	85	433.6
11	9.844	36	44.56	61	156.4	86	450.9
12	10.52	37	47.07	62	163.8	87	468.7
13	11.23	38	49.69	63	171.4	88	487.1
14	11.99	39	52.44	64	179.3	89	506.1
15	12.79	40	55.32	65	187.5	90	525.76
16	13.63	41	58.34	66	196.1	91	546.06
17	14.53	42	61.50	67	205.0	92	566.99
18	15.48	43	64.80	68	214.2	93	588.60
19	16.48	44	68.26	69	223.7	94	610.90
20	17.54	45	71.88	70	233.7	95	633.90
21	18.65	46	75.65	71	243.9	96	657.62
22	19.83	47	79.60	72	254.6	97	682.07
23	21.07	48	83.71	73	265.7	98	707.27
24	22.38	49	88.02	74	277.2	99	733.24
25	23.76	50	92.51	75	289.1	100	760.00

附录五

常用有机溶剂的性质及纯化

化学合成实验经常会用到溶剂，溶剂不仅作为反应介质，产物的纯化和后处理例如重结晶、萃取、层析等操作也经常用到溶剂。由于溶剂的用量总是比较大，即使溶剂中微量杂质也会对反应和产物的纯化带来一定的影响。一些有机反应（如 Grignard 反应等）对溶剂的要求更高，微量的水和醇都会使反应难以发生。因此，溶剂在使用前应检验其纯度，需要时将其纯化。下面介绍常用有机溶剂的物理性质和一般纯化方法。

1. 石油醚　石油醚为轻质石油产品，是低分子量的烃类（主要是戊烷和己烷）的混合物。其沸程为 30℃ ~ 150℃，收集的温度区间一般为 30℃，有 30℃ ~ 60℃、60℃ ~ 90℃、90℃ ~ 120℃等沸程规格的石油醚。石油醚中含有少量不饱和烃，沸点和烷烃相近，用蒸馏法无法分离，必要时可用浓硫酸和高锰酸钾把它除去。通常将石油醚用其体积十分之一的浓硫酸洗涤两、三次，再用 10% 的硫酸加入高锰酸钾配成的饱和溶液洗涤，直至水层中的紫色不再消失为止，然后再用水洗，经无水氯化钙干燥后蒸馏。如要绝对干燥的石油醚则再用金属钠进一步干燥（见无水乙醚的制备）。

2. 苯　bp80.1℃，mp5.5℃，$d_4^{20}0.87865$，$n_D^{20}1.5011$

普通的苯含有少量的水（20℃时，苯能溶解 0.06% 的水），苯和水形成的共沸混合物在 69.25℃沸腾，含有 91.17% 的苯。由煤焦油加工得到的苯还含有少量的噻吩（沸点 84℃）。欲除去水和噻吩，可用等体积的 15% 硫酸洗涤，直至酸层为无色或浅黄色，或检查无噻吩为止（取 5 滴苯，加入 5 滴浓硫酸及 1 ~ 2 滴 1% α，β - 吲哚醌 - 浓硫酸溶液，振荡，如酸层呈墨绿色或兰色，表示有噻吩存在）。苯层再依次用水、10% Na_2CO_3 水溶液、水洗涤，无水氯化钙干燥过夜后，蒸馏。若要高度干燥可加入金属钠进一步除水。

3. 甲苯　bp110.6℃，$d_4^{20}0.8669$，$n_D^{20}1.4961$

甲苯与水形成共沸混合物，在 84.1℃沸腾，含 81.4% 的甲苯。一般甲苯中还可能含有少量甲基噻吩。用浓硫酸（甲苯：酸 = 10:1）振荡 30min（温度不要超过 30℃），甲苯层依次用水、10% Na_2CO_3 水溶液、水洗涤，无水 $CaCl_2$ 干燥过夜后，蒸馏。若要高度干燥可加入金属钠进一步除水。

4. 二氯甲烷　bp40℃，$d_4^{20}1.3255$，$n_D^{20}1.4246$

二氯甲烷与水形成共沸混合物，在 38.1℃沸腾，含 98.5% 的二氯甲烷。它与乙醚的沸点相近，溶解性能也很好，它比水重，不易燃烧，有时代替乙醚使用。其主要杂质是醛类。先用浓硫酸洗至酸层不变色，水洗除去残留的酸，再用 5% ~ 10% NaOH（或 Na₂CO₃）溶液洗涤 2 次，水洗至中性，无水 MgSO₄ 干燥过夜，蒸馏。收集于棕色瓶避光储存。

二氯甲烷（以及氯代烷类）不能与金属钠接触，否则有爆炸的危险。

5. 三氯甲烷 bp61.2℃，$d_4^{20}1.4832$，$n_D^{20}1.4455$

三氯甲烷在空气和光的作用下，分解生成剧毒的光气，一般加入 0.5% ~ 1% 的乙醇以防止光气的生成。为了除去乙醇，将三氯甲烷与少量浓硫酸（氯仿体积的 5%）洗涤 2 次，水洗至中性，经无水 CaCl₂（或无水 Na₂SO₄）干燥后蒸馏，收集于棕色瓶避光储存。

6. 四氯化碳 bp76.5℃，$d_4^{20}1.5940$，$n_D^{20}1.4601$

四氯化碳与水形成共沸混合物，在 66℃ 沸腾，含 95.9% 的四氯化碳。四氯化碳可直接蒸馏，水以共沸物而被除去。有时四氯化碳中含有少量 CS₂，在四氯化碳中加入 5%NaOH 溶液回流 1 ~ 2h，水洗，干燥后蒸馏。

7. 1,2 - 二氯乙烷 bp83.7℃，$d_4^{20}1.2531$，$n_D^{20}1.4448$

1,2 - 二氯乙烷与水形成共沸混合物，在 72℃ 沸腾，含 81.5% 的 1,2 - 二氯乙烷。1,2 - 二氯乙烷常含有少量酸性物质、水分及氯化物等。可依次用浓硫酸、水、5% NaOH 溶液和水洗涤，用无水 CaCl₂ 或 P₂O₅ 干燥，然后蒸馏。

8. 甲醇 bp65.15℃，$d_4^{20}0.7914$，$n_D^{20}1.3288$

市售试剂级甲醇纯度能达 99.85%，含水量约为 0.1%，丙酮约为 0.02%，一般可满足应用。如欲制得无水甲醇，可用金属镁处理（见"绝对乙醇的制备"）。

9. 乙醇 bp78.5℃，$d_4^{20}0.7893$，$n_D^{20}1.3611$

乙醇与水形成共沸混合物，在 78.15℃ 沸腾，含 95.5% 的乙醇，通常工业用的 99.5% 乙醇不能直接蒸馏制取无水乙醇。如欲制得无水乙醇（含量 99.5%），取 200ml 工业乙醇和 50g 生石灰在沸水浴上加热回流 3h 后蒸馏（生石灰和乙醇中的水生成氢氧化钙，因加热时不分解，氢氧化钙不用滤出）。绝对乙醇（含量 99.95%）可用金属镁处理来制备：在 250ml 的圆底烧瓶中加入 0.6g 干燥纯净的镁屑，10ml 99.5% 乙醇，装上带有氯化钙干燥管的回流冷凝管，沸水浴加热至微沸，移去水浴，立刻加入几粒碘，引发反应。乙醇和镁反应是缓慢的，如所用的乙醇含水量超过 0.5% 则反应更加困难。在加碘之后反应仍不发生，则可再加入几粒碘，有时反应很慢，则需加热。待镁全部反应完后，加入 100ml 99.5% 乙醇和几粒沸石，回流 1h 后蒸馏。

$$2C_2H_5OH + Mg \longrightarrow (C_2H_5O)_2Mg + H_2 \uparrow$$
$$(C_2H_5O)_2Mg + 2H_2O \longrightarrow 2C_2H_5OH + Mg(OH)_2 \downarrow$$

10. 乙醚 bp34.51℃，$d_4^{20}0.7138$，$n_D^{20}1.3526$

在 15℃ 时乙醚中能溶解 1.2% 的水，与水形成的共沸混合物含水 1.26%，在

230

34.15℃沸腾。在空气中受光作用，乙醚容易形成爆炸性的过氧化物。制备无水乙醚时首先要检查有无过氧化物存在，其方法是：取少量乙醚和等体积的2%碘化钾溶液，加入几滴稀盐酸一起振摇，如能使淀粉溶液呈蓝色或紫色，即证明有过氧化物存在。除去过氧化物可在分液漏斗中加入乙醚和相当乙醚体积 1/5 的新配制的硫酸亚铁溶液（取 100ml 水，慢慢加入 6ml 浓硫酸，再加入 60g 硫酸亚铁溶解而成）。制备无水乙醚时，将除去过氧化物的乙醚先用 $CaCl_2$ 干燥过夜，过滤、蒸馏，储于棕色瓶中，再用金属钠干燥至无气泡发生为止（可用无水硫酸铜检查脱水是否完全）。如需要纯度更高的乙醚时，用 0.5% $KMnO_4$ 溶液共振摇，使其中的醛类氧化成酸，破坏不饱和化合物，然后依次用 5% NaOH 溶液、水洗涤，经干燥、蒸馏后再用金属钠干燥，至不再有气泡放出，同时钠的表面较好（钠有剩余），则可储存备用。用前过滤蒸馏即可。

11. 二氧六环　bp101.5℃，mp12℃，d_4^{20}1.0336，n_D^{20}1.4224

二氧六环中含有少量乙酸、水、乙醚和乙二醇缩乙醛，久储的二氧六环还可能含有过氧化物。向二氧六环中加入10%的浓盐酸，回流3h，同时缓慢通入氮气，以除去生成的乙醛。分去酸层，用粒状氢氧化钾干燥过夜，过滤，再加金属钠回流1h，蒸馏，加钠丝储存。

12. 四氢呋喃　bp65.4℃，d_4^{20}0.8892，n_D^{20}1.4070

四氢呋喃与水混溶，与水的共沸混合物在 63.2℃沸腾，含四氢呋喃94.6%。四氢呋喃特别容易自动氧化生成过氧化物。过氧化物可用酸化的碘化钾来检查（见"乙醚"）。如要制得无水无过氧化物的四氢呋喃，在氮气保护下将其与氢化锂铝回流（通常 1000ml 约需 2~4g 氢化锂铝），然后蒸馏。这样提纯的四氢呋喃一般应立即使用，如要保存，则要加入钠丝，瓶塞要附有氯化钙干燥管以通大气。

13. 丙酮　bp56.2℃，d_4^{20}0.7899，n_D^{20}1.3588

普通丙酮中往往含有少量水及甲醇、乙醛等还原性杂质，可在 1000ml 丙酮中加入 5g 高锰酸钾回流，以除去还原性杂质，若高锰酸钾的紫色很快消失，需再加入少量高锰酸钾继续回流，至紫色不再消失为止。蒸出丙酮，用无水 K_2CO_3 或无水 $CaSO_4$ 干燥，过滤，蒸馏，收集 55~56.5℃的馏分。

14. 乙酸　bp118℃，mp16.6℃，d_4^{20}1.0498

乙酸与水混溶，可用反复冷冻的方法脱出其中的水分，但冷却温度不能过低，否则水和其他杂质也将结晶析出。用冷却的漏斗过滤，并充分压干，但不能洗涤。另一种纯化的方法是加入 2%~5% $KMnO_4$ 溶液与其一起回流 2~6h，分馏，用 P_2O_5 除去微量的水分。

15. 乙酸乙酯　bp77.06℃，d_4^{20}0.9003，n_D^{20}1.3723

乙酸乙酯常含有少量水、乙醇和乙酸。可用下述方法精制：①取 100ml 乙酸乙酯、10ml 乙酸酐和 1 滴浓硫酸，加热回流 4h，分馏。再用无水碳酸钾干燥，过滤后蒸馏。如此可得到纯度为 99.7%的乙酸乙酯。②将乙酸乙酯先用等体积的 5%碳酸钠溶液洗涤，再用饱和氯化钙溶液洗涤，无水碳酸钾干燥后蒸馏。

16. N, N – 二甲基甲酰胺 bp153.0℃，d_4^{20}0.9487，n_D^{20}1.4305

N, N – 二甲基甲酰胺常含有少量的胺、氨、甲醛和水。在常压蒸馏时有些分解，生成二甲胺和一氧化碳。可用下述的方法纯化：分馏由 250g N, N – 二甲基甲酰胺、30g 苯和 12g 水所组成的混合物，首先蒸出的是苯、水、胺和氨，然后减压蒸馏，就可以得到纯的无色无臭的 N, N – 二甲基甲酰胺。

17. 二甲亚砜 bp189℃，mp18.5℃，d_4^{20}1.1014，n_D^{20}1.4783

二甲亚砜中通常含有约 0.5% 的水和微量的甲硫醚和二甲砜，减压蒸馏一次即可应用。如果向 500g 二甲亚砜加入氧化钙 2~5g，加热回流数小时，在氮气流下减压蒸馏，即可得到干燥的二甲亚砜。

18. 吡啶 bp115.5℃，d_4^{20}0.9819，n_D^{20}1.5095

分析纯吡啶的纯度大于 99.5%，可供一般使用。如要制得无水吡啶，可与粒状氢氧化钠或氢氧化钾一起加热回流，然后在隔绝潮气下蒸馏。无水吡啶吸水性很强，最好在精制后的吡啶中放入粒状氢氧化钾保存。吡啶具有恶臭，全部操作必须在通风橱中进行，尾气出口通入水槽。